上海恒彩化工有限公司
Shanghai Ever Color Chemical Co.,Ltd.

塑料着色新一代着色剂

塑料着色新一代着色剂是采用超分子技术合成的产品，主要应用于PP、PVC、EVA系列产品，在以上产品着色时无需分散、不迁移、高透明、颜色鲜艳。

塑料着色新一代着色剂与传统染料和颜料的比较

属性	染料	颜料	新一代着色剂
色彩艳度	好	大多数差	好
通透性	好	差	好，完全透明
绿色环保	有的含重金属卤素易渗透，污染介质	有的含有害物质制备能耗高	大分子，渗透少环保无害，绿色生产
各色混溶性/适配性/重现性	对树脂挑剔	差，迁移渗色严重	相容性好，普适性好
耐迁移性	差，批次质量不稳定	有的较好，有的较差	好，不迁移

新一代着色剂应用成功案例

聚丙烯PP/聚氯乙烯PVC/EVA

1. 结合透明PP得到接近彩色玻璃效果
2. 耐迁移，无渗色
3. 各种色彩瞬间混溶，易于配色
4. 可应用于各类PP材料，BOPP包装膜，储物盒，塑料桌椅，饮料杯等等

SEC系列复合颜料

SEC系列复合颜料是铅铬颜料的替代产品。符合国际无铅、铬等重金属法律法规，适用于涂料，油墨及塑胶制品。

SEC系列复合颜料与铅铬颜料比较结果

性质	SEC系列复合颜料	铅铬颜料	有机颜料
遮盖力	高	高	中
着色力	中	低	高
耐酸性	高	低	高
耐碱性	高	低	高
流变性	中	高	低
分散性	高	高	中
耐候性	中到高	高	中到高
铅铬浓度	无	高	无
水性应用	适用	不适用	适用

上海恒彩化工有限公司

网　址：www.shanghaihengcai.cn
联系人：骆先生 13621799267 门先生 13370009991
地　址：上海市松江区蔡家浜路999号A幢201室

福建南安实达橡塑机械有限公司
Fujian Nan`an STAR Rubber & Plastic Machinery Co.,Ltd.

实达CM系列连续密炼机组，经过二十年研发，在橡塑行业及高分子材料加工的生产实践中不断提升而发明出来的新型高效节能环保生产线。它的工作原理类似密炼机，结构类似双阶双螺杆机组。

实达CM连续密炼机组的优点：

1. 高产量、低能耗、节能环保。2. 自动化程度高、高效提升制品品质。

3. 有效控制粉尘飞扬，生产环境干净整洁。

4. 分散混合能力强，适合高品质，高浓度，高填充物料的加工。

双转子连续密炼机组
Double-rotors continuous mixer

实达CM连续密炼机组广泛适用于色母粒，改性塑料，多功能母粒，降解母粒，电缆料，橡胶，弹性体，热固性塑料和发泡材料等。

设备基本参数：

	型号	CM50	CM80	CM110	CM130	CM150	CM180
混炼机	转子公称直径（mm）	50	80	110	130	150	180
	转子最大转速（rpm）	750	550	550	550	550	550
	主电机功率（kw）	22	55	110	160	200	250
挤出机	螺杆直径（mm）	75	100	130	150	180	200
	螺杆长径比	14	12	10	10	10	10
	螺杆最大转速（rpm）	75	75	75	75	75	75
	电机功率（kw）	11	22	37	55	75	90
电机调速方法		变频调速					
产量（PE+50%CACO3）kg/h		125左右	250左右	550左右	1000左右	1500左右	2000左右

注：设备的技术参数以合同为准，本公司保留对上述技术参数进行修改的权利。

地址：福建省南安市金淘镇莲峰实达工业园1号

电话：400 000 6636 邮箱：STAR@fujian-star.com

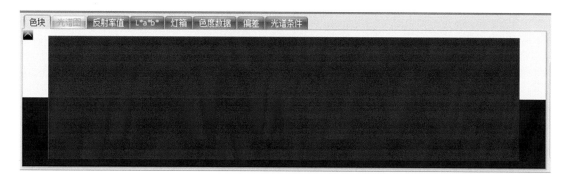

彩图8-34 半透明Pantone色卡配色效果

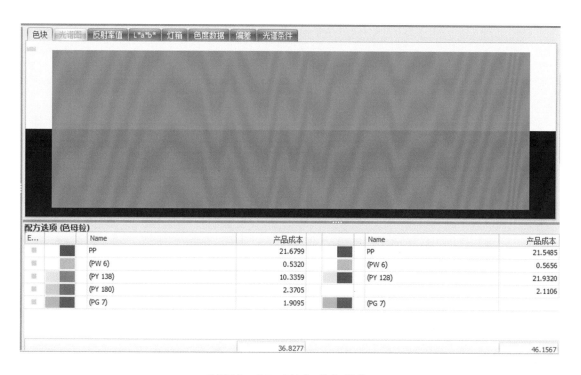

彩图8-35 配方成本优化

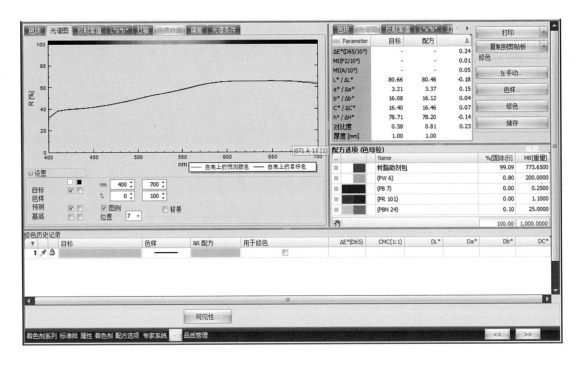

彩图8-36　配方修订主页面

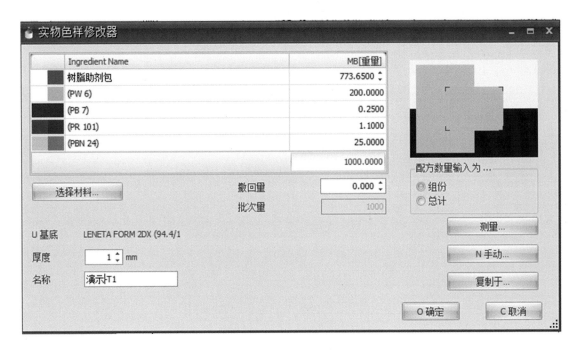

彩图8-37　色样测试页面

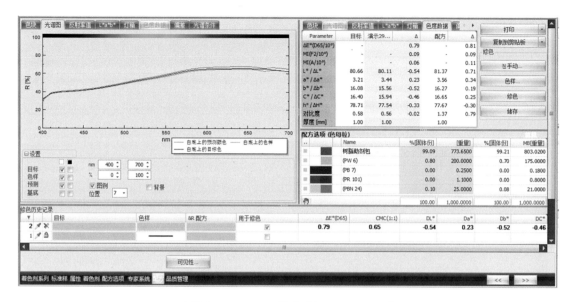

彩图8-38　T1修色结果及T2配方

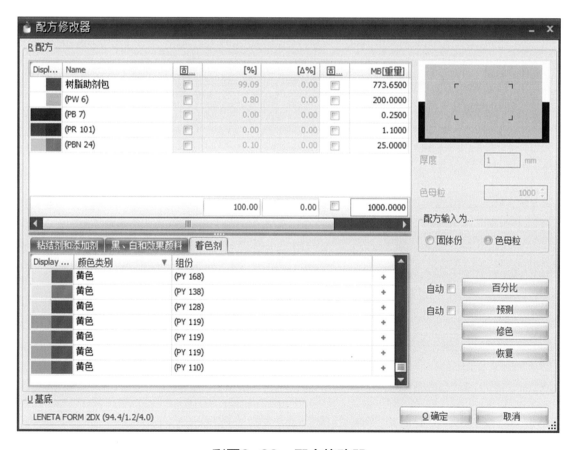

彩图8-39　配方修改器

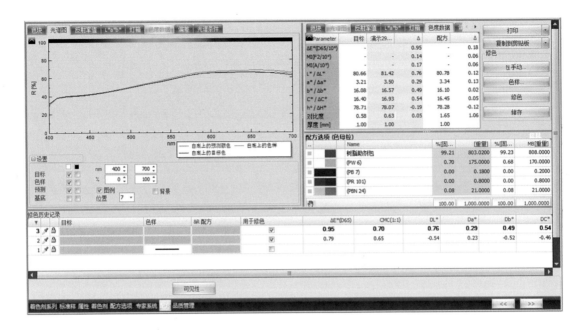

彩图8-40　T2修色结果及T3配方

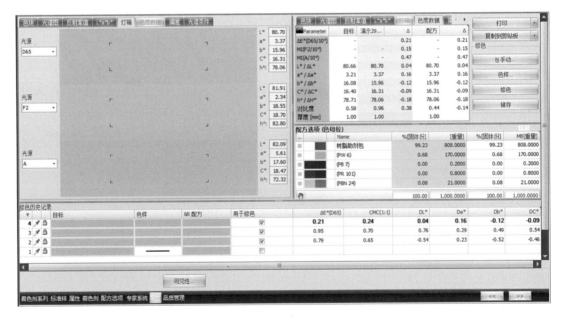

彩图8-41　T3修色结果

塑料配色

——理论与实践

陈信华　　赵瑞良　编著

COLORING OF
PLASTICS THEORY
AND PRACTICE

化学工业出版社

·北京·

本书是作者依据多年工作中积累的经验，从塑料配色用着色剂和助剂、有机颜料定位、塑料配色实践、塑料着色安全性、色母粒配色技术、色母粒应用和计算机配色等角度对塑料配色过程中比较关注的核心问题进行了介绍。可供从事塑料配色、塑料制品加工、塑料工程研发、塑料配色培训类技术人员学习参考。

图书在版编目（CIP）数据

塑料配色——理论与实践/陈信华，赵瑞良编著 . —北京：化学工业出版社，2016.8　（2024.10重印）
ISBN 978-7-122-27606-3

Ⅰ.①塑…　Ⅱ.①陈…②赵…　Ⅲ.①塑料着色-配色
Ⅳ.①TQ320.67

中国版本图书馆 CIP 数据核字（2016）第 158875 号

责任编辑：赵卫娟　高　宁　　　　　　　　装帧设计：张　辉
责任校对：吴　静

出版发行：化学工业出版社（北京市东城区青年湖南街 13 号　邮政编码 100011）
印　　装：北京虎彩文化传播有限公司
787mm×1092mm　1/16　印张 15¾　彩插 2　字数 388 千字　2024 年 10 月北京第 1 版第 5 次印刷

购书咨询：010-64518888　　　　　　　　售后服务：010-64518899
网　　址：http://www.cip.com.cn
凡购买本书，如有缺损质量问题，本社销售中心负责调换。

定　　价：58.00 元　　　　　　　　　　　　　　　版权所有　违者必究
京化广临字 2016—12 号

本书编写人员名单

王　艳　王　琼　尹加学　占伟海　朱亚明　朱国珍　刘晓燕

刘　军　余国同　张　恒　张中明　张更建　张凯钧　陈信华

周　微　郑有家　赵瑞良　徐一敏　谢新辉　裴金菊

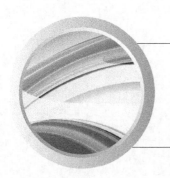

序

　　《塑料配色——理论与实践》是陈信华、赵瑞良两位作者几十年从事色母粒工作的宝贵经验总结，可作为塑料配色工程师案头必备的工具书及管理者的重要参考书。

　　本书的独特之处在于首次在出版之前利用互联网微信群征求修改意见，反复推敲，集思广益。本书不仅是作者思想的结晶，也闪烁着作者与读者思想碰撞的火花。至今在微信群中讨论本书的情景依然历历在目：两位作者每天定时把一个问题发到群里，作者与十几个至几十个读者在那里争先恐后各抒己见，仁者见仁，智者见智。然而这只是表象，我们眼睛不能看到而实际发生的情景是，二百多位读者，无论是行业新兵还是资深从业者，以"潜水"状态静静的聆听着讨论，不肯错过一个细节；有不少人甚至每天把所有的内容拷贝下来，回去之后仔细整理、反复学习，如获至宝。那些日子，为讨论本书建立的微信群就是一个大课堂。让我们记住这个微信群的名字——塑料配色交流群。本书的出版将会使更多的读者从中获益。

　　中国的色母粒行业只有不到四十年的历史，洋溢着无限的生命力。生命力正是来源于本书作者等老一辈色母粒人的无私奉献，来源于众多读者的学习传承与创新进取。正是有了这样一群人的努力，中国的色母粒事业一定会兴旺发达。

乔　辉
2016 年 8 月

前　言

塑料配色是一个复杂的系统工程，须充分考量不同树脂、不同加工助剂、不同成型工艺条件以及不同应用领域和场所的要求。配色技术人员需要综合各方面的技能、诀窍和知识。

塑料配色也是色母粒行业的一大痛点。优秀配色师少、培养周期长、流动性大，更是痛中之痛。目前市面上关于塑料配色方面的图书，尤其是实用的图书并不多。

我与赵瑞良先生都干了将近一辈子的色母粒，把人生最好时光献给了塑料着色行业，亲眼目睹了中国色母粒行业从无到有、从小到大的光辉历程。虽然目前我们年已花甲，本该在家颐养天年，但对塑料着色行业有着深深的感情，也愿意为行业发展贡献一点余热。

在中国色母粒行业协会秘书长乔辉老师的倡议下，我与赵瑞良先生把我们从事几十年色母粒工作中的一些经验、技巧乃至走过的一些弯路集结成这本《塑料配色——理论与实践》，以飨读者。本书围绕塑料配色主题，把配色所需要的知识作了梳理，把配色系统整个流程、设备配置、人员配置、完整操作以及配色所用着色剂、助剂和着色的安全性作了详细的叙述。与市场上同类图书相比本书具有以下一些特色。

① 本书通过将近两章内容从结构分类纵向剖析了整个有机颜料三大分类，十七大产品系列。从一个视角介绍了有机颜料品种、性能和价格，又通过"一表三图"对有机颜料横向剖析同色区用有机颜料品种定位，目的是使读者对有机颜料品种有直观的了解，从而比较容易挑选品种，完成客户配色的要求。这部分内容是笔者几十年配色工作的结晶，是第一次公开发表。

② 在信息时代，颜色的数字化管理已呈必然趋势。在工业发达国家中，与着色有关的行业如纺织印染、涂料、油墨、塑料着色等行业普遍采用计算机辅助配色技术作为产品开发、生产、质量控制、销售的有力工具，普及率很高。它给使用者带来了生产科学化、高效率和经济效益。但是目前在中国除了极少数跨国企业外，绝大多数企业的塑料配色还完全依赖人工配色，互联网大数据网络新技术发展和运用，计算机辅助配色将逐步成为行业趋势，为此本书特列计算机辅助配色技术一章来满足这一技术发展需求。其中计算机辅助配色技术原理和核心数据库创立章节由爱色丽（上海）色彩科技有限公司张更建完成，计算机辅助配色技术系统的创立，配色技术实战应用案例由普立万聚合体（上海）有限公司张中明完成，整章内容新颖实用，具有前瞻性。

③ 为了更好地完成本书稿，利用微信这一现代交流工具，建立塑料配色交流群，采用互联网时代众筹模式来打磨本书，通过群友交流，擦出智慧火花，寻求真理，引导行业的进步，本书中不少内容来自于群友的精彩交流。他们是朱亚明，朱国珍，谢新辉，王艳，张新民，蒋彬，刘军，武立新，楚强，乔辉，丁筠，李一卫，李杰，黄佐超，凌冰，栾金宁，刘鹏，陈悦，李易东，宋奇忆，王隆强，付鹿宁，杨艺林，宋秀山，范斌松，李本松，阳勇，

王永华，刘建红，刘松兴等，正是由于这些人的积极参与、无私奉献，使本书更实用，在此向他们表示衷心的感谢。

本书在编写过程中还得到了塑料着色行业专家和同仁们的热心帮助，徐一敏对本书作了斧正和润色，借此机会一并对他们表示衷心的感谢。

限于作者的学识水平有限，时间仓促，书中定有不妥之处，敬请读者不吝指正。

陈信华

2016 年 6 月

目 录

第1章
塑料配色是个复杂的系统工程

石油化工的发展促进了合成树脂的飞跃发展，由于塑料制造原料（石油）易得，可进行超大规模生产，又由于塑料加工成型方法很多，可以低成本制造各种复杂几何形状的产品，各种塑料加工助剂的合理应用，塑料合金的开发，因此塑料可以克服它天生的缺陷而成为具有许多优异性能的新颖材料，它已取代木材、纸张、棉花、钢铁等许多传统材料而成为发展迅速的新材料。可以毫不夸张地说，我们的生活离不开塑料。

在当今激烈市场竞争中，产品外观成为吸引人们眼球、使人产生购买欲望的重要因素，因此塑料制品外观应有艳丽的色彩。为了开拓塑料制品的商业价值，塑料配色从单纯追求产品美观，发展到对商品的应用性能和安全性等提出更高的要求。

1.1 塑料配色是个系统工程

塑料配色就是在红、黄、蓝三个基色基础上，配出令人喜爱、符合客户要求的色彩。如何把着色剂的各个变量（品种、用量）调节得能再现已知颜色视觉特性，在价格上合理可行，并在加工成型和产品使用中符合要求，这是个极其复杂的问题。

塑料配色绝不是简单的染色造粒，而是一个复杂的系统工程，见图1-1。塑料配色时需充分考量着色的塑料树脂种类、各类加工助剂、不同的成型工艺条件以及塑料制品在不同应用领域和场所的要求。以确保着色质量为基础，考虑颜料应用性能、应用对象、应用配方和应用工艺的综合变化，选择合适的着色剂，才能达到优化着色费用的目标。只有对这一系统中每一因素详细了解和精心的设计，才能在激烈的市场竞争中，达到低成本、高质量的目标，这需要多行业的技能、诀窍和知识。同样一种颜色，着色剂选得合适，则着色质量好且费用又低；着色剂选得不合适，则着色质量不好，同时费用又高。因此塑料配色是集颜料化学、高分子化学、表面物理化学为一体化的复杂系统工程。

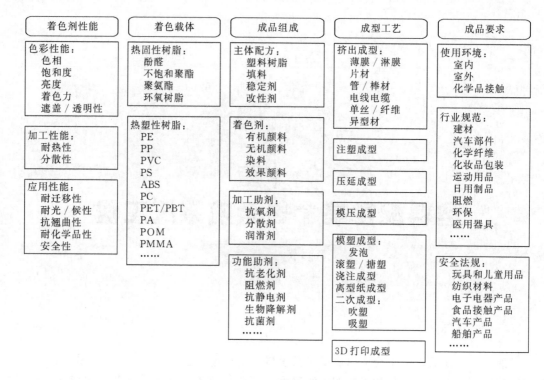

图 1-1　塑料配色系统工程

塑料工业是一个新兴工业，塑料配色更是一门新兴的技术。

1.1.1　对塑料着色剂的基本要求

塑料配色就是在塑料成型过程中加入着色剂。塑料着色剂（颜料和染料）的基本功能就是赋予塑料各种颜色，因此塑料着色剂本身是塑料配色最重要的因素。本书围绕塑料配色主题，将用很大的篇章来介绍着色剂。

对塑料着色剂的基本要求是按塑料树脂、成型工艺和应用场合等因素来综合考量的。

1.1.1.1　不同种类塑料对着色剂的基本要求

根据受热后的性质不同，可将塑料分为热塑性塑料和热固性塑料。其中，热塑性塑料成型工艺简单，同时具有相当高的机械强度，因此发展很快。

对于不同类型的塑料，其加工成型温度在 120～350℃，见图 1-2，其对着色剂要求见表 1-1。

表 1-1　各种塑料对着色剂要求

塑料品种	缩写	成型温度/℃	对着色剂要求
聚氯乙烯	PVC	150～220	增塑剂引起的迁移性,稳定剂与耐候、耐热性关系
聚偏二氯乙烯	PVDC	170～180	锌、铁等金属对 PVDC 老化的影响
聚乙烯	PE	120～300	颜料迁移性,成型收缩,分散性,190～300℃的耐热性
聚丙烯	PP	170～280	颜料迁移性,分散性,170～280℃的耐热性
乙烯-醋酸乙烯共聚物	EVA	160～200	颜料迁移性,耐溶剂性,分散性
聚苯乙烯	PS	190～260	透明性,耐冲击强度,220～280℃的耐热性
丙烯腈-苯乙烯-丁二烯共聚物	ABS	230～280	耐冲击强度,250～300℃的耐热性
聚酰胺	PA	160～240	250～300℃的耐热性,颜料需耐还原性

续表

塑料品种	缩写	成型温度/℃	对着色剂要求
聚碳酸酯	PC	350~400	水分、pH、金属对热老化的影响,250~300℃的耐热性
聚对苯二甲酸二甲酯	PET	250~280	水分,250~280℃的耐热性
聚氨酯(发泡)	PU	—	由 pH 所引起反应,金属影响反应成分的活性,水分
氨基树脂	UF	150~180	150~180℃的耐热性
不饱和聚酯	UP	—	催化剂的过氧化物影响,对硬化的影响,过氧化物对耐候性影响

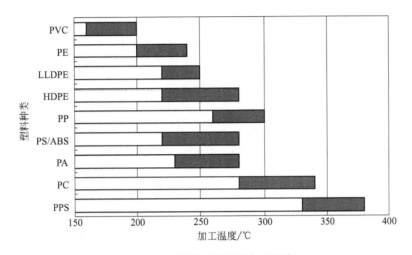

图 1-2　不同类型塑料的加工温度

1.1.1.2　塑料成型工艺对着色剂的基本要求

塑料成型的目的在于根据塑料的原有性能，利用一切可能的条件，使其成为具有应用价值的塑料制品。塑料成型工艺就是使塑料加热后熔融，通过成型模头或模具，最终按希望的形状成型后冷却到固体状态成为最终产品。塑料加工成型工艺有挤出成型，注塑成型，压延成型，模压成型，滚塑成型等。其中挤出成型通过改变模头形式可吹成薄膜、挤成管材、电缆，纺成纤维，吹成瓶子，还可挤出片材等。塑料成型工艺及产品见图 1-3。

塑料的成型工艺很多，加工温度相差很大，不同的成型方法对着色剂耐热性、分散性要求也不同。

1.1.1.3　不同用途塑料制品对着色剂的基本要求

塑料制品在不同的使用条件下，有不同的要求。在室外长期使用的塑料制品如人造草坪、建筑用材、广告箱、周转箱、卷帘式百叶窗、异形材和塑料汽车零件需要着色剂有极好的耐候性和耐光性，在这些制品中希望着色剂能在至少十年的全日光暴露条件下保持稳定。如果用于家庭卫生洗涤制品，需着色剂满足耐酸、耐碱和耐溶剂性要求。如果用于家用电器，需要着色后不降低产品机械强度。如果用于瓶盖和周转箱着色，需要着色剂对产品变形影响要小，否则会影响密封性。所有的塑料制品都要求使用过程中着色剂不会发生迁移。

为了满足产品安全、环保和健康的要求，塑料制品（特别是玩具、化纤纺织材料、电子电器产品、食品容器和食品接触性材料、包装材料及汽车材料）必须满足世界各国、各地区的法规要求，最为重要的是对塑料制品中化学物质（着色剂）的控制。

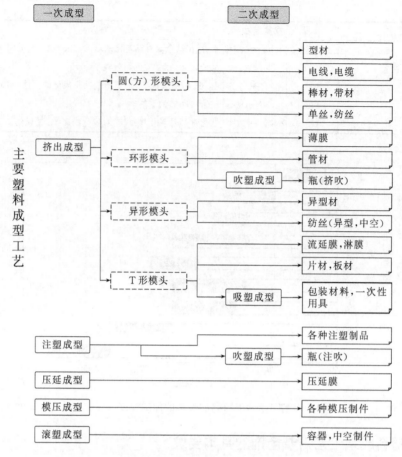

图 1-3　塑料成型及产品示意图

1.1.1.4　塑料着色剂的基本性能要求

综上所述，塑料着色剂如果仅仅赋予塑料各种颜色是远远不够的，需能经受塑料加工成型各项工艺条件，并具备在使用条件下的应用性能。因此塑料着色剂应具有如下两类基本性能。其中一类是满足塑料加工工艺要求：耐热性，分散性。另一类是满足塑料制品使用条件要求：色彩性能，耐迁移性，耐光性和耐候性，收缩与翘曲，耐酸、耐碱、耐溶剂性，耐化学品性，安全性。

1.1.2　塑料着色剂性能数据的表达、解读和应用

塑料着色剂的色彩性能、加工性能和应用性能各项指标，均能按照国际通行标准经测试后，用数据来表达。依赖这些数据，配色人员才能很容易按照客户要求选择合适的着色剂进行塑料配色。

（1）数据的表达　着色剂在塑料中应用指标数据化，是前人模拟塑料成型工艺、应用场所种种条件，通过无数次试验，反复验证，建立的测试方法，最后成为行业公认的方法。这些方法是前人智慧的结晶。这些方法和性能指标的应用，为配色人员大大节省时间和精力，使塑料配色变为现实，所以必须充分了解指标的内涵、测试的方法，才能更好地应用这些数据。

（2）测试方法标准化　测试方法标准化是极为重要的基础性工作。因为只有所有的测试

方法统一并符合标准，才能使测试所得的数据和结果获得各方的认知，有利于相关各方的沟通，能使测试数据真正具有使用价值。

着色剂的测试方法和所用的专用仪器、设备等都有全球公认的国际标准。它是所有着色剂产业链的关联者，包括生产商、销售商、使用者等对同一产品质量、应用性能评判的共同语言。

（3）数据解读和应用　着色剂生产企业在产品开发时，会进行颜料应用性能试验，他们往往会在产品样本上对外公布这些数据，但是着色剂供应商提供的数据往往是最常用的树脂和着色浓度，仅仅是一组数据。期望企业提供着色剂在所有塑料树脂上、各种浓度下的数据是不现实的，在经济上也是行不通的。

对于塑料配色者来说，了解供应商提供的着色剂应用数据是非常重要的，这样就能够对着色剂的性质做出直接评价，但对于这些数据的应用和解读更重要，通过解读，进一步判断着色剂性能，在此基础上进行适当试验能达到事半功倍的效果。

为此本章将分着色剂色彩性能、加工性能、应用性能三节来详细介绍着色剂标准的测试方法和这些指标的内涵。

1.2　塑料着色剂基本性能——色彩性能

着色剂色彩性能包括饱和度、着色力、透明性等。饱和度决定色彩鲜艳度，着色力决定着色成本，透明度、遮盖力决定合理的应用场所。

1.2.1　色彩的三要素

美国画家孟塞尔于 1929 年提出的颜色系统，于 1943 年经过修正并得到美国光学学会认可，成为了美国的国家标准。

任何一个色彩可用色调（色相）、饱和度（纯度）和明度三个数值，即色彩的三要素来描述。人眼看到的任一色彩都是这三个特性的综合效果，其中色调与光波的波长有直接关系，亮度和饱和度与光波的幅度有关。

（1）色调　光由物体上反射到人眼视神经上所产生的感觉。色调的不同是由光波的长短所决定的，波长最长的是红色，最短的是紫色。把红、橙、黄、绿、蓝、紫和处在它们各自之间的红橙、黄橙、黄绿、蓝绿、蓝紫、红紫 6 种中间色——共计 12 种颜色作为色调环。

（2）饱和度　用数值表示颜色的鲜艳程度。在饱和度坐标里，离坐标原点越远的着色剂，具备更高的饱和度。

（3）明度　颜色所具有的亮度和暗度被称为明度。计算明度的基准是灰度测试卡。黑色为 0，白色为 10。

颜色三坐标参数（色相、饱和度、亮度）是定位着色剂颜色价值的基准，见图 1-4。当色相按逆时针从黄到红、紫再到蓝，颜色由淡色到深色，饱和度由高到低。

色彩性能测定方法见表 1-2。

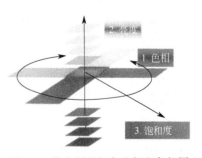

图 1-4　着色剂的颜色坐标和色相图

表 1-2　色彩性能测定方法

标准名称	中国：HG/T 4769.2—2014	欧盟：EN BS 14469-2—2004
测试：1. 二辊机温度为　（160±5)℃,炼塑 7~8min 后出片		
2. 压片　温度 165~170℃;时间:1min 后保压速冷		
评定:采用测色仪　测试着色剂的明度、色调和饱和度		

1.2.2　遮盖力和透明性

颜料的遮盖力与透明性是光学特性决定的，当颜料的折射率与其周围介质相等时就呈透明状。而当颜料的折射率大于介质的折射率时就会产生遮盖力，两者差异越大遮盖力也就越强。

颜料的遮盖力与透明性还与颜料对光的散射和吸收率有关，散射率很大或吸收能力很强的颜色相应的遮盖力也就强。

颜料的遮盖力或透明性与颜料粒径有关，一般无机颜料粒径大，通常遮盖力高；染料因溶解于树脂所以是透明的。另外还取决于颜料的应用浓度、着色材料和厚度。

透明性与遮盖力是相互对应的指标，例如某一颜料的透明程度高则其遮盖力就低，反之亦然。判断颜料在塑料着色中的透明性/遮盖力性能目前没有统一的标准，一般需先制成着色塑料样板，然后将样板置于一张黑白格的纸板上，观测衬底黑格和白格部分透过着色样板所显现的差异程度评判透明程度的高低。也可以借助测色仪分别测试和比较透过彩色样板的白板与黑板部分的色差，色差越大，则表明透明程度越高。

对于透明性/遮盖力指标，在塑料配色时应注意事项如下。

（1）用于化纤纺丝产品的着色剂透明性越好，其纺制产品亮度和光泽度越好。

（2）薄膜制品需着色剂遮盖力好。众所周知，为了提高产品遮盖力通常采用加钛白粉的方法，但很多着色剂加了钛白粉后，不仅色光发生很大变化，着色力下降，而且耐热、耐光等应用性能也下降。

遮盖力高的颜料通常其应用价值也高。如果一个颜料有高饱和度、高遮盖力和高着色力，这将是一个具有极高商业价值的产品。

1.2.3　着色力

着色力也称着色强度，是赋予被着色物质颜色深度的一种度量。着色剂在塑料上的着色力是指每公斤含 5% TiO_2 聚氯乙烯（PVC）或 1% TiO_2 聚烯烃（PO）塑料，达到指标的标准色深度（SD）时所需要的着色剂质量（单位：g）。

着色力是着色剂的重要性能指标，与着色成本密切相关。也就是说达到标准深度值越小，着色力越高，反之着色力越低。判断着色力高低一般参照着色剂 1/3 标准深度的值。1/3 标准深度测定方法见表 1-3。

表 1-3　1/3 标准深度测定方法

标准名称	中国：HG/T 4767.1—2014	欧盟：EN BS 12877-1—2004
1/3 标准色深度值 $B_{1/3} = \sqrt{Y}[sa(\phi)_{1/3} - 10] + 29$		
制样：按 HG/T 4769.2—2014		
测试：按 GB/T 11186.2—1989,4.1.1		
计算:用公式 $creq = c\ 0.9B$ 计算达到 $B=0$ 所需的近似深度		

对于着色力指标，在塑料配色时应注意事项如下。

（1）配制深色塑料制品时应选择着色力高的品种（有机颜料），配制浅色塑料制品时应选择着色力低的品种（无机颜料）以避免因计量误差引起误差传递。

（2）配色时如某一颜料缺少或价格较贵，可选用其它颜料代替，但两种颜料着色力不同则代替时配成同样色调所需要的量也不同。

1.3　塑料着色剂基本性能——加工性能

着色剂用于塑料着色时需要重点关注的性能指标是耐热性和分散性。

1.3.1　耐热性

耐热性是指在一定加工温度下和一定时间内，不发生明显的色光、着色力和性能的变化。

着色剂在塑料成型中受热常常会发生分解，导致色泽变化，还会影响它的耐光性和迁移性。所以耐热性在塑料着色上是一个非常重要的指标。

在塑料工业发展初期，200℃以上的加工温度是罕见的。但现在 300℃甚至更高的加工温度，也是很平常的。各种塑料的加工温度范围见图 1-2。实际上要求所有着色剂的耐热性达到 300℃是没有意义的。因此通过颜料耐热性指标去选择合适的着色剂就显得格外重要。颜料耐热性测试方法见表 1-4。

表 1-4　耐热性测试方法

标准名称	中国：HG/T 4767.2—2014	欧盟：EN BS 12877-2
测试：升温至 200℃，注射后所得样板即为基准样板；之后以每 20℃作为间隔逐次升高料筒温度，每个间隔温度稳定后，将有色粒料加入料筒并保持 5min，然后再次注塑打板，所得样板即为该温度下的测试样板		
评定：将各温度条件下所得样板逐一与基准样板进行测色比较，记录每个温度下样板的 ΔE 数值。使 $\Delta E=3$ 时的温度作为该颜料的耐热性		

对于耐热性指标，在塑料配色时应注意事项如下。

（1）耐热性与化学结构有关　大部分无机颜料的耐热性指标远远高于塑料的成型温度，不同结构有机颜料品种其耐热性不同，经典有机颜料耐热性一般，高性能有机颜料耐热性优异。

（2）耐热性与添加量有关　不同结构有机颜料品种在不同添加量时的耐热性不同，耐热性优秀的颜料品种其耐热性不随着色浓度下降而降低。

（3）耐热性与晶型有关　颜料蓝 15 的 α 晶型不稳定，其耐热性只有 200℃，如将其转为稳定的 β 晶型的颜料蓝 15：3，其耐热性可达 300℃。

（4）耐热性与颜料粒径大小有关　同一结构有机颜料，粒径大则耐热性好，粒径小则耐热性差。

1.3.2　分散性

分散性是指颜料在塑料着色过程中均匀分散在塑料中的能力，这里的分散是指将颜料润湿后其聚集体和附集体尺寸减小到理想尺寸大小的能力。

颜料在一定的介质中分散，其着色强度在亚微细粒径范围内随平均粒径降低而增加。当颜料颗粒粒径为可见光波长 1/2，即 0.2～0.4μm 时，其获得的着色力最高。一般而言，颜料在塑料中的分散越好，其着色力就越高。原因在于颜料对制品的着色和遮盖都是通过其表面与光线的复杂作用而达成。颜料分散得好，其平均粒径小，比表面积大，对光的作用就强，着色制品的外观就会显得均匀、光亮，色点少，色差小。因此达到相同着色深度和遮盖效果时颜料的用量就能减少，从而获得较高的性价比。

常见的塑料加工机械为单（双）螺杆挤出机，颜料在塑料熔融体里中所受剪切力不足以使颜料颗粒达到理想的分散要求。相比于塑料加工过程，颜料在涂料和油墨加工时所采用设备一般为高速砂磨机和三辊机，由于采用了不同的研磨媒介和方式，颜料除了受到高剪切力作用之外还受到极其强烈的冲击力和静压力，因此分散效果好。

颜料在塑料中分散性要求比涂料和油墨中高得多。特别是应用在化纤纺丝中时，如分散不好会引起喷丝孔断丝、过滤组件的更换频率高和使用寿命降低等问题。尤其对于超细纤维的生产，对颜料分散性的要求就更高。

颜料分散性测试标准有几个。所有的检测方法都应根据不同的应用实际而选定。设定合理的测试检验方法并与自身产品的质量要求相关联也需要很高的专业认知为基础。

颜料分散性测试方法见表 1-5 和表 1-6。

表 1-5　分散性测试方法——二辊法

标准名称	中国：HG/T 4768.2—2014	欧盟：EN BS 13900-2

测试：调节二辊机辊面温度以改变对物料的剪切力，测试不同剪切力条件下分散所致的着色力差异

计算：$DH_{PVC-P} = 100 \times \left(\dfrac{F_2}{F_1} - 1 \right)$　F_1：试样在 160℃下着色强度，F_2：试样在 130℃下着色强度

评定：DH_{PVC-P} 值＜5 极易分散，5～10 易分散，10～20 一般分散，＞20 难分散

二辊测试方法一般用于颜料产品检验，方法简单，操作方便，实用。

表 1-6　分散性测试方法——过滤压力升法[①]

标准名称	中国：HG/T 4768.5—2014	欧盟：EN BS 13900-5—2004

测试：颜料通过挤出机的过滤网时堵塞滤网引起熔体压力升高是对颜料分散性的一个量度

评定：每克颜料在挤出时增加的压力值。$FPV = (P_{max} - P_s)/m_c$

P_{max}：最大压力值；P_s：起始压力值；m_c：测试颜料克数

① 本方法很重要，在第 7 章作详细介绍。

过滤压力升法一般作为分散要求较高产品，如超薄薄膜、化纤纺丝用颜料和色母粒成品的检验方法，以保证产品质量。

通过颜料分散性测试能找到一个分散性好的颜料，对完成整个配色工作有很大的帮助。过滤压力的升值（FPV）小于 1bar/g（1bar＝10^5Pa，下同），表明该颜料的分散性比较优异，将其按照恰当的工艺制成的色母粒就可适用于对分散性要求很高的制品着色；反之，过滤压力的升值大于 1bar/g，表明颜料的润湿分散性能不佳，其加工制成的色母粒就未必能符合后续应用的要求。

1.4　塑料着色剂基本性能——应用性能

在我们的日常生活中塑料制品比比皆是，已成为人们生活中不可缺少的助手。因此塑料

着色剂需符合环境、使用条件以及法规安全的各项要求。

1.4.1　耐迁移性

迁移性是指着色剂从塑料内部迁移到表面或从一种塑料透过界面迁移到其它塑料的性能。它在塑料着色中有四种表现形式。

（1）已着色的塑料制品与白色或浅色泽塑料制品贴合时，颜料由该着色制品迁移至白色或浅色泽制品。

（2）塑料成型时污染模具和辊筒。

（3）已着色的塑料制品一段时间后在制品表面出现发花和起白，而且迁移的着色剂可以被擦去。

（4）塑料制品的表面呈现出较明显的着色剂的金属光泽。

塑料中着色剂的迁移会大大影响塑料制品的应用性能，更为严重的是还会沾污其它产品，如果迁移严重的话，产品被大量召回，将会造成非常大的经济损失。

颜料迁移性测试见表 1-7。

表 1-7　迁移性测试

标准名称	中国：HG/T 4769.4—2014	欧盟：EN BS 14469-4
测试：将着色样片与白色样片在 80～85℃下紧密贴合，24h 后观测贴合面白色样片被沾色的情况		
评定：用标准沾色灰卡评比沾色程度，表征迁移性等级。5 级表示无迁移，1 级为严重迁移		

对于迁移性指标，在塑料配色时应注意事项如下。

（1）迁移性与塑料玻璃化温度有关　塑料的玻璃化温度低于常温时，颜料应用时容易发生迁移，玻璃化温度越低越容易迁移，如聚乙烯就比聚丙烯更容易迁移。而颜料可应用在玻璃化温度高于常温的聚苯乙烯、聚酯等树脂，只有在高于该塑料玻璃化温度时颜料才会发生迁移。

（2）迁移性与应用浓度有关　在聚烯烃塑料着色时，发生渗色和起霜时其严重的程度与着色剂的浓度成正比。这是因为在加热过程中着色剂浓度越高，其越易在塑料中部分溶解，冷却过程中形成过饱和状态严重，因而容易在塑料表面发生结晶，并很容易扩散到其它与之接触的介质中。

（3）迁移性与加工温度有关　在加工中，随着操作温度的提高，颜料迁移的可能性也随之增加。因此当操作工艺的温度接近颜料的耐热性指标或者当颜料用量浓度达到饱和的时候，需要特别注意迁移发生的可能性。

（4）迁移性与添加助剂有关　颜料分子与塑料树脂之间结合力大小，随着添加剂（如增塑剂及其它助剂）加入而变化。PVC（硬）塑料玻璃化温度高达 80℃，加入颜料着色不发生迁移，但加入极性助剂增塑剂后，分子间距离加大，结构松散，因而减少了聚合物链的相互作用，从而使颜料迁移速率增大，而且随着增塑剂用量增加，颜料迁移性越严重，所以增塑聚氯乙烯着色时选用颜料要特别注意。

1.4.2　耐光（候）性

耐光性的定义是指着色剂与聚合物体系暴晒于日光中保持其颜色的能力。着色产品暴晒于日光中颜色变化的主要原因是阳光中紫外线与可见光线对着色产品的破坏。

耐候性的定义是指着色剂与聚合物体系经过阳光照射，在自然界的温度以及雨水、露水的润湿下所产生的颜色变化。

着色剂的耐候性能包含了耐光性。但是耐光性能并不能涵盖耐候性。有些着色剂品种显示了很好的耐光性，但耐候性却不够好，这是因为影响着色剂耐候性的气候因素除了阳光外还有湿度、大气成分和暴晒时间，湿度通常是最重要的大气参数。

耐光（候）性的重要性视其用途而异，有时显得极其重要，如户外用的建筑用板、广告牌和汽车尾灯，希望产品在至少十年的全日光暴露条件下能保持稳定。耐光性的测定见表1-8，耐候性的测定见表1-9。

表 1-8　耐光性的测定

标准名称	德国：DIN 53387

测试：将试样和蓝色羊毛标准样卡同时暴晒，光源为氙灯（功率6500W，黑板温度50℃）

评定：蓝色羊毛标准样卡7级变色达到灰色样卡4级，则暴晒结束，与蓝色羊毛标准样卡变色比较，如试样和蓝色羊毛标准样卡中的某一级相当，则其耐光等级等于该级

耐光牢度为8级制；8级为耐光等级最好，1级则最差

表 1-9　耐候性的测定

标准名称	德国：DIN 53387

测试：将试样按以下条件测试，其中A. 每次光照102min，B. 每次光照加喷淋18min，A、B循环周期

测试时间：1000h、2000h或3000h

评定：测试样比照变色用灰色样卡（GB250）进行评判，5级制，5级最好，1级最差

对于耐光（候）性指标，在塑料配色时应注意事项如下。

（1）耐光（候）性与着色剂的用量有关　耐光（候）性随着着色剂用量增加会有增强，着色剂体积用量增加会使表面层的颜料数量增加，在受到同样程度光照射下，其耐光性要比着色剂用量小时好，当颜料体积浓度增加达到临界值时，其耐光性增强也到了极限。

（2）耐光（候）性和光照时间有关　耐光（候）性对光照时间依赖性极强。大多数颜色的衰退是直线的，一经暴晒，就持续不断地改变。一般而言：塑料着色产品经耐候测试2000h后达到3级以上，可户外使用。

（3）耐光（候）性和加钛白粉有关　一般而言加了钛白粉后，颜料耐光（候）性有不同程度下降，加得越多下降越多。

（4）耐光（候）性和树脂有关　在光照射下有些聚合物色泽变化加剧，从而影响制品颜色变化，添加紫外光稳定剂是一个可行的、减少制品颜色变化的方法。

聚合物单体的化学性质、聚合方法以及所用的抗氧剂及光稳定剂各不相同，颜料在不同品种的塑料中的耐光（候）性能上存在着差异。

（5）耐光（候）性技术指标和实际使用差异　全天候耐光（候）试验需要很长的周期，然而客户不愿意等待这么长的时间，因此研究人员开发了在实验室中采用人工光源和加速条件下测定耐光（候）性的方法。任何加速试验的基础都是要用实验装置充分模拟不同的气候条件，并且还要考虑到两种试验原理之间的相关性。

供应商和客户会对耐光（候）性技术指标实验结果进行频繁的讨论。一方面是由于客户的需求不是总能够得到完全满足；另一方面耐光（候）性技术指标在理论与实际之间会存在偏差。然而颜色的改变与暴晒的时间并非都是直线关系，有时候颜色的改变只是在暴晒开始的时候，经过一段时候以后颜色的改变就停止了。有的时候却恰恰相反，一开始暴晒不见任何的改变，但是经过一些时间后颜色的改变才开始。

1.4.3　抗翘曲/收缩性

着色剂应用于塑料着色时，一个不能忽略的问题是它还会成为结晶型塑料（如高密度聚乙烯 HDPE）的成核剂，引起产品不同程度的翘曲和收缩。生产精密度高的塑料制品时不能保证产品尺寸一样，特别当需要对塑料制品进行组装时，这些小的收缩可能会引起较大的问题。翘曲性测试见表 1-10。

表 1-10　翘曲性测试

测试：注塑机升温并保持在 200℃，将树脂注塑成样板，置于 90℃水中保持 30min，随后冷却至室温，比较着色与未着色注塑样板的收缩率差异来评估颜料对注塑形变性的影响程度。

$$PST = \frac{L_m - L_p}{L_p} \times 100\% \quad L_m:模具尺寸;L_p:注塑件尺寸$$

$$IF = \frac{PST_{(未着色)} - PST_{(着色)}}{PST_{(未着色)}} \times 100\%$$

评定：以 IF 值 10 为界限，IF 值小于 10，则可判断基本不产生形变；IF 值大于 10 产生形变，数字越大，形变越严重

对于抗翘曲/收缩性指标，在塑料配色时应注意事项如下。

（1）着色剂影响塑料成型收缩只发生在结晶型塑料（如高密度聚乙烯 HDPE、聚丙烯等）中，对其它非结晶塑料（如聚苯乙烯、AS、ABS）影响较小，热固性塑料收缩更小。

（2）塑料成型收缩与颜料结晶状态有关，如酞菁颜料结晶结构呈棒状，当塑料成型时其长度方向容易沿树脂流动方向排列，因而产生较大的收缩；无机颜料通常具有球状结晶，不存在方向排列，因而收缩小。

（3）抗翘曲/收缩性与颜料添加量有关　颜料添加量多少也会影响收缩性，添加量越多，翘曲/收缩性越严重。

（4）抗翘曲/收缩性与塑料加工温度有关　加工温度会影响收缩性，但不同颜料受温度影响程度不同，有的颜料在温度上升时会有影响，有的颜料在温度下降时会有影响。

（5）影响塑料成型收缩的因素很多，如塑料制品特性（形状、厚度、嵌件）、熔体温度、成型压力、成型时间、模具温度、模具进浇口形式和大小、模内冷却时间等，着色剂加入仅是其中一个因素。所以塑料成型发生收缩要从多方面因素考虑原因。

1.4.4　耐化学品性

着色剂与聚合物体系对酸、碱、溶剂和化学药品的稳定性统称耐化学品性。由于塑料的种类很多，而可供选择的着色剂也非常多，当我们看到塑料制品在工业上和日常应用中要满足各种各样的要求时，就会意识到着色剂耐化学品性的重要性。

特别是在包装领域，不可避免地要进行试验，对每一种可能的组合都需要测定着色剂耐化学品性。耐化学品性测试见表 1-11。

表 1-11　耐化学品性测试

测试：注塑色板部分浸在 5%盐酸（HCl）溶液、5%氢氧化钠（NaOH）溶液、10%硫酸（H₂SO₄）溶液、1%肥皂溶液、1%洗涤剂（含双氧水）溶液。保持实验室室温在 23～25℃，保证样板浸润 24h

评定：用变色灰卡比照样板浸润与未浸润部分的色差，5 级制，5 级最好，1 级最差

1.4.5　安全性

为了满足产品安全、环保和健康的要求，塑料材料及其制品必须满足世界各国、各地区

的法规要求，其中最为重要而且特别受人关注的是对化学物质控制的要求，特别是对于作为塑料材料中重要的添加剂——着色剂的要求，涉及具体的消费产品非常广泛，主要有玩具、纺织材料（如一些聚合物化学纤维）和辅料（如拉链和纽扣等）、电子电器产品、食品容器和食品接触性材料或产品、汽车材料。

（1）无机颜料 除了二氧化钛、炭黑和群青外，所有无机颜料都含有重金属成分。如同其它物质一样，当重金属超过特定浓度时，会对人类和环境有危害。

铬酸铅颜料含有铅和六价铬，两种金属都有慢性中毒危害。

欧洲议会已把硫化镉列为3类致癌物质，但是镉颜料未被列入。镉金属有慢性中毒危害。

（2）有机颜料中的杂质 有机颜料在生产中可能产生某些痕迹量杂质。有些以重金属盐（如钡）为色淀化的有机颜料（如颜料红48∶1）在合成中可能出现的痕量杂质如芳烃伯胺类、多氯联苯类、二噁英影响其塑料制品在食品或化妆品包装材料中的使用。

本书将列第5章专门论述国内外在塑料着色方面的法规。

1.5 影响颜料性能的因素——化学结构、粒径大小和着色量等

颜料用于塑料着色时，并非溶于这些塑料介质而是以分子形态存在，以许多分子组合成的微纳米颗粒形态分散在塑料介质中，通过颜料分子颗粒对投射到这些应用介质表面的光线产生吸收、反射、透射、折射等作用，实现对这些塑料的着色功能。因此颜料在塑料着色上的应用性能不仅与化学结构有关，而且与颜料粒子表面性能、粒径大小、粒子分布有关。溶剂染料在塑料着色时以分子状态完全溶解于聚合物中，此时溶剂染料的晶体状态与它的着色行为关系不密切，它在塑料着色中的各项性能仅仅与化学结构有关。

有机颜料性能与在塑料上应用关系见图1-5。

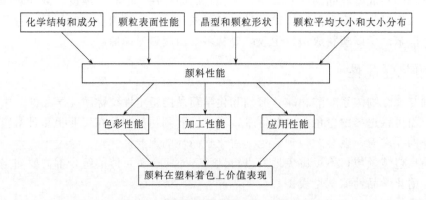

图 1-5 颜料性能与在塑料上应用关系

颜料用于塑料着色时还与应用介质密切相关。在不同的介质中颜料受环境的影响，它的物理和化学性质会有不同的表现，所以提及颜料的应用性能应该要同时给出它是在何种介质中的行为。否则在具体的应用过程中会造成质量事故。

1.5.1 颜料化学结构影响

着色剂在塑料上的各项性能主要与化学结构有关。

无机颜料通常是金属的氧化物、硫化物、金属盐类以及炭黑。无机颜料着色力低，色泽通常有些暗淡，但应用于塑料着色时具有耐热性、分散性、耐光（候）性优异的优点。

有机颜料色谱比较宽广、齐全。有机颜料有单偶氮类，偶氮色淀类，缩合偶氮类，酞菁类，蒽醌，喹吖啶酮、二噁嗪、异吲哚啉酮、吡咯并吡咯二酮（DPP）等杂环类。颜料分子结构直接决定其色泽及应用性能，但是同一类化学结构的颜料分子骨架上取代基的结合因其原子的不同而异。不同化学结构有机颜料见表1-12，其在PE中耐光牢度如图1-6所示。

表 1-12　不同颜料的化学结构列表

颜料索引号	颜料结构	颜料索引号	颜料结构
颜料蓝 15：1	酞菁	颜料红 48：3	偶氮色淀（锶盐）
颜料绿 7	酞菁	颜料红 179	苝系
颜料红 53：1	偶氮色淀（钙盐）	颜料黄 138	喹酞酮

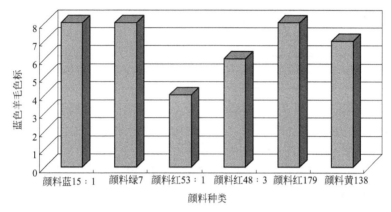

图 1-6　不同化学结构颜料在本色 PE 的耐光牢度

从图1-6可以看出偶氮色淀（钙盐）颜料红53：1耐光性最差，而苝系、酞菁结构颜料耐光性最好。

1.5.2　颜料粒径大小影响

颜料用于塑料着色时的性能不仅仅由化学结构决定，也与颜料粒径大小和分布有关。颜料粒径大小不仅影响颜料色光、着色力，还影响其在塑料中的分散性、耐热性、耐光性等。当颜料粒径降低时，其透明性变好，着色力增加，鲜艳度、光泽度提高，而耐热性、耐光性、分散性下降，见表1-13。所以需充分了解颜料粒子性能对塑料着色性能的影响，才能使用好每一个颜料，发挥其最大的使用价值。

表 1-13　颜料粒径大小对塑料着色性能的影响

粒径	小──→大
亮度	高──→低
着色力	高──→低
色彩饱和度	好──→差
遮盖力	透明──→遮盖
耐光性	差──→优
耐热性	低──→高
分散性	差──→优

1.5.2.1 粒径大小对色光和着色力影响

一般来说，颜料粒径小，比表面积大，着色力高，饱和度好；反之粒径大，比表面积小，着色力低，饱和度差。颜料黄183有两个品种，其中透明品种颜料粒径小，着色力高，偏黄光；而遮盖品种粒径大，着色力低，偏红光，见表1-14。

表1-14 不同粒径颜料黄183品种色彩性能——1/3标准深度

项目	颜料黄183（透明）	颜料黄183（遮盖）
粒径	小粒径	大粒径
色调值	85.2（偏黄相）	76（偏红相）
饱和度	72.0	76.4
着色力	0.23（高）	0.43（低）
耐热性/℃	280	300
耐候性/级		3～4

无机颜料粒径大小对色相也有很大的影响，见表1-15。

表1-15 氧化铁红颗粒大小和色相变化

铁红类型	1	2	3	4	5	6	7	8
颗粒大小/μm	0.09	0.11	0.12	0.17	0.22	0.3	0.4	0.7
色调变化			→变蓝相→					
着色力				→逐步下降→				
遮盖力	逐步下降					→逐步下降→		
比表面积			→逐步下降→					
吸油量			→逐步下降→					

1.5.2.2 粒径大小对耐热性影响

一般来说，颜料粒径小，耐热性差。反之粒径大，耐热性好。颜料红254粒径大小对耐热性影响见表1-16。

表1-16 同一结构颜料红254、不同粒径品种的耐热性

项目		BOC	2030	BTR
比表面积/(m²/g)		19.9	26.7	93.8
粒子大小		大	中	小
耐热性/℃	颜料含量0.05%	300	300	280
	颜料含量1%	300	300	280
	颜料含量0.01%，TiO₂1%	280	300	280
	颜料含量0.05%，TiO₂1%	300	300	290
	颜料含量1%，TiO₂1%	300	300	300

1.5.2.3 粒径大小对耐光（候）性影响

在光照下的褪色过程，被认为是受激的氧攻击基态颜料分子，从而发生光氧化——降解的过程。这是一个非均相反应，反应速率与比表面积有关。当颜料与氧接触的面积增加时，会加快其褪色过程。粒径小的颜料粒子，有较大的比表面积，因此耐光性就比较差。

粒径较大的颜料经光照后褪色速率与粒子直径平方成反比，而粒径较小时其褪色速度与粒子直径的一次方成反比。不同粒径颜料黄139经暴晒后颜色变化见图1-7。颜料红254不同粒径品种的耐候性见表1-17。

从图1-7可以看出，表面积23.3m²/g（相对应粒径大）颜料黄139在阳光暴晒下色差变化明显比表面积51m²/g（相对应粒径小）颜料黄139要小得多，表明耐光性提高。

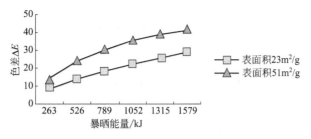

图 1-7　不同粒径颜料黄 139 经暴晒后颜色变化

表 1-17　同一结构颜料红 254、不同粒径品种的耐候性

	项目	SR1C	SR2P	Red　ST
	比表面积/(m²/g)	12.0	29.0	106.0
	粒子大小	大	中	小
耐候性/级	颜料含量 0.1%	5	5	5
	颜料含量 0.01%，TiO₂ 1%	5	4~5	4

从表 1-17 可以看出表面积 12.0m²/g（相对应粒径大）颜料红 254 加钛白冲淡，在 1000h 耐候性 5 级，而表面积 106m²/g（相对应粒径小）颜料红 254 只有 4 级。大粒径 DPP Red SR1C 可用于耐候要求特别高的汽车漆。

1.5.2.4　粒径大小对分散性影响

颜料颗粒的粒径大小对分散性有很大影响，通常细小颗粒粉体之间的间隙要比较大颗粒之间的间隙小，因而载色体树脂对小颗粒粉体颜料的润湿和渗透速率就比较慢，从而影响颜料颗粒最终的分散效果。

表 1-18 所得到的实验结果就充分验证了上述分析的结论。同一化学结构的颜料品种（颜料红 122），由于采用了不同的表面处理工艺，得到颗粒粒径大小不同的两个产品，经由完全相同的色母粒制成工艺，再将所得母粒通过 25μm 孔径的滤网进行过滤值测试，得出结果相差非常悬殊的两组数据。实验证明：具有较大粒径颗粒的颜料相对比较容易被润湿而得到较好的分散效果。

表 1-18　不同粒径大小颜料红 122 分散性

细粒径颜料红 122 （JHR-1220K）	滤压值/(bar/g)	大粒径颜料红 122 （OPCO）	滤压值/(bar/g)
批次 1	6.4	批次 1	1.2
批次 2	5.8	批次 2	2.6
批次 3	9.4	批次 3	1.4
批次 4	6	批次 4	1.4
批次 5	9.4		
平均值	7.4	平均值	1.65

同样道理，无机颜料大多数是由金属氧化物组成的，相对于有机颜料而言，平均颗粒也比有机颜料大，因此无机颜料相对于有机颜料的分散性要好。尤其像二氧化钛、铬系以及镉系颜料在塑料中都是最容易分散的。

1.5.3　颜料添加量影响

众所周知，颜料的各项性能也与使用浓度有关，这一点也需密切关注。

（1）颜料添加量对耐热性影响　不同黄色品种的化学结构见表 1-19，不同结构黄色颜料品种在不同浓度下的耐热性见图 1-8，从图中可以看出一些好的颜料品种（如黄色金属色淀）的耐热性不随着色浓度下降而降低。

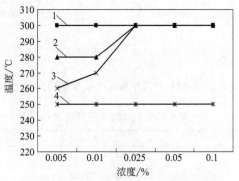

图 1-8　不同颜料品种在不同浓度下的耐热性

1—颜料黄 191、颜料黄 183；2—颜料黄 110；

3—颜料黄 181；4—颜料黄 62

表 1-19　不同黄色品种的化学结构

颜料索引号	化学结构
颜料黄 191	偶氮金属色淀
颜料黄 183	偶氮金属色淀
颜料黄 110	异吲哚啉酮
颜料黄 181	苯并咪唑酮
颜料黄 62	偶氮金属色淀

（2）颜料添加量对收缩性影响　颜料添加量多少也会影响收缩性，添加量越多，成型收缩越大，见表 1-20。

表 1-20　酞菁蓝颜料添加量对 HDPE 成型收缩的影响

添加量（质量分数）	纵向收缩率/%	横向收缩率/%	纵/横比
—	2.26	1.6	1.41
0.01	2.62	1.32	1.98
0.025	2.67	1.18	2.26
0.05	2.71	1.13	2.40
0.10	2.80	1.12	2.50
0.20	2.85	1.10	2.59
0.50	2.92	1.07	2.74

1.5.4　应用介质影响

（1）应用介质对耐热性影响　苝系结构的颜料红 149 在不同的树脂中耐热性也不同，见表 1-21。

表 1-21　颜料红 149 在不同树脂中的耐热性

树脂	耐热性/℃
聚碳酸酯（PC）	310
聚烯烃（PO）	300
聚苯乙烯（PS）、聚甲基丙烯酸甲酯（PMMA）、聚对苯二甲酸乙二醇酯（PET）	280
丙烯腈-丁二烯-苯乙烯共聚物（ABS）	250

（2）应用介质对耐光性影响　聚合物在光照射下的老化反应和热氧自动氧化反应一样，也伴有聚合物的裂解和交联，致使其力学性能变差，同时加剧了聚合物的颜色变化。苯并咪唑酮颜料黄 180 在不同聚合物中的耐光性见表 1-22。

表 1-22　颜料黄 180 在不同聚合物耐光性

聚合物类型	耐光牢度(本色/冲淡色)①	聚合物类型	耐光牢度(本色/冲淡色)
PA6	7～8/6	PO	6～7/6～7
PC	5～6/5～6	PS/ABS	6～7/6～7
PET	6～7/7～8	PVC	6～7/6～7
PMMA	5～6/3～4		

① 本色：颜料黄 180　0.1%；冲淡：颜料黄 180　0.1%，钛白粉 1%。

为了防止聚合物在紫外线照射下裂解，添加紫外线稳定剂是一个可行的方法。

还需特别关注的是：对于同一品种不同牌号树脂，因其单体的化学性质、聚合方法以及所用的抗氧剂及光稳定剂各不相同，导致不同品级的塑料在其耐光（候）性能上存在着差异。对同一种工业级聚合物进行分析，证明光诱导降解是由双键或聚合链的断裂等缺陷引起的，这些缺陷会吸收能量引起光诱导降解，从而破坏树脂。尽管聚合物生产商做了大量的努力，但在工业级聚合物中某些缺陷仍是不可避免的。各个制造商间合成方法差别很大。由不同生产商提供的同类聚合物各个牌号颜料耐光性会有差别，需要提醒配色者注意。

1.6　塑料配色——着色剂选择是关键

着色剂的各项性能除了与其化学结构密切相关外，还与其晶型、粒径大小、粒子分布有关，也与使用浓度、使用工艺、应用场所有关，还与塑料树脂类型及塑料添加剂有关，所以塑料配色是个复杂的系统工程。塑料配色的关键是选择一个合适的着色剂，这不仅是选择一种颜色，而是选择一种有结构、有色彩、有性能、为客户创造价值的着色剂。

（1）选择一个好的供应商　选择一个好的供应商是非常重要的，这是做好塑料配色工作的稳定基石。因为塑料配色对着色剂的第一手资料大部分来源于供应商，如果供应商提供的各项数据有误，对配色会造成很大损失，轻者报废产品，重者丢失客户。也可以对供应商样品进行试验，但那就需要时间和增加成本。

（2）加强与供应商沟通　加强与供应商沟通也非常重要，也许得到着色剂的第一手资料是客户样本，样本上提供的数据往往是 1/3 标准深度的数据，不能代表可在各种配色条件下的应用。加强与供应商沟通是非常必要的。有实力的供应商会详尽地提供产品所有技术资料，并有实验室技术支持，这样既可避免风险，又可节约时间。

（3）根据客户要求，必须自行进行实验测试　对塑料配色师来说，将着色剂制造商提供的数据与客户提供样品要求进行比较，并将试验条件与试验体系相结合，其最终数据才是有效的。这恰好涉及着色剂制造商提供数据的真实性，因为这些数据对配色者来说是非常重要的配色依据。这还不够，另外还需要根据客户要求自行进行实验测试或送第三方实验室检验。

第 2 章
塑料配色——着色剂和助剂

2.1 物体的发色原理

2.1.1 色彩的基础

2.1.1.1 色与光的关系

没有光就没有色，光是人们感知色彩的必要条件，色来源于光。所以说：光是色的源泉，色是光的表现。

光按其传播方式和具有反射、干涉、衍射和偏振等性质来看，有波的特征；但许多现象又表明它是由有能量的光量子组成的，如放射、吸收等。在这两点的基础上，发展了现代的波粒二象性理论。

波长决定了光的颜色，能量决定了光的强度。光映射到人的眼睛时，波长不同决定了光的色相不同。波长相同能量不同，则决定了色彩明暗的不同。

在光的电磁波辐射范围内，只有波长 380～780nm 的辐射能引起人们的视感觉，这段光波叫做可见光，如图 2-1 所示。

在可见光谱内，不同波长的辐射引起人们的不同色彩感觉。英国科学家牛顿在 1666 年发现，太阳光经过三棱镜折射，然后投射到白色屏幕上，会显出一条像彩虹一样美丽的色光带谱，从红色开始，依次是橙色、黄色、绿色、青色、蓝色、紫色共七色，如图 2-2 所示。从图 2-2 中可以看到红色的折射率最小，紫色最大。这条依次排列的彩色光带称为光谱。这种被分解过的色光，即使再一次通过三棱镜也不会再分解为其它的色光。光谱中不能再分解的色光为单色光。由单色光混合而成的光叫做复色光，自然界的太阳光、白炽灯和日光灯发出的光都是复色光。各种色光的波长如表 2-1 所示。

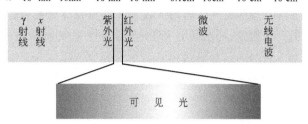

图 2-1　光的电磁波性质

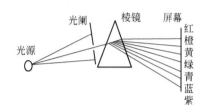

图 2-2　光的色散现象

表 2-1　各种色光的波长

色光	波长 λ/nm	代表波长/nm
红色(red)	780～630	700
橙色(orange)	630～600	620
黄色(yellow)	600～570	580
绿色(green)	570～500	550
青色(cyan)	500～470	500
蓝色(blue)	470～420	470
紫色(violet)	420～380	420

2.1.1.2　物体对光的透射、吸收和反射

　　无论哪一种物体，只要受到外来光波的照射，光就会和组成物体的物质微粒发生作用。由于组成物质的分子和分子间的结构不同，使入射的光分成几个部分：一部分被物体吸收；另一部分被物体反射；再一部分穿透物体，继续传播（见图 2-3）。

　　物体对光的选择性吸收是物体呈色的主要原因。所谓"花是红色的"，是因为它吸收了白色光中 400～500nm 的蓝色光和 500～600nm 的绿色光，仅仅反射了 600～700nm 的红色光。花本身没有色彩，光才是色彩的源泉。如果红色表面用绿光来照射，那么就呈现黑色，因为绿光波长的辐射能被全部吸收了，它不包含可反射的红光波长。可见，物体在不同光谱组成的光的照射下，会呈现出

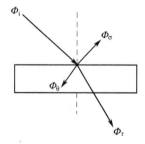

图 2-3　光的透射、吸收和反射
Φ_i—入射光通量；Φ_r—透射光通量；
Φ_σ—反射光通量；
Φ_θ—物体吸收的光通量

不同的色彩。所以，"色彩"并不是物质本身所具备，物体的固有色彩只是它对可见光谱中某些波段吸收或反射的能力。从这个意义上讲，世界上一切物体本身都是无色的，只是由于

它们对光谱中不同波长的光的选择性吸收，才决定了它的颜色。无光则无色，是光赋予了自然界丰富多彩的颜色。

所以当日光照射到物体上时，若光线全部透过物体，则该物体为无色；若光线全部被物体反射，则该物体为白色；若光线全部被物体吸收，则该物体为黑色；若各波段的光仅部分而且按比例被物体吸收，则物体为灰色；若物体选择性地吸收某一部分的光，则显示出彩色。

物体对光没有选择性吸收时，物体的颜色为非彩色，如黑色、白色、灰色，又称为中性色。颜色是彩色和非彩色的总称。

2.1.2　无机颜料发色原理

无机颜料通常是金属的氧化物、硫化物和金属盐类。

无机颜料中金属元素大部分分布在元素周期表中从ⅢB族到ⅧⅢ族的过渡元素，核的大小和电子的数目由元素在周期表中的位置决定。这样就决定了电子数目和电子层排列。电子在固定的能级旋转，这些元素在原子结构上的共同特点是价电子依次填充在次外层的原子中d轨道上。

金属元素原子有不同能量的（电子）状态，原子可以吸收一个光子迁移到一个能量比较高的状态或者放出一个光子缓和到一个能量比较低的状态。原子从一个状态到另一个状态的迁移中发生了能量的变化，把这个能量差所对应的光子频率叫做共振频率。

无机颜料通过吸收能量（例如太阳光），电子能从基态跃迁到激发态，即从较低的能级跃迁到较高的能级，从激发态到低能级（基态）会产生一系列发射谱线，当这些发射谱线的波长处在可见光范围内时人们就能看见颜色。

无机颜料发射光的强度与有机颜料中的共轭双键产生的光的强度相比较低，这正是无机颜料着色力非常低的原因。

2.1.3　有机颜料发色原理

2.1.3.1　Witt 发色理论（发色团和助色团）

威特（Witt）1876 年提出发色团理论，认为有机化合物必须含有一种可能产生颜色的基团，这些基团称为发色基团，都是一些不饱和基团，例如 $C{=}C$ 、 $C{=}O$ 、

$-N{=}O$ 、 $-N{=}N-$ 、 $-CH{=}CH-$ 、 $-N\begin{smallmatrix}O\\O\end{smallmatrix}$ 、 $C{=}S$ 等。只有当这些发色团连在足够长的共轭体系中或同时有多个发色团连在一起时，才能显出颜色。

对发色体系起深色效应的基团称助色团，如：$-OH$、$-NH_2$、$-NHR$、$-NR_2$、$-OR$、$-Cl$、$-Br$ 等。

威特的发色团与助色团理论在历史上对染料化学的发展起过重要的作用。目前，发色团与助色团这两个名称还在广泛使用。

2.1.3.2　醌构理论

英国人阿姆斯特朗（Armstrong）于 1888 年提出醌构理论，认为有机物的颜色与分子中的醌型结构有关，凡具有醌型结构的化合物都有颜色。

2.1.3.3 分子轨道理论

近代发色理论的基本观点是颜料对光发生选择性吸收,所吸收的波长在可见光范围内。

分子轨道理论认为分子轨道是原子轨道的线性组合。电子在分子轨道中遵循泡利(Pauli)原理(电子自旋方向相反)和能量最低原理。

由于有机颜料各个分子中化学键的本质、电子的流动性以及分子基态至激发态的激发能各不相同,使得不同分子对光的吸收存在很大的差异。

当分子中存在 π 电子或 n 电子时,电子就可以通过对光的吸收被激发到反键轨道上——从基态到激发态会产生一个能量差,见图 2-4。

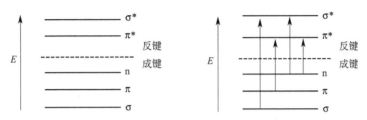

图 2-4 五种分子轨道能级示意图

电子跃迁所需能量是不连续的量子化的。σ→σ* 所需能量最大,约在紫外及远紫外;π→π*、n→π* 所需能量较小。

颜料分子从基态(E_0)跃迁到激发态(E_1)所需的能量(ΔE)称为激发能。激发能(ΔE)也是量子化的。

颜料一个分子从一个能级跃迁到另一个能级时,每一次的跃迁过程只能吸收一个光量子。因此在光的作用下,只有当光子的能量与分子激发能(ΔE)相同时,才可被分子吸收,即:

$$\Delta E = E_{光子} = h\nu = hc/\lambda \tag{2-1}$$

式中 h——普朗克常数($6.62 \times 10^{-34} J \cdot s$)

c——光速($3 \times 10^8 m/s$)

被吸收光的波长:

$$\lambda = hc/\Delta E \tag{2-2}$$

$\Delta E = E_1 - E_0$,ΔE 即为被有机颜料分子选择吸收的能量。

因此只有能在 37~70kcaL/moL 能量范围内产生激发状态的分子才是有色化合物。颜料颜色为被吸收光颜色的补色。

2.1.4 荧光颜料发色原理

荧光颜料分子一般都含有发射荧光的基团(称为荧光团),如 $-\overset{\overset{\displaystyle O}{\|}}{C}-$ 、$-CH=CH-$、$-CH=N-$、$-\bigcirc-NH$ 等基团,以及能使吸收波长改变并伴随荧光增强的助色团,如$-NH_2$、$-NHR$、$-OR$、$-NHCOR$ 等基团。

荧光颜料分子通常处于能量最低的状态,称为基态(S_0)。吸收紫外线或可见光的能量后,电子跃迁至高能量轨道激发态。分子可有多个激发态(S_1,S_2)。处于激发态的分子通过振动弛豫、内部转换等过程跃迁到分子的最低激发态的最低振动能级,再发生辐射跃迁回到基态(S_0),放出光子,产生荧光,如图 2-5 所示。

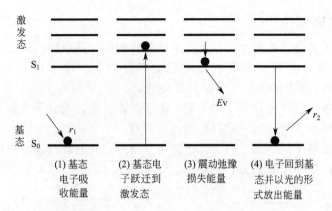

r_1：吸收光的波长
r_2：放出光的波长
Ev：震动弛豫损失能量
$r_1 < r_2$

图 2-5　荧光产生过程

荧光颜料分子激发过程中吸收的能量一般高于荧光辐射释放的能量，二者之差即颜料分子的 S_1 能态与基态 S_0 的能级差，因此发射荧光的波长不随激发光的波长改变而发生变化。同时分子激发过程中吸收的能量要高于荧光辐射释放的能量，两者之差就是振动弛豫损失的能量，以热的形式损耗，因此荧光波长比激发光的波长长，其差通常为 50～70nm，此时 $r_2 > r_1$，也就是光波产生了红移，从紫外区移动到可见光区，从而产生荧光。

利用荧光颜料发色原理还可制备荧光增白剂。

2.2　塑料着色剂——无机颜料

2.2.1　无机颜料的分类

无机颜料分类的方法有很多，本书从颜色、化学组成和色彩构成等方面进行分类。无机颜料大致可分为消色、彩色、效果三大类，见表 2-2。消色颜料包括白色、黑色颜料，它们仅表现出反射光量的不同（全部散射或全部吸收），即亮度的不同。彩色颜料则能对一定波长的光，有选择地加以吸收，把其余波长的光反射出来而呈现不同的色彩。效果无机颜料是颜料表面不同反射光学效应，从而产生不同的效果。

表 2-2　无机颜料分类

分类	项目	定义
消色	白色颜料	无选择光散射造成的光学效应　（例二氧化钛和硫化锌颜料、立德粉、锌白）
	黑色颜料	无选择光吸收的光学效应　（例炭黑颜料）
彩色	彩色颜料	选择性光吸收所造成的光学效应，在很大程度上也是选择性光散射的效应 （例氧化铁红、黄，镉系颜料，群青颜料，铬黄，钼铬红、钛黄、钛棕、钴蓝、钴绿、铋黄）
效果	金属效应颜料	主要在平的和平行的金属颜料粒子上发生的镜面反射　（例片状铝粉，铜粉）
	珠光颜料	发生在高度折射的平行的颜料小片状体上的镜面反射　（例云母白、云母）
	干涉色颜料	全部或主要因干涉现象而造成的有色闪色颜料的光学效应　（例云母、氧化铁）
	变色颜料	低折射率、高折射率介质交替包覆而产生光线折射，颜色取决于角度（变色龙）

2.2.2　无机颜料组成

与有机颜料及染料相比，适用于塑料着色的无机颜料的范围相对小一些。虽然基本的化学分子式只有几个，但它们有许多有用的变化形式，因此这类颜料显得种类很多。例如高性能复合无机颜料就是一个具有许多变化形式的基本类型。通过添加其它金属氧化物或主要金属氧化物的配比发生变化，原来的色调也在某一范围内发生改变。

白色和黑色无机颜料组成见表 2-3，彩色无机颜料组成见表 2-4，效果无机颜料组成见表 2-5。

表 2-3　主要白色和黑色无机颜料组成

化学类别	白色颜料	黑色颜料
氧化物	二氧化钛(TiO_2)，锌白(ZnO)	氧化铁黑(Fe_3O_4)，铁锰黑$[(Fe,Mn)_2O_4]$，尖晶石黑$[(Fe,Co)Fe_2O_4]$
硫化物	硫化锌(ZnS)，立德粉($ZnS,BaSO_4$)	
碳及碳酸盐	铅白$[Pb(OH)_2 \cdot 2PbCO_3]$	炭黑(C)

表 2-4　主要彩色无机颜料组成

化学类别	黄	橙	红	紫	蓝	绿	棕
铬系颜料	铬黄 $PbCrO_4 \cdot PbSO_4$ $PbCrO_4 \cdot PbO$		钼铬红 $PbCrO_4$ $PbMoO_4$ $PbSO_4$			铬绿 Cr_2O_3	
氧化铁颜料	铁黄 $\alpha,\lambda FeO(OH)$ $[(Zn,Fe)Fe_2O_4]$		铁红 Fe_2O_3				铁棕 $(Fe \cdot Mn)_2O_3$
金属氧化物颜料	钛黄 $[(Ti,Ni,Sb)O_2]$				钴蓝 Co,Al_2O_4 $Co(Cr,Al)_2O_4$	钴绿 $Co_2Cr_2O_4$ $(Co,Ni,Zn)_2TiO_4$	钛棕 $(Ti,Cr,Si)O_2$
镉系颜料	镉黄 CdS,ZnS	镉橙 CdS,ZnS	镉红 $CdS,CdSe$				
群青颜料			群青紫 Na_5Al_4 $Si_6O_{23}S_4$	群青蓝 $Na_6Al_6Si_6$ $O_{24}S_4$			
钒酸铋	铋黄 $4BiVO_4 \cdot 3Bi_2MoO_6$						

表 2-5　主要效果无机颜料组成

化学类别	组成	色泽
金属颜料	铝(Al)	闪光银色
	铜锌合金($Cu-Zn$)	闪光金色
珠光颜料	涂覆有 TiO_2 的云母	珠光银白和干涉色
	涂覆有 TiO_2 和金属氧化物的云母	金色和古铜色
变色龙颜料	用氧化铁和 SiO_2 涂覆铝粉	颜色取决于角度

2.2.3　无机颜料的塑料着色性能

无机颜料相对密度较大，着色力较差，但耐热性和耐光性优良。无机颜料是微细的粒状物，其原级粒子的颗粒直径大多在十分之几微米到几微米之间，最大不超过 $100\mu m$。在这些细小的粒子内部，分子有一定的排布方式，绝大多数颜料粒子都是以晶体的形态存在。无机颜料用于塑料着色时，分子是以微纳米颗粒形态分散在塑料介质中，所以其晶型结构、晶体形状、晶体大小及其分布，势必影响到它的性能和使用。

无机颜料应用于塑料着色具有耐热性、分散性、耐光（候）性优异的优点，所以大量用于各类塑料的着色，特别适用于成型温度高、使用条件苛刻的工程塑料上。

（1）良好的分散性　无机颜料相对密度较大，一般为 3.5～5.0，比表面积小，所以无机颜料在塑料中比较容易分散。无机颜料着色力相对较低，但有些无机颜料浓度较大时，色彩还是非常亮艳。

（2）良好的遮盖力　所谓遮盖力就是颜料应用在着色物中，使之成为不透明物体的能力。颜料遮盖力随粒径大小而变。无机颜料相对密度较大、粒径大，所以大部分无机颜料具有良好遮盖力。

（3）优良的耐候性、耐光性　颜料在塑料中耐候、耐光性能直接影响它的使用价值，一般来说无机颜料受到阳光和大气的作用会导致颜色变暗、变深，但不会褪色。其它颜料通过日光和大气的作用，会使颜料的化学组成发生变化，因结构破坏而褪色。总的来讲无机颜料的耐候、耐光性远比一般有机颜料强。

（4）优异的耐热性　除了铬系颜料外，绝大部分无机颜料的耐热性是非常好的，特别是那些在高温下煅烧生产的无机颜料，煅烧温度范围是 700～1000℃，所以其耐热性是非常优异的。针对铅铬系无机颜料耐热性和耐光性差的缺点，对铬黄进行包膜表面处理，也会使产品的耐热性大大提高。

（5）优良的耐化学品性　大部分无机颜料是惰性物质，具有优良的耐酸、碱、盐、腐蚀性气体、溶剂性。当然对于具体颜料来讲很难做到不与任何物质起反应，例如群青的化学结构不耐酸，铁黄比铬黄耐碱。

2.2.4　无机颜料在塑料中的主要用途

无机颜料在塑料着色中的应用面不断拓宽，而含铅、铬等重金属元素的无机颜料，受到越来越严格的环保法规的限制，用量正在萎缩并逐渐被淘汰，但是无机颜料在下列着色领域里还具有不可替代优势。

（1）用于工程塑料着色　工程塑料（engineering plastics）是指一类可以作为结构材料，在较宽的温度范围内承受机械应力，并有良好的力学性能和尺寸稳定性，在较为苛刻的化学物理环境中使用的高性能高分子材料。工程塑料加工温度非常高，见表 2-6，特别是聚酰胺（PA）还具有还原性，能使用的颜料不多，无机颜料以其优异耐热性及其它性能，大量用于工程塑料着色。

表 2-6　部分工程塑料加工温度

树脂	加工温度/℃	树脂	加工温度/℃
PP	180～250	POM	200～260
ABS	220～250	氟塑料	350
PC	270～300	PET	260～280
PA	250～300	PPS	320～360

钛白粉是目前用量最大的塑料用无机颜料，炭黑的用量仅次于二氧化钛，这两个品种正是用于工程塑料的重点品种。

高性能复合无机颜料（complex inorganic color pigment，简称 CICP）遮盖力好，各项

性能优异，特别适用于对各项应用性能要求高的工程塑料制品。

氧化铁颜料主色有红、黄、黑三种，通过调配还可以得到橙、棕、绿等系列色谱的复合颜料。氧化铁颜料有较好的耐光、耐候、耐碱及耐溶剂性，还具有无毒、价格低廉等特点，可广泛应用于工程塑料。

镉系颜料色谱很宽广，从浅黄至橘红、红，直到紫酱色，色泽鲜艳，具有耐光（候）性优良、耐热、遮盖力及着色力强、不迁移、不渗色等特点，几乎可用于所有工程塑料着色。但镉系颜料属于非环保无机颜料。目前，欧盟和美国已经明确限制其使用，但是由于其性能优异，尤其是耐热性，在一些特别的领域如聚酰胺、聚甲醛和聚四氟乙烯等加工温度高的工程塑料中仍有使用。

（2）大量用于户外制品着色　在室外长期使用的塑料制品如人造草坪、休闲体育健身器材、建筑用材、广告箱、周转箱、卷帘式百叶窗、异型材和塑料汽车零件，需要有极好的耐候性和耐光性，无机颜料钛白粉、炭黑、复合无机颜料、群青均是耐候性非常好的品种。

（3）用于配制浅色品种和调整色光　无机颜料着色力低，即使着色浓度很低时，耐热性也很好，而且还有极佳的耐候性，所以当配制浅色品种时应首选无机颜料。另一方面配色时加入颜料相对多一些，可尽可能减少配色误差传递，因此也非常适用于塑料配色时调色。

2.2.5　无机颜料在塑料着色上的安全性能

国外有定义为所有密度大于 $3.5\sim5g/cm^3$ 的金属都被称为重金属。按此定义，除了铝粉、炭黑、群青蓝、群青紫之外所有无机颜料均含有重金属。

在过去十年中，关于环境中的重金属的讨论在世界范围内十分流行，因而几乎所有客户均明确要求着色塑料制品不含重金属。实际上重金属是环境的一个自然组成部分，大量存在于岩石和土壤中，植物在土壤中的吸收也会使其在食物中出现。人类的生命是在含有天然重金属的环境中发展形成的，并且它们已经存在于人类的身体组织中。许多重金属（铁、锌、锰、钼、铬和钴）是维持生命所必需的微量元素，没有了它们人类和动物就不能生存。动物试验已经表明缺少铬会导致糖尿病、动脉硬化和生长失调。因而在全部生活领域内极端要求无重金属存在是没有科学依据的。

如同其它物质一样，当重金属超过特定浓度时，会对人类和环境产生危害。关于无机颜料在塑料着色的安全性，国外有研究机构已对重要的无机颜料进行仔细的检测，总体来看除了有害的铬系和镉系无机颜料外，其它的无机颜料在毒理学和生态学上是无害的。这是因为无机颜料具有不溶性，它们不会在胃里（意外吞食）或环境里产生生理效能，而铬系和镉系的毒性效应是由于在人体消化系统有酸性介质存在，酸溶性铅就容易被人体吸收，引起铅中毒。

2.2.6　无机颜料重要品种的应用特性

无机颜料品种不少，优缺点明显，本节就不作一一介绍，市场该类书不少，笔者推荐由德国 Gunter Buxbaum 著的《工业无机颜料》以及笔者 2014 年出版《塑料着色剂——品种·性能·应用》，那里有大量品种和数据。本小节主要针对无机颜料重点品种在塑料中应用特性、注意事项作详细介绍。本节内容是笔者几十年在塑料配色领域工作经验总结。不仅告诉读者应如何正确地选择无机颜料品种，更重要的是告诉读者选择这些品种的理由。这样做的目的是让读者明白道理，容易记忆，在日后的塑料配色工作中少犯错误。

（1）为什么塑料着色应选金红石型钛白粉？

二氧化钛在自然界有三种结晶形态：金红石型（rutile，以下简称 R 型）、锐钛型（anatase，以下简称 A 型）和板钛型。板钛型属斜方晶系，是不稳定的晶型，在 650℃ 以上即转化成金红石型，因此在工业上没有实用价值。钛白粉（R 型）和钛白粉（A 型）晶型见图 2-6，其性能见表 2-7。

(a) 钛白粉(R型)　　　　　　　(b) 钛白粉(A型)

图 2-6　钛白粉（R 型）和钛白粉（A 型）晶型

金红石型是二氧化钛最稳定的结晶形态，结构致密，金红石型比起锐钛型来说，由于其单位晶格由两个二氧化钛分子组成而锐钛型却是由四个二氧化钛分子组成，故其单位晶格较小且紧密，所以具有较大的稳定性和相对密度。

表 2-7　金红石型、锐钛型钛白粉性能比较

性能	金红石型(R)	锐钛型(A)
原子结构	较紧密	
折射率	2.73	2.55
遮盖力	更高	
相对密度	3.75～4.15	3.7～3.8
色相		较蓝
着色力/%	更强(10～30)	
耐候性	更好	
稳定性	更好	
磨耗能力		较低

金红石型和锐钛型都属于四方晶系，但具有不同的晶格，因而 X 射线图像也不同，锐钛型二氧化钛的衍射角位于 25.5°，金红石型的衍射角位于 27.5°，因此具有较高的折射率和介电常数及较低的热传导性。锐钛型钛白遮盖力只有金红石型钛白的 85 %，见图 2-7。

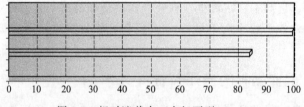

图 2-7　相对遮盖力（金红石型＝100）

物体的色彩源自于对光的选择性吸收，物体组成中价电子在光作用下发生跃迁，所吸收的光能的能量差（ΔE）在 $4.97 \times 10^{-19} \sim 2.74 \times 10^{-19}$ J，即吸收光波长在 400～730nm 时而显色。

钛白粉中钛元素是过渡金属元素，有空价轨道并有很强的配位能力，由环绕（负）电子的正原子（质子）组成。从图 2-7 可以看出金红石型钛白粉分子结构较锐钛型钛白粉紧密，所以其质子不容易跑出。这些自由基若攻击塑料往往会引起塑料老化，若攻击塑料助剂往往会激发助剂变异，若引起 BHT 抗氧剂的自动氧化，会变成醌式结构而造成钛白粉着色塑料变黄。BHT 抗氧剂的自动氧化反应方程式如下所示。

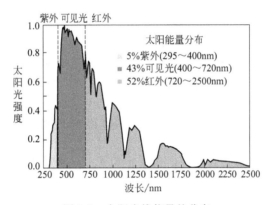

地球上接收到的太阳光线光谱有 γ 射线、紫外线、有色光、红外线、微波和电线波，详见图 2-1。其占有的总能量比例不同：如紫外区占地球接收到的太阳总能量的 5％，可见光区（VIS）占总能量的 43％左右，红外区（IR）占总能量的 52％左右，见图 2-8。

图 2-8 太阳光线能量的分布

太阳把自己的能量传递给地球上的动物和生物，使他们能不断成长，也给人类的生活带来许多负面的甚至是破坏性的影响。物体接收到红外线会使其表面温度升高，加速塑料老化。

金红石型和锐钛型钛白粉由于晶型不同，所以其对光反射率也不同，对塑料的影响也不同，见图 2-9。

从图 2-9 可看到锐钛型钛白粉（A 型）紫外反射率比钛白粉（R 型）大，所以钛白粉（A型）底色白度较钛白粉（R 型）白而且显蓝光。而钛白粉（R 型）红外反射率比钛白粉（A型）大得多。所以选用钛白粉（R 型）引起着色物体温升低，耐候性好，经过十年以后其外观只有很小变化。钛白粉（A 型）耐候性较差，仅仅经过一年以后即开始龟裂或者碎片状剥落。

所以综上所说塑料着色应使用 R 型钛白粉为好。

但金红石钛白粉的高硬度在着色加工过程中会损伤玻璃纤维，造成塑料制品机械强度的严重损失，应选择光学性能稍差而软得多的锌钡白或硫化锌。基于同样的原因，纺织纤维原液纺丝着色用钛白粉应选用锐钛型钛白粉。

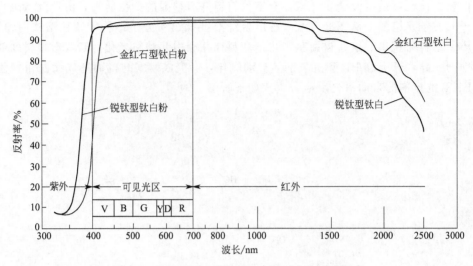

图 2-9　金红石型、锐钛型钛白粉对太阳光反射率

（2）为什么钛白粉要进行包膜处理？

钛白粉在化学结构上存在一定的缺陷：光化学活性不稳定，特别在有水分的情况经日光照射（特别近紫外光谱域），其晶格上的氧离子会失去两个电子变为氧原子，这种新生态氧原子具有极强的活性，使高分子有机物发生断链、降解，最终使聚合物失光、泛黄、变色，导致耐候性降低。

无论是通过硫酸法的水解和煅烧工艺，还是氯化法气相氧化工艺生产出来的二氧化钛都存在晶格缺陷（即肖特基缺陷），其粒子表面上存在着许多光活化点，在微量杂质如 Fe、Cr、V 等存在的情况下，会加速其光化学反应，从而引发自由基键反应而破坏聚合物等有机介质。因此必须通过表面处理堵塞其光活化点，隔绝二氧化钛与光的直接接触，改善 TiO_2 粒子的表面化学性质，提高其应用性能。

钛白粉本质上是亲水憎油性物质，表面带负电荷，在有机介质中的分散性很差，在塑料中的分散性也很差。

综上所述，根据塑料加工要求和产品使用要求，需要对钛白粉进行表面处理。

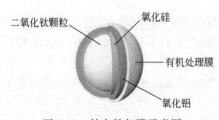

图 2-10　钛白粉包膜示意图

钛白粉表面处理是指在钛白粉粒子表面包膜一层或多层无机物或有机物，以克服二氧化钛固有的缺陷或改变其颗粒的表面性质，提高它的耐候性、分散性等应用性能，如图 2-10 所示。

① 无机包膜　铝和硅等表面处理剂用于钛白包覆层，可大大提高钛白的耐候性，同时其抗黄化性能极佳。不同的铝和硅等表面处理剂其作用不同。

a. 氧化铝（Al_2O_3）　氧化铝包膜可以单独进行（单铝包膜），也可以与 SiO_2、ZrO_2 等一起进行复合包膜。氧化铝膜在二氧化钛表面形成一层保护层，并反射部分紫外线，降低了钛白粉的光化学活性，提高了抗粉化性和保色性。

b. 氧化硅（SiO_2）　硅包膜与铝包膜相比较更为复杂，一般不单独进行，在氧化硅包膜过程中，可以得到疏松、多孔性的海绵状膜，这种膜是大量极细的氧化硅粒子堆积在二氧化钛粒子之间。这种二氧化钛颜料具有高遮盖力、高吸油量。

c. 氧化锆（ZrO_2）　氧化锆包膜层不仅具有提高二氧化钛的层间结合力的作用，而且能显著地掩蔽二氧化钛晶格表面上的光活性基团，提高二氧化钛的耐候性、光泽度和耐温性。

一般情况下锆包膜不单独进行，常与铝包膜等配合使用。

② 有机包膜　采用有机化合物表面处理剂，最后得到的表面可以是疏水的或亲水的，目的是为了提高钛白粉在各种介质中的分散性。

无机、有机表面处理剂对钛白粉性能影响见图 2-11。

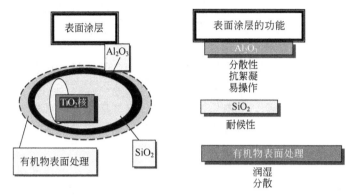

图 2-11　无机、有机表面处理剂对钛白粉性能影响

包膜的种类、均匀性和致密性将直接决定着产品的最终性能。如美国杜邦公司的 R960，选用 Al$_2$O$_3$ 等无机氧化物，其加入量大，致密硅处理导致耐候性优异，但其着色力相应降低，只有 90%。美国杜邦公司 TI-PURE 不同表面处理后的钛白粉牌号性能和不同用途见表 2-8。

表 2-8　美国杜邦公司 TI-PURE 不同表面处理后的钛白粉牌号性能和不同用途

性质	牌号						
	R101	R102	R103	R104	R105	R350	R960
钛白粉（最低质量分数）	97	96	96	97	92	95	89
氧化铝（最高质量分数）	1.7	3.2	3.2	1.7	3.2	1.7	3.5
硅（最高质量分数）	—	—	—	3.5	3.0	—	—
有机处理	亲水	亲水	亲水	疏水	疏水	疏水	—
CIE L※（最小值）	97.9	98.5	97.8	97.5	98.5	98.5	98.5
着色强度	102/101	109	110	110	105	110	90
用途	低挥发（抗裂空性）	改善水中分散（抗絮凝）	耐候工程塑料用	低挥发（抗裂空性）	高耐候高分散 PVC 型材	低挥发（抗裂空性）	非常耐候彩色 PVC 型材

经铝和硅无机表面处理的钛白粉虽然能提高其应用性能，但也带来分散困难等弊病。食品包装膜有气味，高温淋膜有裂孔，户外暴晒会褪色，都与钛白粉包膜有关，特别是钛白粉表面的这些无机处理剂在塑料加工高温挤出中会成为挥发物析出，从而在成品中引起起泡和小孔。

了解钛白粉的包膜处理及各种包膜剂的作用，有利于挑选塑料配色所要品种。

由于无机颜料均属过渡金属元素的氧化物和金属盐，所以其它无机颜料在结构上与钛白同样存在缺陷，因此均需对颜料进行表面处理来改善和提高它的性能。

① 铬黄、钼铬红　采用包膜提高它的耐热性、耐光性、耐候性。

② 群青　采用包膜提高它的耐酸性。

③ 铋黄　采用包膜提高它的耐热性。

④ 氧化铁黄　采用包膜提高它的耐热性。

（3）为什么硫酸钡能提高颜料的分散性？

硫酸钡在紫外和红外波长范围内具有很强的光反射能力，因此，塑料着色配方中加入硫酸钡后能显现出着色制品的高亮度，硫酸钡光折射率和常见的聚合物相近，所以能保留着色颜料的鲜艳度和色调。

硫酸钡粒径约为 $0.7\mu m$，狭窄的粒径分布，与许多颜料的原始粒子的粒径尺寸相当。在颜料分散体系中加入适量硫酸钡后，当颜料由于润湿剂作用由二次粒子变成一次粒子时，硫酸钡粒子可均匀地分布夹杂于颜料一次粒子之间，从而提高颜料的分散效率，并使颜料粒子在整个配方体系中更均匀地扩散和排列，使颜料的着色效率得以显著提高。加入硫酸钡可有效节省色母粒中的颜料用量，通常可减少 10%。

硫酸钡表面带有一定静电荷，具有空间位阻和静电排斥作用，可阻碍颜料粒子间的絮凝聚集，使颜料粒子在剪切分散中得以充分延展，减少了颜料粒子的絮凝聚集机会，大大减少了颜料粒子的团聚现象，提高颜料在塑料中分散稳定性。

硫酸钡适用于所有的热塑性塑料。它能提高塑料制品的刚性、硬度和耐磨性。它具有的高热导性和流变性能帮助缩短塑料注射成型的周期。硫酸钡还能增加热塑性高分子的结晶度，从而提高制品的强度（尤其是低温下的撞击强度）和几何稳定性。

由于硫酸钡透明性好，不影响颜料的鲜艳度和色调，又能提高颜料在塑料中分散性和着色力，所以受到了色母粒行业的青睐。

硫酸钡作为无机物填充，不影响产品表面光泽度，可提高其在塑料制品中的填充量，在色母粒制造过程中起到对颜料的分散作用，但也有局限性。硫酸钡为白色斜方晶体，其表面硬度强于碳酸钙，大量填充会造成设备严重磨损，特别是用于管道色母粒填充时，会严重磨损定径套装置，应注意选择应用。另外特别需要关注的是超细硫酸钡的重金属的含量是否超标，因为它往往会随着白色母被应用到食品包装中去。

（4）方解石粉碳酸钙和大理石碳酸钙有什么区别？

碳酸钙作为塑料填料历史已经很长了，几乎与聚丙烯塑料同步问世，起初的目的是为了编织袋拉丝时能提高一点挺度，后来发现添加一定量的填料还能提高产量，其应用慢慢延伸到塑料的各行各业。

碳酸钙目数从刚开始的 200～300 目发展到现在的几千目，甚至是纳米级，当然用途范围完全不同。碳酸钙从单一的填料功能发展到改性增强功能，目前已开发到了前所未有的程度，几乎每个塑料企业都会用到它。

大理石和方解石通过粉磨加工，生产出来的粉体都叫重质碳酸钙粉，但它们的应用性能差异较大。如何区别方解石粉和大理石粉？

① 从矿石本身区分　方解石矿石从微观的晶体结构上来看属于六方晶系，解理很清晰，有透光性，矿石表面是一个个很清晰的平面，不管怎么敲碎，都能看到平面。方解石也分为大方解石和小方解石，解理清晰规则的为大方解石，透明度很高。解理错乱的为小方解石。方解石矿有三种色调，乳白相、偏黄相、偏红相。大理石晶体一般呈立方体形，分为粗晶矿和细晶矿，色调同为偏青白相。两种矿石实物形态见图 2-12。

② 从粉体的外观区分　方解石粉色相比较柔和，有偏黄相和偏红相。大理石粉略感青白、蓝相，白度差，感觉会比较暗。

由于方解石和大理石所含微量金属元素不同，粉体所呈现出来的色泽也不同，方解石粉填充于塑料中做出来的产品会呈现奶黄色或奶红色（也即业界所说的磁白色、乳白色），色

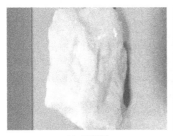
(a) 方解石

(b) 细晶大理石

图 2-12　从矿石上区别方解石和大理石

泽柔和，遮盖力较好。

③ 从碳酸钙含量区分　方解石和大理石主要成分都是碳酸钙，好的方解石含钙量可以达到 99% 以上，而大理石含钙量大约在 96%～98%。

④ 从应用性能上区分　由于方解石粉体性软，韧性略好，吸油量低，分散性、流动性、粒径分布以及粉体的吸油值、遮盖率都比大理石要好。方解石粉白度可以做到 95～97 以上（400 目粉）。大方解石粉由于其纯度高的特点，可以用在食品级的各个领域，比如牙膏、食品添加剂、食用钙片、饲料添加剂等，并且能通过欧盟的各项环保指标；还可用作婴幼儿纸尿裤、妇女卫生巾、透气专料等原料。小方解石粉成型加工较易，适应做吹膜拉丝、流延涂覆、无纺布填充等。

大理石为青白色，微微发灰，白度则偏低一些，大约在 93～96（400 目）。其密度大，性硬发脆，对机械磨损大，吸油量高，高质量填充比较难做好，适合做注塑及改性料和塑钢门窗料等。

⑤ 从物理机械性能差异区分　由于方解石和大理石晶体结构不同，填充于塑料制品后拉伸力和抗冲击力会有一定的差别。方解石属于六方晶系，晶体一般呈枣核形，长短径比较大，填充于塑料中有一定的补强作用，塑料制品拉伸力和抗冲击力等力学性能较好；大理石晶体一般呈立方体形，长短径比较小，在相同的配方条件下填充 PVC 管材、型材等制品，添加大理石粉的制品比较容易脆，韧性较差。

依据上述五项区别，应该根据需求合理选择碳酸钙品种。

在色母中适当地添加碳酸钙可提高颜料分散性，提高色母的耐热性，碳酸钙的量一般为色母中颜料含量的 10%～15%，添加碳酸钙的量过少或过多都会影响其着色性。一般来说，钙粉越细，制品的光泽度越高，前提是需保持其粒子的分散性，不使其粒子产生团聚。

超细亚纳米钙粉也就是市场上所讲的纳米钙，由于其粒径特别小，能提高塑料的拉伸强度，增加韧性（约 30%），同时还能提高弹性模量，提高产品的合格率。虽然纳米钙有这么多优点，但用于塑料却有分散难度，包覆纳米钙在塑料中达到一定温度时流动性就像水一样，使其与塑料比较难结合，必须要使用专门设备才能进行加工，另外达到一定温度后有变色现象，耐热问题也必须解决。

（5）炭黑的结构、粒径大小与分散性、着色力之间有什么关系？

炭黑是由气态或液态烃的不完全燃烧或热分解产生的，是一种黑色的、很细的颗粒或粉末。炭黑由其生产原料不同可得到炉黑、气黑、灯黑、乙炔黑等；由其生产工艺条件不同可以得到粒径范围极广的不同炭黑品种，其表面积通常为 $10～1000 m^2/g$；由于其生产工艺条件不同，原生颗粒交互生长为聚集体不同的高结构和低结构炭黑，其性质也不同，见图 2-13。

图 2-13   炭黑结构与性能的关系

炭黑粒径大小与炭黑的性质有很大的关系，其粒径与有关性能见表 2-9。

表 2-9   炭黑粒径大小与性能关系

炭黑的粒径	大	小
炭黑的比表面积	小	大
抗光老化能力	低	高
着色强度	弱	强
分散性	好	差
填充量	高	低
吸湿性	低	高
色相	蓝	红

当希望得到乌黑光亮的塑料制品时，选择粒径小的低结构炭黑。这是因为炭黑着色时，黑度主要基于对光的吸收，因此在特定浓度的炭黑中，粒径越小，则光吸收程度越高，光反射越弱，黑度越高。

欲获得满意的着色效果，需特别注意一个问题——炭黑分散性。只有解决炭黑分散性，才能达到最高的炭黑着色力。炭黑的粒径和结构不同，其分散性截然不同。炭黑粒径越细，接触点越多，它们之间内聚力越强，分散也越困难。可见选择分散性好的炭黑原则应是粒径大和高结构。

因此需根据用户要求，根据加工能力来选择炭黑品种。

客户需要的黑色制品往往是乌黑镫亮，这些品种明显带有蓝光，而着色力高、小粒径的炭黑往往带红光，在配色时需要加入蓝色颜料来调正色光，一般选用酞菁蓝 15∶3 品种。

光会使塑料老化，尤其是阳光中紫外线会加速塑料老化。基于制品使用的气候状态和对塑料制品寿命要求，需要以不同的方法来解决老化问题。炭黑是最价廉物美的优良的紫外线稳定剂。

（6）铬黄为什么要包膜？

铬系无机颜料色泽鲜艳纯正、遮盖力强。

铅铬系黄颜料（P. Y. 34）的化学成分是 $PbCrO_4$、$PbSO_4$ 及 $PbCrO_4 \cdot PbO$。它的色泽

可自柠檬黄色起至橘黄为止，形成连续的一段黄色色谱。铅铬系红颜料（P. R. 104）化学成分在 $25PbCrO_4 \cdot 4PbMoO_4 \cdot PbSO_4$ 和 $7PbCrO_4 \cdot PbMoO_4 \cdot PbSO_4$ 之间变动，三者之间分子比不同可以得到由橘红色至红色各类品种。

铬系颜料的色泽往往不是单纯由化学组成决定的，颜料的晶型和颗粒大小对色泽有重大影响。以 $PbCrO_4$ 为主的柠檬黄色为斜方晶体，中黄为稳定的单斜晶体，橘铬黄为正方晶体。所以铅铬系颜料有两大缺点，一是晶型不够稳定，特别是柠檬铬黄的晶型是斜方晶体，遇到紫外线、硫化氢、二氧化硫时晶型容易变为稳定的单斜晶型，导致制品在贮存中色泽会突然变深；二是未经表面处理的品种在日光暴晒后易变黑。这两大缺陷，在不同程度上制约了铬系颜料在塑料工业的应用。

针对铬系颜料耐热性和耐光性差的缺点，国外自 1994 年起在无机铬系颜料颗粒表面包上一层特殊的膜，通过生成"活性硅"形成一层致密的无定形水合氧化硅的表面膜。这种表面膜特征是厚薄均匀、结构连续而致密。无定形水合氧化硅以羟基形式牢固地键合到颜料表面，因此可看成不仅是物理包膜，也是一种化学结合，使铬系列产品的耐热性、耐候性和耐硫化性大大提高，特别是硅包膜致密程度不同，可得到性能不同的包膜铬黄。

铅铬系颜料包膜分为一般包膜和致密性包膜。致密性包膜能提升产品耐候性达 4～5 级，耐光性达 7～8 级，耐酸碱性达 4～5 级，并大幅度降低可溶性铅，大量用于塑料淋膜、注塑等产品上。其缺点是着色力有所降低，同时需注意避免在塑料加工中承受过高剪切力。

铬系颜料含有铅和六价铬，两种金属对人体和自然环境将产生重大危害。这类颜料在食品包装、玩具等领域被限制使用。随着有机颜料工业的发展，有很多有机颜料品种可以取代铬系颜料，有机颜料对于铬系颜料的替代方案见表 2-10。

表 2-10　有机颜料取代铬黄颜料方案

色相	低档应用	中档应用	高档应用
绿相铬黄	颜料黄 81	颜料黄 168,151	颜料黄 138,128,109,93
黄相铬黄	颜料黄 13	颜料黄 155,180	颜料黄 95
红相铬黄	颜料黄 83	颜料黄 191,183,139,83	颜料黄 110
钼铬红	颜料橙 34	颜料橙 36,64	颜料橙 61,73

（7）氧化铁黄能用于塑料着色吗？

氧化铁黄是鲜明赭黄色，着色力几乎和铬黄相等，遮盖力也强，氧化铁黄颜料对光的作用很稳定，耐光性可达 7～8 级，有良好的耐候性。一般铁黄的分子式为 FeOOH，加热到 150～200℃ 时开始脱水，发生如下反应：

$$2FeOOH \longrightarrow Fe_2O_3 + H_2O$$

铁黄慢慢失去结晶水而变成铁红，故而高温环境下，铁黄有色相变红/变暗的趋势，在塑料上的应用大大受到限制。

氧化铁黄（FeOOH），粒子晶型呈针状结构，见图 2-14。为了改善其耐热性，将氧化铁黄用氧化硅、氧化铝混合剂进行包覆，将充分分散的铁黄悬浮液中加入硅酸钠溶液，然后用酸调节 pH 值至中性，硅酸钠形成硅酸并水解成二氧化硅沉淀在铁黄粒子表面。SiO_2 和 Al_2O_3 形成的网状膜紧紧地包裹在铁黄粒子团聚体的周围，从而很好地起到了隔热的作用，因而其耐热性较一般铁黄有显著提高。同时也能在一定程度上提高产品的耐候性能，见图 2-15。当然包膜铁黄的着色力要比铁黄低 10% 左右，有些致密包膜的铁黄产品着色力甚至更低。

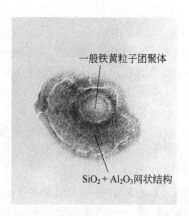

图 2-14 呈针状结构氧化铁黄   图 2-15 包膜铁黄 3420GBM 结构图

包膜氧化铁黄颜料耐热性可达 240℃ 以上，见图 2-16。如果进行致密包膜，包膜量 18%，其耐热性更好，见图 2-17。

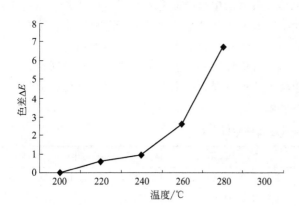

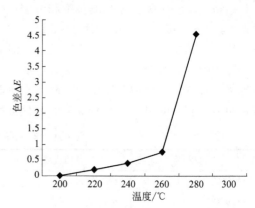

图 2-16 包膜铁黄 3420GBM 耐热数据   图 2-17 包膜铁黄 3421GBM 耐热数据
（3420GBM 0.5% 冲淡 1:3）   （3421GBM 0.5% 冲淡 1:3）

颜料黄 119 锌铁黄是一类混合金属氧化铁黄颜料，主要成分为铁酸锌（$ZnFe_2O_4$），色相呈棕黄色。颜料黄 119 锌铁黄工业化生产是以两种或多种金属氧化物充分混合，进行高温焙烧，使得不同的金属氧化物的金属离子和氧元素共聚，得到一种稳定的尖晶石型金属氧化物混相颜料，见图 2-18。锌铁黄化学性质稳定，遮盖力好而且具有极佳的耐热性（可达 300℃ 以上）。

包膜氧化铁黄有良好的耐光性、耐候性，不含重金属，可部分直接代替铬黄或者与有机颜料进行拼混调鲜艳度而满足要求。其主要用途如下。

① 集装袋/编织袋着色（羊毛包），可大量用于出口产品。

② 还可用来与酞菁蓝、酞菁绿拼色制作人造草坪。

③ 用于具有耐候性要求的建筑型材着色。

④ 用于管材着色。

锌铁黄不含重金属，其耐候等级为 5，耐光等级为 8，耐热性可达 300℃ 以上，独有红光黄色相，其主要用途如下。

① 应用塑料配色浅色，尤其是浅黄灰色及调色。

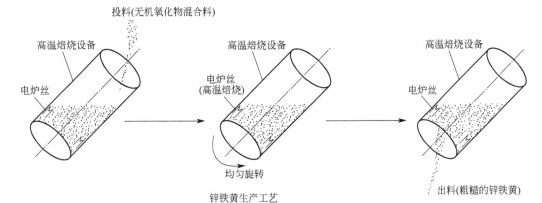

图 2-18　锌铁黄工业生产装置

② 汽车内饰件配色。

③ 木塑制品配色。

④ 耐高温要求高的工程塑料制品着色。

⑤ 耐高温要求高的浅色流延膜产品。

另外还可通过在塑料配方中增减铁黄和铁红来调整最终配方饱和度的稳定性，与配方里加微量炭黑是同理。

包膜氧化铁黄还可用在聚丙烯纤维纺丝中。

（8）群青颜料能耐酸吗？

群青颜料具有一种独特的红色调蓝色，色调非常鲜明，透明性较好，完全不同于酞菁蓝和蒽醌蓝。比酞菁蓝红得多。但相对于酞菁蓝而言，其着色力低得多。群青蓝耐热性非常好，可达 400℃。

群青蓝具有卓越的耐光性，不溶于水和有机溶剂，具有耐迁移和耐渗色性，但不耐酸，遇强酸颜料完全分解，失去颜色。在塑料加工中的酸性体系中会褪色生成 H_2S（恶臭），在 PVC 体系会和含铅或含锡的稳定剂反应生成 PbS（黑色）、SnS_2（黄色）。

群青蓝分子式是 $Na_6Al_6Si_6S_4O_{20}$，在其分子结构中实质上是一个具有截留钠离子和离子化硫基团的三维空间铝硅酸盐的晶格。钠离子和硫离子位于硅酸铝钠的 β 笼状空隙中。硫离子易受游离氢离子的影响而导致硫离子数减少，进而影响颜料的色彩，见图 2-19。

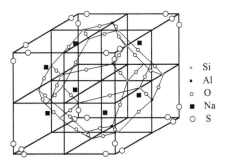

图 2-19　群青颜料化学结构图

在群青颗粒表面包膜，能提高群青耐酸性能，这里需要关注的是需生成致密包膜才能提高群青耐酸性能，如涂层厚薄不均会降低颜料的耐酸能力。而且生成的致密包膜在塑料加工中不易脱落及磨损，见图 2-20。

选用纯碱硫黄法生产多硫群青蓝，每生产一吨群青会释放接近一吨的二氧化硫，因此在生产中处理不完善，难免会使群青中含游离硫。群青中的游离硫可以和多种助剂发生反应，令制品发生色变。如和阻燃剂 Sb_2O_3 反应会生成 Sb_2S_3，与 PP 膜或纤维光稳定剂体系中有机镍反应生成 NiS，使聚合物严重褪色或变成暗黑色。另外游离硫在塑料制品中留有气味，

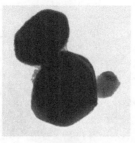
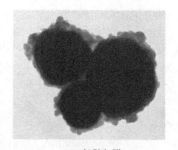

(a) 致密包膜   (b) 松散包膜

图 2-20 群青致密包膜和松散包膜

用于食品包装时有些客户难以接受。

通过洗涤和干燥过程，可加强产品游离硫控制，减少产品在塑料加工过程中产生的气味。

群青颜料是亲水性颜料，表面会吸附空气中的水分，当用于调色时，添加量较少，吸附的水分不足以对塑料加工形成影响。然而生产高浓度群青色母粒，加工过程中的水分过多就会造成成型困难，需要设备加真空抽取才能正常，因此需控制群青产品的含水量小于0.05%，为避免再次吸收环境中的湿气，群青产品的包装是防水的塑料包装。

群青紫（颜料紫 15）分子式 $Na_5Al_4Si_6S_4O_{23}$，其晶体结构几乎没有变化，但是硫的显色基团进一步被氧化了。群青紫相对于颜料紫 23 而言其着色力低得多，但群青紫耐热性可达 280℃，耐光性可达到 7~8 级，耐迁移性可达到 5 级。由于有机永固紫 23 着色力太高，所以用于配制浅紫色用量太少，再加上永固紫品种加钛白粉后性能急剧下降，往往会发生褪色，性能下降，令人头疼。采用群青紫配制浅色紫罗兰色是个正确的选择。

（9）金属颜料应用于塑料时要注意什么？

越来越多的塑料正取代金属充当结构性材料，如汽车零部件、家用电器、娱乐设备。为了使塑料件类似于以前的金属部件来满足人们的感官需要，可通过金属颜料着色达到目的。典型的金属效果颜料分别是金属银色（纯铝 C.I. 金属颜料 1）和金属金色（铜及铜锌合金 C.I. 金属颜料 2）。

铝粉是传统的叫法，现在专业的名字是铝颜料，铝颜料实际上是片状铝粉，是将雾化球形铝粉粒子通过球磨压成鳞片状制成的，具有不规则边角，每片有多个面，见图 2-21。

图 2-21 银粉（片状铝粉）

球磨后铝颜料片径与厚度的比例大约为 (40:1)~(100:1)，片状铝颜料分散到载体后具有与底材平行的特点，当光照过时，在平的和平行的铝粉颜料粒子上发生亮蓝-白镜面反射，光被散射到四面八方。光在铝颜料上的反射现象见图 2-22。

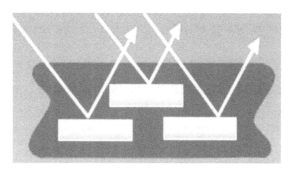

图 2-22　光在铝颜料上的反射现象

铝颜料特有的遮盖力是由于铝颜料分散到载体后众多的铝颜料互相连接，大小粒子相互填补，既遮盖了底材，又反射了光线。细粒径银粉具有较低的颜料表面与边的比率、较多的光散射，会形成感觉如同绸缎的光泽和非常高的遮盖力；而粗粒径铝颜料具有较高的颜料面与边的比率、较少的光散射，具有极强特粗闪烁金属感效果，详见图 2-23。铝颜料粒径与性能关系见表 2-11。

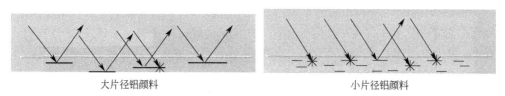

大片径铝颜料　　　　　　　　　　　小片径铝颜料

图 2-23　铝颜料粒径大小与光泽关系

表 2-11　铝颜料粒径与性能关系

粒径	细──→粗
亮度	低──→高
光泽	小──→大
色彩饱和度	小──→大
遮盖力	大──→小

铝颜料的铝片形状有球形、银元形和半银元形，见图 2-24。同样粒径，效果有很大的差异。银元形因为颗粒的表面积和边缘数的比例较高，光散射中心较少，有更多镜面反射，又白又亮，金属光泽会更强。

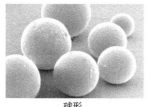

球形　　　　　　　　　　　　　银元形铝片

图 2-24　铝颜料的铝片形状

铝颜料在注塑时会产生流痕，是金属和塑料的冷却系数不同导致的，为了产生良好的金属效果，采用下列措施是有效的。

① 在配方中应该选择透明性好的颜料，否则的话会影响光的反射而影响金属效果。

② 在配方中应避免加入过多的钛白粉以及用钛白粉涂膜珠光粉，否则会使着色制品发暗。

③ 所选择的树脂透明性越好，其金属效果也越好。

④ 要注意铝颜料加工条件。在加工混合时，搅拌速度要慢，挤出时螺杆剪切尽量偏弱些，减少破坏铝颜料结构。色母的成型冷却时间要短。铝颜料特有的遮盖力还与加工性有关，如铝颜料分散性不好，其遮盖能力差，铝颜料最怕高速剪切，因为铝片的径厚比较大，在高剪切力的作用下铝粉会发生径向断裂，缩小径厚比，铝颜料的遮盖力也受到影响。

铝颜料的熔点为 660℃，在高温下很细的铝颜料对氧气很敏感，会在表面氧化形成一层氧化铝薄膜，这样铝就失去了亮丽光泽，而变得粗糙无光，呈灰白色。因此在铝颜料表面涂覆成一薄层高性能 SiO_2 和丙烯酸树脂双层包覆保护膜。包膜分别有以下规格。

① 经济型（economy）。

② 标准型（standard），经过一层二氧化硅包覆。

③ 高性能型（high performance），经过溶胶-凝胶二氧化硅包覆。

④ 超高性能型（ultra high performance），二氧化硅和聚合物双层包覆。

经过包覆处理的高性能和超高性能金属颜料在耐候、耐化学品、耐热、耐刮擦等性能方面较常规产品有很好的提升。

目前在塑料行业中主要使用三种类型的铝颜料，主要是载体不同，分别是溶剂型的铝银浆、铝银粉和铝颜料制备物（银条，载体是 PE 蜡）。铝银浆缺点是有溶剂油的味道，优点是价格便宜，可选择的型号种类多，效果也最好。铝银粉最大缺点是生产有安全隐患，投料过程中难免会有铝粉飘到空中，而且很难去除掉。铝颜料制备物优点是分散性好，安全，低速搅拌就可以打开，缺点是市场中可选择的供应商少，另外部分对力学性能有要求的塑料制品要慎用。

用传统分光仪测色是通过测量样品反射率或透射率来计算常用的颜色参数。其中 d/8 测量光学结构使用较为普遍，为散射照明，8 度接收，优点是可以测量样品真实色和外观色，通用性较强。但无法准确测量特殊效果颜色，比如含有金属颜料、珠光颜料的样品。因为这些样品会产生随角异射现象，必须用多角度分光光度仪进行测量并评价。根据材料和要求不同，可以选择三角度、五角度、六角度甚至八角度。比如爱色丽 MA98 多角度分光光度仪可实现八角度测量，可准确测量金属颜料和珠光颜料。

（10）珠光颜料应用于塑料时要注意什么？

珠光效果颜料的结构是通过在云母上涂覆不同厚度的金属氧化物（二氧化钛或氧化铁）形成的，详见图 2-25。膜产生的独特光泽和色彩效果是基于片层结构原理：透明的、薄片状的基材上包裹上极薄的金属氧化物（仅有百万分之一毫米）。通过光线多层折射形成的效果详见图 2-26。

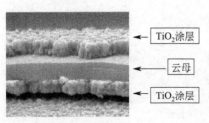

图 2-25　典型的珠光颜料电子显微镜照片

因为珠光颜料效果基于光干涉原理，在塑料加工过程中使用珠光颜料一般需要注意以下几点。

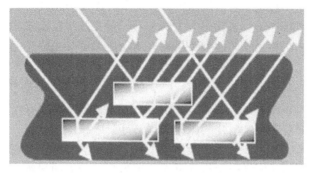

图 2-26　珠光效果颜料光线多层折射图

① 尽可能选用透明性好的有机颜料与溶剂染料。

② 不能与钛白粉一类配伍，为了达到一定的遮盖力，可同时使用小粒径的珠光颜料，尽量避免使用高遮盖力的颜料。

③ 所选被着色树脂的透明性要好。

④ 为达到最佳闪烁效果，需尽可能地分散好珠光颜料，珠光颜料以片状存在，由于剪切力的影响，珠光颜料在塑料加工过程中，颜料的粒径会变小，珠光效果会降低。采用长径比大的单螺杆挤出机和适当细度的过滤网增加机头的压力，尽可能减少加工过程中剪切力对珠光颜料的破坏。

⑤ 珠光颜料应用在户外塑料制品上时，需要考虑耐候性。银白色珠光颜料在有些塑料产品中会泛黄，可使用抗黄变系列产品。

⑥ 注意珠光颜料在塑料成型中的工艺条件

a. 注塑时提高背压以提高螺杆的混炼性，从而提高珠光颜料的分散性。注塑时的加工温度一般选在树脂推荐的使用温度范围的上限处，这样能保证珠光粉的分散性。在成型的过程中，熔体的流动带动了珠光颜料片晶的自动定向，取得了良好的珠光效果。

b. 模具表面的光洁度是非常重要的。模具越光洁，越能得到均一方向排列和光滑均匀的珠光色泽。

c. 模具浇口的设计也是非常重要的。选择单一浇口比多个浇口可以减少模口流出线，浇口的位置通常应选择在远离流动障碍的厚实处，浇口末端与流道系统之间距离应尽可能小，以减少由于流体阻力的差异而引起的珠光颜料分布不均匀和杂乱无章的排列现象。

d. 在 PMMA、PC、PA 体系中使用珠光颜料，必须事先进行干燥处理。

e. 在 PVC 塑料中，使用金色和古铜色珠光颜料系列产品时，由于含有游离的铁离子，会加速 PVC 树脂分解，使用时必须引起注意。

添加型珠光薄膜应采用共挤方法。

（11）荧光颜料应用于塑料时要注意什么？

荧光颜料吸收可见光和紫外线后，能把原来人眼感觉不到的紫外线转变为一定颜色的可见光，与常规反射的光相叠加，其总的反射光强度比一般颜料高，形成非常鲜艳的色彩。如荧光橙的反射光强度是普通橙颜料反射光强度的数倍，十分引人注目，见图 2-27。

荧光颜料最初主要用于商业装饰、广告、安全标识等。

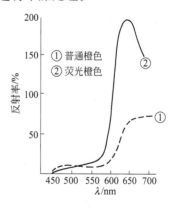

图 2-27　荧光颜料反射曲线

随着生活水平的提高，人们对于生活用品的选择除了考虑使用功能外，更要考虑到物品的外观，因此产品的商业价值与其外观就有很大的关系。荧光颜料往往被应用于那些需要格外引人注目的场所。国外对儿童及成人的有关研究表明：使用了荧光颜色的产品相对于使用传统颜色的同类产品而言能更早吸引他们的注意力，并且持有这种注意力的时间更长。所以在现代社会，荧光颜料的用途已经扩展到儿童玩具、包装、纺织、塑料着色、涂料、油墨、印染等领域。

荧光颜料一般由荧光染料、载体树脂和助剂三部分组成。

荧光染料产生荧光反射，红色为传统碱性染料，耐光牢度低，黄色为苊系，相对耐光性好一些。但染料直接用于聚烯烃会发生迁移。所谓塑料用荧光颜料绝大多数为荧光染料均匀分布于载体树脂，经粉碎处理成粉末而成。通常荧光颜料为荧光染料在载体树脂中的固溶体。这就是通常荧光颜料着色力低的原因。

荧光颜料载体树脂的种类很多，其决定了颜料在不同树脂体系里的相容性和耐热性。有些是热固性树脂载体，一般适合 PVC；有些是热塑性树脂载体，用于聚烯烃和工程塑料。选用聚酰胺树脂不易产生黑点，而选用蜜胺类树脂较易产生黑点。

荧光颜料常用的载体的助剂主要包括润湿分散剂、光稳定剂、抗氧剂等。

荧光颜料用于塑料着色大多是采用母粒的形式，所以生产母粒需注意如下事项。

① 荧光颜料主要由均匀分布于载体树脂的荧光染料组成。所以荧光颜料的分散性很好，在配方中不需加分散剂聚乙烯蜡。

② 提高荧光颜料耐光性的具体方法是在母粒中加入相同色调的非荧光性颜料。这样处理后，荧光塑料制品在褪色时，尽管制品光亮度下降，但色调不至于发生很大变化，否则将丧失荧光效果。在色母粒配方中尽量少用钛白粉。

③ 荧光颜料另一个缺点在于其对光的稳定性很差。日光中的紫外线是有害的，所以需加二苯甲酮或苯并三唑类紫外线吸收剂对其加以保护。由于高亮度的荧光效果是将紫外线转化为可见光的结果。所以着色配方中过量添加紫外线吸收剂可能引起亮度的降低。

④ 荧光颜料和塑料混合仅需低速混合搅拌，不需高速混合搅拌，以防对荧光颜料包覆的树脂造成损伤，影响荧光效果。荧光颜料分散性好，用单螺杆挤出造粒更佳。

⑤ 有些荧光颜料树脂会粘螺杆，可以通过在配方中加花王 EBS 并加部分硅油解决，粘连严重时可加少量 PPA，以帮助进料和造粒。注意加料口的温度不宜太高，荧光颜料挤出造粒要低温、低剪切。如需要双螺杆挤出，加工温度要尽可能低，同时停留时间要短。荧光颜料对加工温度和时间十分敏感，最好减少停机次数和停留时间。色母的浓度不宜太高，在25%～30%就可以了。

当发现荧光色母造粒时粘螺杆严重，一定要停止生产，需冷却后重新升温（略低温度后，再加树脂后启动冲洗机筒）。除此外采用定制炮筒和螺杆、镀上硬铬、多加些外润滑剂也是解决粘螺杆的良策，同样对黑点也有一定的抑制作用。

由于荧光颜料色母的特殊性，每批色差不一，每次生产需微量调整配方。

荧光颜料色母在塑料成型工艺应用中需注意以下事项。

① 在注射成型中通常有注塑料头回料反复使用的习惯，注塑工艺使用热流道是十分普遍的。因此需特别加以注意，因为每次加热都会引起荧光颜料热损伤的增加。

② 荧光颜料中染料在聚合物基体中的浓度是相当低的，所以建议荧光颜料在成品中的浓度为 1%～2%。

2.3　塑料着色剂——有机颜料

2.3.1　有机颜料的分类和品种

有机颜料按结构可以分成三大类：偶氮类、酞菁类、杂环及稠环酮类颜料，这三类颜料都可根据结构特点作进一步细分。

2.3.1.1　偶氮颜料

偶氮颜料根据偶氮基的数量可分为单偶氮、双偶氮、缩合偶氮类颜料。单偶氮色淀和双氯联苯胺系列双偶氮一般称为传统经典偶氮颜料。其色谱齐（红黄橙），色泽鲜艳，价格合理，已大量用于塑料着色。但因其结构等因素，在耐热性、耐光性、耐迁移性等方面存在种种缺陷，特别在浅色着色时其差距更大。

为了改进经典偶氮颜料应用性能，通过酰氨基连接两个单偶氮颜料，合成了分子量较高的缩合偶氮颜料，大大提高了应用性能。

苯并咪唑酮系偶氮颜料在分子上引入含环状酰氨基特定基团以降低分子溶解度，也大大改进了颜料耐热性、耐候性和迁移性。这两类颜料具有优异的耐热、耐光、耐候性和耐化学品性。

偶氮颜料分类和品种详见表 2-12。

表 2-12　偶氮类有机颜料分类和品种

类别	化学结构		颜色	品种(颜料索引号)
偶氮	单偶氮	偶氮盐/色淀	黄色	颜料黄 62/168/183/191
			红色	颜料红 48∶1/48∶2/48∶3/48∶4
				颜料红 53∶1/53∶3/57∶1
		萘酚 AS		颜料红 170/247/187
		苯并咪唑酮偶氮	黄色	颜料黄 120/180/181/214
			橙色	颜料橙 64/72
			红色	颜料红 175/176/185/208
			紫色	颜料紫 32
			棕色	颜料棕 25
	双偶氮		黄色	颜料黄 12/13/14/17/81/83
			橙色	颜料橙 13/34
	缩合偶氮		黄色	颜料黄 93/95/128
			红色	颜料红 144/166/214/242
			棕色	颜料棕 23/41

2.3.1.2　酞菁颜料

酞菁颜料主要是蓝绿品种，其色光鲜艳，着色力高，还具有优异的耐光、耐候、耐热和耐化学品性。酞菁颜料具有同质多晶性，即同一化合物具有生成多种不同结构晶体的能力。晶型影响其应用性能，如着色力、色光等。不同绿色卤代铜酞菁颜料着色和色光不同。酞菁系有机颜料按化学结构的分类及应用在塑料上的品种详见表 2-13。

表 2-13   酞菁系有机颜料分类和品种

酞菁	酞菁	蓝色	颜料蓝 15/15：1/15：3
	氯化酞菁	绿色	颜料绿 7
	溴氯化酞菁		颜料绿 36

2.3.1.3   杂环及稠环酮类颜料

杂环及稠环酮类颜料包含喹吖啶酮类、二噁嗪类、异吲哚啉酮类、吡咯并吡咯二酮类（DPP）、蒽醌杂环等。该类颜料同苯并咪唑酮系颜料、偶氮缩合颜料被通称为高性能有机颜料（high performance organic pigment，简称 HPP）。

高性能有机颜料包含两方面含义。

具有优良的加工性能：耐热性、分散性、耐溶剂性等。

具有优良的应用性能：耐光性、耐候性、耐迁移性及彩色性能。

高性能有机颜料满足多种工程塑料制品和户外塑料制品及汽车塑料制品着色的要求。高性能有机颜料按化学结构的分类及应用在塑料上品种详见 表 2-14。

表 2-14   高性能有机颜料品种

	二噁嗪	紫色	颜料紫 23、颜料紫 37
杂环	喹吖啶酮	红色	颜料红 122、颜料红 202；颜料紫 19（γ 晶型）
		紫色	颜料紫 19（β 晶型）
	苝	红色	颜料红 149、颜料红 178、颜料红 179
		紫色	颜料紫 29
	异吲哚啉酮	黄色	颜料黄 109、颜料黄 110
		橙色	颜料橙 61
	异吲哚啉	黄色	颜料黄 139
	吡咯并吡咯二酮	橙色	颜料橙 71、颜料橙 73
		红色	颜料红 254、颜料红 255、颜料红 264、颜料红 272
	喹酞酮	黄色	颜料黄 138
	蝶啶	黄色	颜料黄 215
	蒽醌，蒽酮	黄—橙色	颜料橙 43；颜料黄 147
		红—蓝色	颜料蓝 60；颜料红 177
	金属络合	黄色	颜料黄 150
		橙色	颜料橙 68

2.3.2   有机颜料结构、色区、性能图

有机颜料的化学结构分类，在一定程度上预示了该类颜料的典型性质，所以有机颜料系列产品根据结构、色区和性能分类见图 2-28，从图 2-28 中可以对整个有机颜料三大分类主要的 17 个产品系列有个初步了解和认识。

图 2-28 横坐标按颜料分类从左向右分别列为经典颜料、中档颜料和高性能颜料。越靠左边其综合性能相对略低一些，价格较经济。越靠右边，无疑是综合性能最好的，其价格相对也越高。而中档颜料价格不高，性能不错，所以横坐标也涵盖了价格因素走向。

图 2-28 纵坐标是按色调值从绿光黄色一直到绿色。

在图的左边经典颜料一类中，可看到双偶氮、β 类萘酚色淀红、2B 色淀红系列颜料。这些颜料以传统偶氮颜料为主体，以优异的色彩性能和加工性能、相对低廉的价格为特征深受客户青睐，几乎都是年产量万吨的大系列品种，但因其结构等因素，在耐热性、耐光性、耐迁移性等方面存在种种缺陷，特别在浅色着色时其差距更大。

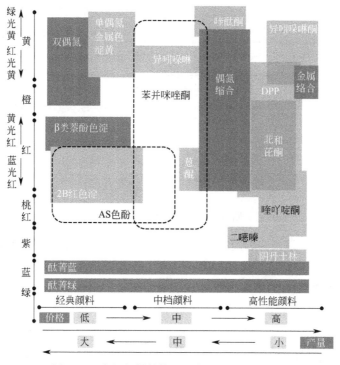

图 2-28　有机颜料结构品种色区和性能价格图

在图的右边高性能颜料一类中，靠最右边可看到喹吖啶酮类、异吲哚啉酮类、吡咯并吡咯二酮类（DPP）、苝系类和苝酮类颜料，它们无疑是性能最好的，而靠右偏中些，可看到偶氮缩合、蒽醌、二噁嗪类颜料，它们综合性能相对略低一些。高性能有机颜料以良好的色彩性能和加工性能，以及优异的耐受性能、应用性能而立足，形成年产量几百吨到几千吨的品种。当然其价格也是较高的。

在图的中间一类中，可看到苯并咪唑酮系颜料和异吲哚啉颜料系列中档颜料。这些颜料性能和价格介于经典颜料和高性能颜料中间，特别是苯并咪唑酮系列颜料属于性能不错、价格不贵的系列，性价比高，也是年产量几千吨的大品种。

从图 2-28 中可以看到唯一横跨经典、中档颜料和高性能颜料的是酞菁系蓝绿颜料，之所以这样排列是因为酞菁系蓝绿颜料绝对称得上价格经济、综合性能优异的品种，是年产量十万吨的大系列品种。

通过上述简单叙述可从图中了解颜料结构可能所对应的性能和价格。下面更详细叙述每一结构类颜料横跨的色区和具体品种及对应性能。

2.3.2.1　双偶氮颜料

双偶氮颜料是指颜料分子中含有两个偶氮基的颜料，一般是以二芳胺的重氮盐（3,3 二氯联苯胺）与偶合组分（乙酰乙酰苯胺及其衍生物或双吡唑啉酮及其衍生物）偶合，就是著名的联苯胺颜料。其色谱分布在强绿光黄色（颜料黄 81，颜料黄 17）、中黄色（颜料黄 14，颜料黄 13）、红光黄色（颜料黄 83）及橙色（颜料橙 13，颜料橙 34），几乎遍及黄色到橙色全色谱，见图 2-29。

双偶氮联苯胺颜料以着色力高、色泽鲜艳、价格经济而大量用于塑料着色，但性能一般，在有机颜料结构和性能图中位于图的最左边。双偶氮联苯胺系列颜料在聚合物加工温度

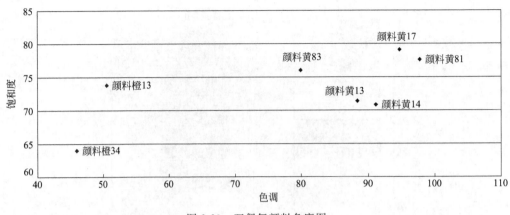

图 2-29 双偶氮颜料色度图

超过 200℃时会发生热分解，分解的产物是双氯联苯胺。双氯联苯胺是对动物有致癌性、对人体可能有致癌性的芳香胺，对人体和环境影响越来越引起人们的重视。

2.3.2.2　单偶氮金属色淀黄

为了改进单偶氮黄类颜料的耐热性和耐迁移性，在分子上引入磺酸基，再转化成色淀类颜料，耐迁移性以及耐热性比非色淀颜料要高得多。单偶氮黄金属色淀类产品从绿光黄（颜料黄 168）到中黄（颜料黄 62）、红光黄（颜料黄 191，颜料黄 191：1，颜料黄 183），在有机颜料结构和性能图中位于左偏中，所以性能也要比联苯胺系列颜料好得多，有些品种耐热性达 280～300℃，耐候性达到 3 级以上，性能接近中档颜料水平，是双偶氮联苯胺系列颜料替代品。但该类颜料缺点是着色力较低、有严重水渗性，当然价格也要比双偶氮系列颜料高。

2.3.2.3　β类萘酚色淀红

β类萘酚类红色色淀颜料就是著名的金光红 C，鲜明黄光红，具有较优良耐热性、较经济价格，大量应用在塑料上，但耐光性、耐迁移性就差强人意。

2.3.2.4　2B 色淀红

以磺酸基芳胺（俗称 2B 酸）重氮盐与 2 羟基-3 萘甲酸（2，3 酸）作为偶合组分反应，再与金属色淀化，可有多种红色谱颜料，即在塑料应用中著名的 2B 红系列和宝红 4B 红颜料。其色谱从黄光红（颜料红 48：1）到中红（颜料红 48：3），再到蓝光红（颜料红 48：2，颜料红 57：1）。四个品种在性能也有差异。2B 色淀红在有机颜料结构和性能图中位于图的最左略偏中，在经典颜料中属性偏中，具有优异颜色性能，良好耐迁移、耐热性及中等耐光性，良好的分散性和经济价格。大量用于塑料着色，也大量应用在化纤原液着色。

2.3.2.5　色酚 AS 类颜料

色酚类颜料有色酚 AS 衍生物类颜料，国内普遍应用的红色品种如鲜明的黄光红颜料红 170，色酚类颜料是以胿式结构存在，分子内普遍存在氢键，所以具有更好的性能，是塑料着色的中档品种。国外应用品种还有蓝光红颜料红 187。色酚类颜料在有机颜料结构和性能图中位于图的左边略偏中，所以其色彩饱和度、耐光性、耐热性均有特性，其价格也比普通经典颜料偏高。

2.3.2.6　苯并咪唑酮系列颜料

苯并咪唑酮颜料得名于分子中所含的 5-乙酰氨基苯并咪唑酮基团。由于苯并咪唑酮颜料分子中引入酰亚氨基团以降低分子溶解度，因此大大改进了颜料耐热性、耐候性和迁移性。

用 5-乙酰基乙酰氨基-苯并咪唑酮基团作为偶合组分得到的颜料覆盖了从非常强烈绿光绿色（颜料黄 214，颜料黄 151）到中黄色（颜料黄 180）、红光黄色（颜料黄 181）再到橙色（颜料橙 64，颜料橙 72）。其中颜料黄 180、颜料黄 181 属于最耐热的有机颜料品种。

而用 5-(2-羟基-3 萘甲酰)-氨基苯并咪唑酮作为偶合组分得到的产品涵盖了波尔多红（颜料红 185）、栗红（颜料红 175）以及洋红（颜料红 176）直到棕色（颜料棕 25）。

苯并咪唑酮颜料在塑料中的各项牢度非常优异，具有相当好的耐热性，具有优异的耐光性（黄产品比红产品好），具有极好的耐溶剂性、耐迁移性、耐化学品性以及良好的耐酸性、耐碱性。但绝大多数品种在浅色时，耐候性不理想。苯并咪唑酮颜料是性能不错、价格合理、性价比理想的产品。

2.3.2.7　缩合偶氮颜料

为了改进经典偶氮颜料的应用性能，通过酰氨基连接两种单偶氮颜料，合成了分子量较高的缩合偶氮颜料，俗称大分子颜料。缩合偶氮颜料色谱较广，从绿光很强的黄色（颜料黄 128，颜料黄 93）到黄光红色（颜料红 242，颜料红 166），到蓝光红色（颜料红 144，颜料红 214）直至棕色（颜料棕 41，颜料棕 23）。由于缩合偶氮颜料分子结构含多个酰氨基团并增加了颜料的分子量，所以大大改善了颜料的耐热性、耐光性、耐候性、耐溶剂性和耐迁移性等应用性能。缩合偶氮颜料在有机颜料结构和性能图中位于图的右靠中，也是高性能颜料，但其加工工艺流程长，所以其价格居高不下。

2.3.2.8　二𫫇嗪类颜料

二𫫇嗪类颜料色泽鲜艳，具有美丽、明亮、纯净的蓝光紫色调，无其它品种能取代。颜料分子具有对称平面性，优异的耐光性，良好的耐热性、耐候性及耐溶剂性，它的性能可与酞菁颜料媲美。二𫫇嗪类颜料在有机颜料结构和性能图中位于图的右靠中，其耐迁移性一般，着色力太高，钛白冲淡影响性能，价格也不低。

2.3.2.9　喹吖啶酮类颜料

喹吖啶酮类颜料是喹吖啶或喹吖啶的二酮衍生物，虽然喹吖啶酮类颜料分子量小、分子结构简单，却有优异的耐热性、耐光性、耐迁移性，色区覆盖蓝光红色 [颜料紫 19(γ)、颜料红 122] 到红光紫色 [颜料紫 19(β)]。喹吖啶酮类颜料在有机颜料结构和性能图中位于图的靠右，具有良好至优异的耐候性，特别在冲淡和低浓度的条件下，表现了优异的综合性能，是高性能颜料中重要的一员。

2.3.2.10　酞菁系颜料

酞菁颜料主要是蓝绿系列颜料，在有机颜料中已成为最大的一个种类，尽管它具有高性能颜料优异的耐热性、耐光性、耐迁移性、耐候性等综合应用性能，但其价格却接近经典颜料价格，所以目前没有一种化学物质可以取代它，其产量已占有机颜料产量的 1/4。在塑料中应用的酞菁类颜料有三个晶型（α，β，ε）。酞菁绿是用卤素置换金属酞菁分子中的 16 个氢原子。氯取代或氯溴混合取代数量和质量直接影响酞菁绿的色光。

2.3.2.11　吡咯并吡咯二酮类颜料

1,4-二酮吡咯并吡咯颜料（简称 DPP 颜料）是 1983 年研究成功的一类全新结构的高性能有机颜料。其色区覆盖橙色（颜料橙 73），黄光红色（颜料红 272，颜料红 255），中红色

（颜料红 254）到蓝光红色（颜料红 264）。根据粒径大小，其产品既有透明的又有遮盖的。

DPP 颜料分子结构具有很好的对称性，分子呈平面排列，分子间可以形成氢键，所以虽然其分子量较低，但其具有优异的耐光、耐热、耐溶剂性能和良好的分散性。DPP 颜料在有机颜料结构和性能图中位于图的较靠右位置，是性能优异的颜料新品种。但中国企业参与 DPP 颜料的研究和规模性开发较多，使其价格平民化，大大挤占了中档颜料空间。

2.3.2.12 苝系类和苝酮类颜料

以苝四甲酰亚胺为母体结构的苝系颜料主要作为还原染料应用，经颜料化后用于塑料着色。苝系列颜料色区分布很宽，覆盖橙色（颜料橙 43）到黄光红色（颜料红 149）、蓝光红色（颜料红 179）色谱。该类颜料分子结构不仅具有明显平面性和对称性，而且某些品种可以形成分子氢键，使其具有优异的耐热性和耐候性，所以苝系颜料在有机颜料结构和性能图中位于图的靠右，是性能卓越的高性能颜料，同时它的价格也是有机颜料中最贵的。该系列产品大部分可用于尼龙着色。

2.3.2.13 蒽醌和阴丹士林类颜料

蒽醌和阴丹士林类颜料原是一类分子量大、结构复杂的还原染料，通过特定的颜料化表面处理，可以使其转化为具有使用价值的有机颜料。其色区覆盖蓝光红色（颜料红 177）和红光蓝色（颜料蓝 60）。该类颜料具有高透明性，中等至高着色力。蒽醌颜料在有机颜料结构和性能图中位于图的靠右，颜料综合性能优异，属高性能颜料，可用于尼龙着色。

2.3.2.14 异吲哚啉酮系颜料

异吲哚啉酮系颜料是 20 世纪 60 年代中期继喹吖啶酮红和二噁嗪紫颜料之后发展起来的一类新的高级有机颜料。色区覆盖绿光黄色（颜料黄 109）、红光黄色（颜料黄 110）和红光橙色（颜料橙 61）。它具有优异的耐热性、耐迁移性、耐光性。异吲哚啉酮颜料在有机颜料结构和性能图中位于图的最靠右，是一类有实用价值、性能非常优异、价格也不低的高性能有机颜料。特别是在低浓度和钛白粉冲淡的场合具有非常优异的耐候性。

2.3.2.15 异吲哚啉类颜料

异吲哚啉类颜料是另一类有实用价值的有机颜料，分子中含有异吲哚啉环，并具有互变异构形式。异吲哚啉颜料黄 139 具有优良的耐光性和耐候性，着色力高，只因其耐热性只有240℃，影响了应用空间。但其在中档颜料中还属于价格性能比好的、有潜力的发展品种。

2.3.2.16 喹酞酮类颜料

作为颜料用的喹酞酮的衍生物不多。此类颜料是黄色品种，典型品种是颜料黄 138。颜料黄 138 是亮丽绿光黄，遮盖力高，饱和度好，综合牢度性能优良，属中档颜料。

2.3.2.17 金属络合类颜料

金属络合颜料是偶氮类化合物和甲川类化合物与过渡金属的络合物。色区覆盖红光黄色（颜料黄 150）、红光橙色（颜料橙 68）。在与金属络合之前，这类偶氮类化合物和甲川类化合物的颜色较为鲜艳，但一旦与金属络合后，生成的颜料色光要暗得多。金属络合颜料的优点在于赋予颜料很高的耐热、耐光、耐候性。其在有机颜料结构和性能图中位于图的最靠右，是可用于尼龙着色的为数不多的重要的有机颜料品种。

笔者已在 2014 年出版过《塑料着色剂——品种·性能·应用》一书，对塑料着色剂有机颜料品种、性能作了非常详细的阐述，但对于刚入门新人而言无从入手。本节将整个有机颜料体系的偶氮类、酞菁类和杂环及稠环酮类颜料三大系列分成经典颜料、中档颜料和高性能颜料，再从结构出发分成 17 个主要产品系列品种，按色区、性能、价格一一排列、分布在有机颜料结构品种和性能图中。对于有机颜料品种、性能还不熟悉的配色员可以仔细通读本书，很快对有机颜料体系有一个初步的认识。然后可以从客户配色需求出发，考虑价格、性能，在色区中找到所需品种去配色试验。

2.4 塑料着色剂——溶剂染料

溶剂染料（solvent dye）最初因其可在各种有机溶剂中溶解而得名，通常把能溶解在非极性或低极性溶剂（脂肪烃类、甲苯、二甲苯、燃料油、石蜡等）中的染料称为油溶染料（oil dye），把能溶解在极性溶剂（乙醇、丙酮）中的染料称为醇溶染料（spirit dye, alcohol soluble dye）。目前在塑料上着用的溶剂染料主要是油溶染料，所以人们也习惯把溶剂染料称为油溶染料。

溶剂染料是能够吸收、透射某些波长的光，而不散射任何一种光的化合物。所以用于塑料着色的溶剂染料是透明的。溶剂染料的特点是着色力非常高而且色彩鲜艳光亮。

溶剂染料在塑料中着色时以分子状态完全溶解于聚合物中，此时溶剂染料的晶体状态就不那么重要，或者说染料自身的晶体状态与它的着色行为关系不密切，它在塑料着色中的各项性能仅仅与其化学结构有关。相比较而言，溶剂染料分子量比较小，所以它的耐光性和耐热性不如有机颜料好。

通常溶剂染料在塑料上的应用仅局限于非晶态聚合物（例如聚苯乙烯、聚碳酸酯、聚酯、非增塑聚氯乙烯等）着色以及涤纶、尼龙纤维的纺前着色，但溶剂染料在塑料工业上的消耗量还是很大的。需要注意的是，溶剂染料应用于某些热塑性塑料特别是聚烯烃塑料、增塑聚氯乙烯时会发生迁移。

2.4.1 蒽醌类溶剂染料

蒽醌类溶剂染料色光鲜艳、牢度优良、熔点较高（一般在 250～300℃），因此具有优异的耐热性，其在溶剂染料中占有重要地位。蒽醌类溶剂染料在紫色、蓝色、绿色色谱中有举足轻重的作用。蒽醌类溶剂染料主要品种见表 2-15。

表 2-15　蒽醌类溶剂染料主要品种

名　　称	色　泽	结　　构	着色浓度 颜料/%	着色浓度 TiO₂/%	耐光性/级	耐热性/℃
溶剂红 111	红色	蒽醌 1-取代	0.05		6～7	280
溶剂紫 13	紫色	蒽醌 1,4-取代	0.085	1	6	300
分散紫 57	紫色	蒽醌 1,4-取代	0.5	1.0	4～5	280
溶剂紫 36	紫色	蒽醌 1,4-取代	0.05		7～8	300
溶剂蓝 35	绿光蓝色	蒽醌 1,4-取代	0.1 (1/3SD)	1.0	7	280
溶剂蓝 45	红光蓝色	蒽醌 1,4-取代	0.18	1.0	6～7	300
溶剂蓝 97	红光蓝色	蒽醌 1,4-取代	0.05		7	300
溶剂蓝 104	红光蓝色	蒽醌 1,4-取代	0.1	1	8	300

续表

名　　称	色　泽	结　　构	牢度性能			
			着色浓度		PS	
			颜料/%	TiO₂/%	耐光性/级	耐热性/℃
溶剂蓝 122	红光蓝色	蒽醌 1,4-取代	0.09	1	6～7	300
溶剂绿 3	蓝光绿色	蒽醌 1,5-取代	0.096	1	4～5	300
溶剂黄 163	红光中黄色	蒽醌 1,5-取代	0.05	1	7	300
溶剂红 207	蓝光红色	蒽醌-多取代	0.05	1	7～8	300
溶剂红 146	蓝光红色	蒽醌-多取代	0.05	1	5	300
溶剂紫 31	艳紫色	蒽醌-多取代	0.05	1	6～7	300
溶剂紫 37	蓝光紫色	蒽醌-多取代	0.168	1	6～7	300
溶剂紫 59	红光紫色	蒽醌-多取代	0.093	1	6	300
溶剂绿 28	黄光绿色	蒽醌-多取代	0.15	1	7～8	300

2.4.2　杂环类溶剂染料

杂环类溶剂染料品种繁多，仅次于蒽醌类和偶氮金属络合染料，色谱齐全，但以黄色和红色占主导地位，杂环类溶剂染料色光鲜艳，许多品种带有强烈荧光，并有良好牢度性能，广泛用于工程塑料和合成纤维纺前着色。

2.4.2.1　氨基酮类溶剂染料

氨基酮类溶剂染料是 1,8-萘酐及其衍生物或苯酐及其衍生物与芳族二胺化合物脱去两分子水缩合所生成的染料。这类染料色谱包括黄色、橙色、红色、紫色、蓝色。这类染料具有优良的耐光和耐热性能，在极性树脂中不迁移、不升华。氨基酮类溶剂染料主要品种见表 2-16。

表 2-16　氨基酮类溶剂染料主要品种

名　　称	色　泽	牢度性能			
		着色浓度		PS	
		颜料/%	TiO₂/%	耐光性/级	耐热性/℃
溶剂橙 60	黄光橙色	0.28	2	6	300
溶剂红 135	黄光红色	0.23	1	7	270
溶剂红 179	黄光红色	0.16	1	6	300

2.4.2.2　香豆素类溶剂染料

香豆素类溶剂染料色谱齐全，以黄色和红色占主导地位。香豆素类溶剂染料色光鲜艳，许多品种带有强烈荧光，并有良好牢度性能。香豆素类溶剂染料主要品种见表 2-17。

表 2-17　香豆素类溶剂染料主要品种

名　　称	色　泽	牢度性能			
		着色浓度		PS	
		颜料/%	TiO₂/%	耐光性/级	耐热性/℃
溶剂黄 160:1	荧光绿光黄色	0.2	2	3～4	300
溶剂黄 145	荧光绿光黄色	0.05	1	5	300

2.4.2.3　喹酞酮类溶剂染料

喹酞酮类溶剂染料仅限于黄色，溶剂黄 114 即分散黄 54，也是极重要的分散染料品种。喹酞酮类溶剂染料一般耐光性良好。喹酞酮类溶剂染料主要品种见表 2-18。

表 2-18　喹酞酮类溶剂染料主要品种

名　　称	色　泽	牢度性能			
		着色浓度		PS	
		颜料/%	TiO₂/%	耐光性/级	耐热性/℃
溶剂黄 33	中黄色	0.05	1	6～7	300
溶剂黄 114	鲜艳绿光黄色	0.12	2	7～8	300
溶剂黄 157	绿光黄色	0.05	1	7～8	300
溶剂黄 176	红光黄色	0.05	1	7	280

2.4.2.4　苝系溶剂染料

苝系溶剂染料品种见表 2-19，硫靛类溶剂染料品种见表 2-20，稠环类溶剂染料品种见表 2-21。

表 2-19　苝系溶剂染料品种

名　　称	色　泽	牢度性能			
		着色浓度		PS	
		颜料/%	TiO₂/%	耐光性/级	耐热性/℃
溶剂绿 5	荧光绿光黄色	1/3 SD	2	3	260

表 2-20　硫靛类溶剂染料品种

名　　称	色　泽	牢度性能			
		着色浓度		PS	
		颜料/%	TiO₂/%	耐光性/级	耐热性/℃
还原红 41	艳丽荧光红色	1/3 SD	1	3	300
还原红 1	艳丽荧光红色	0.05	1	5	300

表 2-21　稠环类溶剂染料品种

染料名称	色　泽	牢度性能			
		着色浓度		PS	
		颜料/%	TiO₂/%	耐光性/级	耐热性/℃
溶剂黄 98	荧光绿光黄色	1/3 SD	1	4～5	300
溶剂红 52	蓝光红色	0.195	2	3-4	280
溶剂橙 63	荧光红光橙色	0.05	1	7	300

2.4.3　亚甲基类溶剂染料

亚甲基类溶剂染料品种很少，仅限于浅色色谱，国外生产的最主要的六个品种是 C.I. 溶剂黄 93、溶剂黄 133、溶剂黄 145、溶剂黄 179、C.I. 溶剂橙 80、溶剂橙 107。亚甲基类溶剂染料主要品种见表 2-22。

表 2-22　亚甲基类溶剂染料主要品种

染料名称	色　泽	牢度性能			
		着色浓度		PS	
		颜料/%	TiO₂/%	耐光性/级	耐热性/℃
溶剂黄 93	中黄色	0.28	2	7～8	300
溶剂黄 179	绿光黄色	0.36	2	7～8	300
溶剂橙 107	红光橙色	0.09	2	5～6	300

2.4.4　偶氮类溶剂染料

偶氮类溶剂染料结构简单、合成方便，色谱主要包括红色、橙色、黄色，但其各项性能较差，应用在塑料中品种不多。偶氮类溶剂染料主要品种见表 2-23。

表 2-23　偶氮类溶剂染料主要品种

名　称	色　泽	着色浓度		牢度性能 PS	
		颜料/%	TiO$_2$/%	耐光性/级	耐热性/℃
溶剂橙 116	绿光黄色	0.05	1	6	300
溶剂红 195	蓝光红色	0.56	1	5	300

2.4.5　甲亚胺类溶剂染料

甲亚胺类溶剂染料生产品种很少，只有六种，除了溶剂黄 79 外，其余均为金属络合物。除了传统镍络合外，还有钴铜络合。甲亚胺类溶剂染料耐光性特别优异。甲亚胺类溶剂染料主要品种见表 2-24。

表 2-24　甲亚胺类溶剂染料主要品种

名　称	色　泽	着色浓度		牢度性能 ABS	
		颜料/%	TiO$_2$/%	耐光性/级	耐热性/℃
溶剂紫 49	暗红光紫色	0.09	1	6～7	240
溶剂棕 53	暗红光棕色	0.12	1	7	300

2.4.6　酞菁类溶剂染料

酞菁类溶剂染料色光为鲜艳绿光蓝色，其多为铜酞菁的衍生物，铜酞菁不溶于绝大多数的有机溶剂，但是当其分子上引入某些亲脂性基团后即可转化为在有机溶剂中有良好溶解性能的溶剂染料。该类溶剂染料不仅有蒽醌类溶剂染料所不具有的鲜艳绿光蓝色，还具有良好的各项牢度性能，国外仅生产七个品种，适用于工程塑料的主要是溶剂蓝 67。酞菁类溶剂染料主要品种见表 2-25。

表 2-25　酞菁类溶剂染料品种

染料名称	色　泽	着色浓度		牢度性能 PS	
		颜料/%	TiO$_2$/%	耐光性/级	耐热性/级
溶剂蓝 67	鲜艳绿光蓝色	0.05	1	5	260

2.4.7　溶剂染料在塑料配色上的应用特性

溶剂染料仅局限于非晶态聚合物（如 PS、ABS 等工程塑料）着色，这是因为这些非晶态聚合物具有较高的玻璃化温度（见表 2-26），在正常使用条件下，如室温（远远低于玻璃化温度）下，染料不会从非晶态聚合物中迁移出来。在着色时，染料溶解在非晶态聚合物中，染料的分子运动完全受限在聚合物分子链的范围内，染料没有重结晶或运动到聚合物表面的可能。实验证明：如果用染料着色的聚合物制品长时间放置在温度高于玻璃化温度的环境里，在此温度下，聚合物分子链和染料分子的分子运动不再受到限制，染料会发生迁移。当染料被用于部分结晶聚合物（如聚烯烃）时，因为这些结晶聚合物玻璃化温度远远低于室温，染料会立即迁移。

表 2-26 一些聚合物玻璃化温度

聚 合 物	玻璃化温度/℃	聚 合 物	玻璃化温度/℃
玻璃	500～700	PVC(硬)	80
PS	98～100	PA6	60～70
SB/ABS/SAN	80～105	PE(无定形)	−80
PMMA	105	PP	−10
PC	143～150		

（1）溶解度

溶剂染料在许多塑料中有良好的溶解性，它们在被加工的塑料熔体中会形成稳定的溶液，所以塑料着色也就不存在分散的问题。在塑料着色过程中，染料在聚合物熔体中若分布不均匀就会引起色纹。因此，溶剂染料在聚合物熔体中的完全溶解以及均匀分布对于避免最后成品中的瑕疵是十分必要的。

溶剂染料用于合成纤维纺前着色一般是通过制成色母粒来应用，由于色母粒中溶剂染料浓度比较高，一般不可能完全溶解在树脂中，如果色母粒加工时混合剪切分散不好，也会影响色母粒的可纺性能、过滤性能和着色性能。

（2）升华

溶剂染料在聚合物中溶解时会发生物理现象——升华。升华是指随着温度升高物质从固态直接变为气态而未经历液态的现象。不同结构的染料升华牢度不同，溶剂红 111 是一个很典型的例子，它在非晶态聚合物的正常加工温度下就发生升华。不同的溶剂染料有不同的升华温度。溶剂染料升华虽不影响塑料着色，但会影响溶剂染料的使用性能。在高温加工条件下，当着色的聚合物熔体填充模具时，溶解于聚合物熔体中的部分染料转变成气态，并在比较冷的模具表面沉积，慢慢形成越来越多的沉淀物。如果不能及时清除，这些沉淀物会导致注射成型的塑料部件表面形成缺陷。理论上，通过降低加工温度可以避免升华，但实际上这是不可能的，因为塑料的成型工艺要求其加工温度一定。避免这种情况发生的唯一可行的办法是采用升华牢度好的溶剂染料。

升华现象不仅发生在塑料注射成型过程中，还会发生在树脂干燥和色母粒的生产过程中，导致污染设备。

目前塑料着色上对溶剂染料升华牢度日益关注，这是因为深色品种着色时所需的染料用量明显增加，升华表现缺陷更大，另外为了提高产量，塑料加工成型的温度明显提高（升华对快速循环、注塑孔、热流道影响加大）以及生产自动化程度提高（由于模具结构和经济原因，不可能清洁模具）。

（3）熔点

溶剂染料在塑料着色上的应用一般都是加工成色母粒，需要相对较高的加工温度来加速它的溶解，充分的混合剪切有助于熔融或溶解的染料在聚合物熔体中的均匀分布。熔融染料在聚合物熔体中的快速分布是非常重要的，不仅是因为低黏度的熔融染料与高黏度的聚合物熔体在混合上有很大差异，而且要避免局部过饱和，局部过饱和对染料的溶解速率会产生不利影响。

2.5 塑料配色用助剂

塑料助剂又叫塑料添加剂，没有助剂的塑料，是不能实际应用的。为了改善热塑性塑料加工和应用性能，各类塑料助剂是不可或缺的。根据各国塑料品种构成和塑料用途上的差异，塑料助剂消费量约为塑料产量的 $8\%\sim10\%$。

塑料在阳光、热、氧等大气环境中会发生自催化降解反应（老化）。由于聚合物种类、分子链结构各异，它们的降解状态也是各不相同的。实际上塑料在加工制造、贮存、使用的整个过程的各个环节，随时都会发生光氧化反应，只是各自敏感的程度不同而已。抗氧剂可以解决塑料热氧老化问题。光稳定剂可以解决塑料光氧老化问题。

塑料制品实际上是塑料与各种颜料、填料和助剂的混合体，颜料、填料和助剂在树脂中的分散程度对塑料制品性能的优劣至关重要。分散剂可以辅助材料在树脂中均匀分散。

在塑料加工成型过程中，有两种摩擦是极为不利的，即聚合物加热熔融时聚合物之间的内摩擦，以及聚合物与加工机械表面的外摩擦。润滑剂可以提高塑料成型加工效率。

众所周知，塑料如果离开了助剂，也就形不成塑料，更谈不上使用价值，本节将重点介绍与塑料配色相关的一些重要助剂品种。

2.5.1 抗氧剂

塑料与氧的反应是一个自动催化过程，塑料通常在热及氧气的作用下快速发生老化，从而使材料褪色、变黄、硬化、龟裂、丧失光泽，最后导致强度、刚度及韧性的下降。对聚合物来讲，采用添加抗氧剂的方法提高其抗氧化性能是最简便有效的方法。

传统的抗氧剂体系一般包括主抗氧剂、辅助抗氧剂。

主抗氧剂以捕获聚合物过氧自由基为主要功能，分为"过氧自由基捕获剂"和"链终止型抗氧剂"，涉及芳胺类化合物和受阻酚类化合物两大系列产品。

辅助抗氧剂具有分解聚合物过氧化合物的作用，也称"过氧化物分解剂"，包括亚磷酸酯化合物和硫代二羧酸酯类，通常和主抗氧剂配合使用。

塑料着色对抗氧剂的性能要求是：抗氧效能高；无毒，不刺激皮肤；耐热性好；挥发性和迁移性小，不喷霜；污染性和着色性小；与其它助剂无化学反应；不影响塑料的加工性能和其它性能。

2.5.1.1 受阻酚抗氧剂

受阻酚抗氧剂按分子结构分为单酚、双酚、多酚、氮杂环多酚等品种，是塑料材料的主抗氧剂。

单酚、双酚抗氧剂有 BHT、2264 等，多酚抗氧剂 1010 和 1076 是当今国内外塑料抗氧剂的主导产品，1010 以分子量高、与塑料材料相容性好、抗氧化效果优异、消费量最大而成为塑料抗氧剂中最优秀的产品。受阻酚抗氧剂主要品种见表 2-27。

表 2-27 受阻酚抗氧剂主要品种

名称	化学组成	外观	用途	备注
264	2,6-二叔丁基对甲酚	白色或浅黄色	PVC,PS,PET,ABS	可用于食品接触
1076	丙酸正十八碳醇酯	白色或浅黄色	PO,PVC,PS,PET,ABS	
1010	四[β-(3,5-二叔丁基-4-羟基苯基)丙酸]季戊四醇酯	白色或浅黄色	PE、PP、PS、聚酰胺、聚甲醛、ABS	特适合聚丙烯

2.5.1.2 辅助抗氧剂

辅助抗氧剂的主要作用机理是通过自身分子中的磷或硫原子化合价的变化，把塑料中高活性的氢过氧化物分解成低活性分子。

国内亚磷酸酯抗氧剂生产消费量约占国内抗氧剂生产消费总量的30%。亚磷酸酯抗氧剂主要品种见表2-28。

表 2-28 亚磷酸酯抗氧剂主要品种

名称	化学组成	外观	用途	备注
TPP	亚磷酸三苯酯	透明油性状	PVC、PP、PS、ABS	配合金属皂类
TNPP	亚磷酸三(壬基苯酯)	琥珀色	PE、PP、ABS	耐高温,可接触食品
TPP	亚磷酸三丁酯	透明液体	PP	PP专用
TBP	亚磷酸三(2,4-二叔丁基苯基)酯	白色粉末	PP、PE、PS	与1010复配

含硫抗氧剂按分子结构可分为硫代酯抗氧剂和硫代双酚抗氧剂等。含硫抗氧剂主要品种见表2-29。

表 2-29 含硫抗氧剂主要品种

名称	化学组成	外观	用途	备注
DLTP	硫代二丙酸二月桂酯	白色粉末	PE、PP、ABS	耐高温,可接触食品,与1010复配
300	4,4′-硫代双(6-叔丁基-3-甲基苯酚)	白色或浅黄色	PO、橡胶	与炭黑共用时显示出优良的协同效应,特别是用于聚乙烯电缆电线材料时

2.5.1.3 复合抗氧剂

复合抗氧剂是由两种或两种以上不同类型或同类型不同品种的抗氧剂复配而成,如抗氧剂1010与抗氧剂168按不同比例复合而成的抗氧剂215、225、561等。不同抗氧剂间存在着协同效应,由能产生协同效应的主抗氧剂和辅助抗氧剂组成的复合体系具有高效、稳定、经济的突出特点,是最有效地防止高分子热氧老化的体系。因此在实际应用中,多是采用两种或两种以上的主、辅抗氧剂复配的复合型抗氧剂。高效复合型抗氧剂为受阻酚与亚磷酸酯、硫代酯的复合物,另外还有受阻酚类抗氧剂与紫外线吸收剂复合产品。

复合抗氧剂在塑料材料中可取长补短,显示出协同效应而发挥出优越性能,以最小加入量、最低成本而达到最佳抗热氧老化效果。

全球抗氧剂的发展现在仍将以受阻酚类为主(约占50%),亚磷酸酯类为辅(约占40%),但在完善改进二元复配体系的基础上正在向性能更为全面的多元复合体系迈进。

随着塑料工业中通用树脂的高功能化、高附加值化及复合材料和工程塑料应用范围的拓展,要求抗氧剂具有高效、低毒、相容性好、不析出等性能。复合抗氧剂抗氧化活性高,挥发性低,特别适用于高温加工,代表着当今抗氧化技术的最新水平。

2.5.2 光稳定剂

由于太阳光覆盖着人类生存的大部分环境,而太阳光中的紫外线对所有塑料及高分子材料有着巨大的破坏作用,对塑料来讲,地面阳光中所含紫外线的敏感波长大都在280~400nm,这正是塑料最易被破坏的敏感波长,见图2-30。另外,没有直接照射到阳光的部分,同样也会受到散射光的影响间接受到紫外线的破坏,导致塑料的主要组分聚合物的降解,出现外观和物理机械性能劣化,使得制品变色、发脆、性能下降,以致无法再用。这一过程称光降解或光老化。

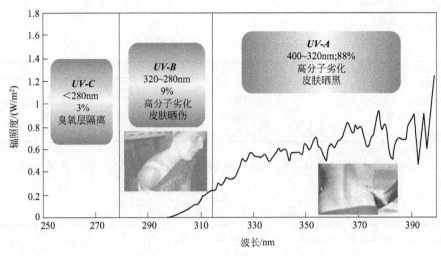

图 2-30 紫外线光谱

光稳定剂按作用机理，可分为四类。

（1）自由基捕获剂，主要是受阻胺类衍生物。

（2）紫外线吸收剂，包括水杨酸酯类、二苯甲酮类、苯并三唑类、取代丙烯腈类、三嗪类等有机化合物。

（3）猝灭剂，主要是镍的有机络合物。

（4）光屏蔽剂，包括炭黑、氧化锌和一些无机颜料。

目前世界上用量最大的两类光稳定剂是受阻胺光稳定剂和紫外线吸收剂。理想的光稳定剂应该有效地消除或削弱紫外线对聚合物的破坏作用，而对聚合物的其它性能没有影响，与聚合物有良好的相容性，不挥发，不迁移，不被水和溶剂抽出，对可见光的吸收低，不着色，不变色，热稳定性和化学稳定性好，在加工时稳定，不影响聚合物的加工性能。

2.5.2.1 受阻胺光稳定剂（HALS）

用于塑料光稳定的自由基捕获剂主要是具有空间位阻结构的 2,2,6,6-四甲基哌啶衍生物，是一类具有空间位阻效应的有机胺类化合物，因其具有分解氢过氧化物、猝灭激发态氧、捕获自由基及有效基团可循环再生的功能，是国内外用量最大的一类光稳定剂。国内受阻胺光稳定剂的消费量占国内光稳定剂消费总量的 65% 左右。受阻胺光稳定剂（HALS）主要品种，见表 2-30。

表 2-30 受阻胺光稳定剂（HALS）主要品种

名称	化学组成	CAS 号	用 途	备 注
770	双（2,2,6,6-四甲基-4-哌啶基）癸二酸酯	52829-07-9	PO、ABS、PU	可接触食品
GW-540	三（1,2,2,6,6-五甲哌啶基）亚磷酸酯	95733-09-8	PE、PP	可接触食品
944	四甲基呱啶	70624-18-9；71878-19-8	PE 薄膜、PP 纤维	高效品种，可接触食品
622	丁二酸与（4-羟基-2,2,6,6-四甲基-1-哌啶醇）的聚合物	70198-29-7	PO、PS、PU PET、PVC	可接触食品

2.5.2.2 紫外线吸收剂

紫外线吸收剂利用自身分子结构能强烈地、选择性地吸收高能量的紫外线，而其自身又具有高度的耐光性，其以能量转换形式将吸收的能量以热能或无害的低能辐射释放出来或消耗掉，从而避免塑料材料发生光氧化反应，起到光稳定作用。

　　紫外线吸收剂根据分子结构不同分为二苯甲酮类和苯并三唑类等。苯并三唑类光稳定剂是一类性能比二苯甲酮类略好的优良的紫外线吸收剂。国内二苯甲酮类光稳定剂和苯并三唑类光稳定剂消费量分别占国内光稳定剂消费总量的 25% 和 10% 左右。紫外线吸收剂主要品种见表 2-31。

表 2-31　紫外线吸收剂主要品种

名　　称	化学组成	外　观	用　途	备　注
UV-531	2-羟基-4-正辛氧基二苯甲酮	浅黄色或白色粉末	PO、PS、ABS	可接触食品
UV-P	2-(2'-羟基-5'-甲基苯基)苯并三氮唑	浅黄色或白色粉末	PET、PVC、PS、PMMA	可接触食品 适合透明制品
UV-327	2-(2'-羟基-3',5'-二叔丁基苯基)-5-氯苯并三唑	淡黄色粉末	PO、PVC、PMM、ABS	高温加工，可接触食品
UV-328	2-(2'-羟基-3',5'-二叔戊基苯基)苯并三唑	淡黄色粉末	PO、PET、PS、PA、PC	相容性好，耐挥发

2.5.2.3　猝灭剂

　　这类稳定剂本身对紫外线的吸收能力很低（只有二苯甲酮类的 5%～10%），在稳定过程中不发生较大的化学变化，但它能转移聚合物分子吸收紫外线后所产生的激发态能，从而防止聚合物因吸收紫外线而产生自由基。有机镍络合物类光稳定剂主要品种见表 2-32。

表 2-32　有机镍络合物类光稳定剂主要品种

名称	化学组成	外　观	用　途	备　注
2002	羟基苄基磷酸单乙酯镍	白色粉末	PO、PS、ABS	特适合薄膜、纤维、1010 复配
AM-101	2,2'-硫代双(4-叔辛基酚氧基)镍	浅绿色粉末		特适合薄膜、纤维

2.5.2.4　光屏蔽剂

　　光屏蔽剂是一类能够吸收或反射紫外线的物质。它的存在像是在聚合物和光源之间设立了一道屏障，使光在未到达聚合物的表面时就被吸收或反射，阻碍了紫外线深入聚合物内部，从而有效地抑制了制品的老化。光屏蔽剂构成了光稳定剂的第一道防线。

　　炭黑的结构中含有苯醌结构及多核芳烃结构，它们具有光屏蔽作用。并且由于含有苯酚基团，其又具有抗氧化性。在橡胶中由于大量使用了炭黑（作补强剂），所以其光稳定性能比较好，没有必要再加其它光稳定剂。炭黑被认为是价廉质优的最好的光屏蔽剂，仅因它会使制品着黑色才使其应用受到了限制。炭黑作为光屏蔽剂主要用来延长塑料制品在户外使用寿命（如 HDPE、LDPE 及 PVC 等的管材和电缆护套），亦应用于其它产品上（如农业用农地膜）。炭黑粒径应小于 25nm，炭黑浓度在 (2.5±0.5)% 范围内。用于 HDPE、LLDPE 及 PVC 等压力输水管、电缆护套和 10kV 电缆架空线上时，产品使用寿命可达 50 年以上。

　　光屏蔽剂还有二氧化钛、氧化锌、锌钡等。氧化锌和二氧化钛稳定剂为白色颜料，可使光被反射掉而呈现白色。

2.5.3　分散剂

　　塑料制品实际上是塑料树脂与各种颜料、填料和助剂的混合体，颜料、填料和助剂在树脂中的分散程度对塑料制品性能的优劣至关重要。分散剂是一种促进各种辅助材料在树脂中均匀分散的助剂，多用于色母粒、着色制品和高填充制品。

完整的颜料分散过程通常包含三个必不可少的阶段。

(1) 润湿：使颜料与空气或水的分界面变为颜料与载色体的界面。

(2) 分散：使颜料颗粒在外力作用下破碎成粒子附聚体与聚集体。

(3) 稳定：稳定已经被分散在介质中的颜料颗粒，并有效防止其再次聚结。

颜料的初始润湿对于颜料分散的结果有着无可替代的重要意义，通常这一过程都是经由一些看似简单的步骤来完成的，所以非常容易被忽视。初始润湿不仅仅只是对颜料颗粒表面的润湿，颜料颗粒的分散成败与否恰恰是由这一步开始的，初始润湿做不好，颜料颗粒的良好分散就无从谈起。载色体树脂必须在颜料颗粒聚集体中的微隙间作充分的毛细渗透，由于毛细渗透作用，颜料颗粒间凝聚力降低，并在剪切力的作用下很容易地被粉碎细化。因此颜料的润湿速率和毛细渗透的程度，对于颜料颗粒总的被分散速率和质量起着决定性的作用。

所以按照上述理论，润湿分散剂应分子量分布窄、黏度低，容易对颜料进行初始润湿，才能达到好的分散效果。当然润湿需要能量也是做好颜料分散的关键。

聚乙烯蜡是理想的分散剂。但无论是聚合法还是裂解法生产的聚乙烯蜡，其产品如有一定的气味，就不适用于食品包装。因此可添加熔融指数大于 20g/(10min) 的高熔融指数聚乙烯对颜料润湿分散。

2.5.4 润滑剂

在塑料加工成型过程中，聚合物加热熔融时聚合物间的内摩擦，以及聚合物与加工机械表面的外摩擦，会使熔体的流动降低，有碍于加工效率的提高，甚至严重的摩擦会使制品表面变得粗糙、缺乏光泽或形成流纹。

润滑剂是能够改善塑料加工性能的一种添加剂。按其作用机理可分为外润滑剂和内润滑剂两种。外润滑剂能在加工时增加塑料表面的润滑性，减少塑料与金属表面的黏附力，使其受到机械的剪切力降至最小，从而达到在不损害塑料性能的情况下最容易加工成型的目的。内润滑剂则可以减少聚合物的内摩擦，增加塑料的熔融速率和熔体变形性，降低熔体黏度及改善塑化性能。

理想的润滑剂应具备如下性能。

① 必须具有优异的、效能持久的润滑性能。

② 与聚合物有良好的相容性，内部、外部润滑作用要平衡，不影响树脂的透明性，不起霜、不易结垢，不与其它助剂反应。

③ 黏度小，表面引力小，在界面处扩展性好，易形成界面层。

④ 热稳定性能优良，在加工成型过程中不分解、不挥发、不降低聚合物的各种优良性能、不影响制品第二次加工性能。

⑤ 无毒，无污染，不腐蚀设备，价格便宜。

常用的润滑剂可按照化学组成方式分为如下几类：脂肪类润滑剂、烃类润滑剂和复合润滑剂等。

2.5.4.1 脂肪类润滑剂

脂肪类润滑剂可分为脂肪酸类、脂肪醇类和脂肪酰胺类润滑剂。

其中应用最广的是硬脂酸、高级脂肪酸的金属盐类（俗称金属皂）。金属皂除具有润滑作用外，还是 PVC 用热稳定剂。其品种和性能见表 2-33～表 2-35。

表 2-33　脂肪酸及其脂类润滑剂主要品种和性能

名称	化学组成	外　观	熔点/℃	备　注
硬脂酸	$C_{17}H_{35}COOH$	微黄色粉末	98~103	符合美国 FDA,与硬脂酸丁酯配伍
HDD	羟基硬脂酸	白色粉末	70~75	可用于食品包装,透明度好
BI	硬脂酸正丁酯	白色或淡黄色粉末	130~145	优良的内润滑作用
OP 蜡	褐煤蜡	白色粉末	68~79	用于透明要求高、冲击强度高的产品,本品无毒

表 2-34　脂肪酸酰胺类润滑剂品种和性能

名称	化学组成	外　观	熔点/℃	备　注
SOE	硬脂酰胺	淡黄色粉末	98~103	符合美国 FDA
MBSA	亚甲基双硬脂酰胺	浅绿色粉末	130~140	
EBS	N,N'-亚乙基双硬脂酰胺	白色或淡黄色粉末	130~145	符合美国 FDA
OID	油酸酰胺	白色粉末	68~79	
EID	芥酸酰胺	白色粉末	75~85	符合美国 FDA,特别适用于 BOPP 或 CPP

表 2-35　金属皂类润滑剂品种和性能

名称	化学组成	外　观	备　注
CaST	硬脂酸钙	白色粉末	作为 PVC 热稳定剂,可用于食品包装
ZnST	硬脂酸锌	白色粉末	可用于食品包装
MgST	硬脂酸镁	白色粉末	可用于食品包装
BaST	硬脂酸钡	白色粉末	粘接性和可印刷性较好,有微量毒性,用量过大时易结垢

2.5.4.2　烃类润滑剂

　　烃类塑料润滑剂来源广泛、价格低廉、性能稳定、润滑作用较好。应用较多的品种包括液体石蜡、天然石蜡、微晶蜡、卤代烃、聚乙烯蜡（PE 蜡）、聚丙烯蜡（PP 蜡）和氧化聚乙烯蜡（OPE 蜡）。除了氧化聚乙烯蜡以外,均为非极性化合物。根据相似相容原则,该类润滑剂在非极性树脂中为内润滑剂,而在极性树脂中则为外润滑剂。

　　烃类润滑剂品种和性能见表 2-36。

表 2-36　烃类润滑剂品种和性能

名　称	外　观	备　注
石蜡	白色固体	热稳定性差,可用于食品包装,一般用于硬质 PVC
液体石蜡	油状液体	内润滑剂,无毒,可用于食品包装
氯化石蜡	半透明液体	PVC 内、外润滑剂
聚乙烯蜡	白色粉末	内润滑剂
氧化聚乙烯蜡	白色粉末	含有极性基团改性蜡产品,与极性 PVC 相容性好
聚丙烯蜡	白色粉末	耐高温,无毒,可用于食品接触

2.5.5　热稳定剂

　　热稳定剂专指聚氯乙烯及氯乙烯共聚物加工时所使用的稳定剂。聚氯乙烯及氯乙烯共聚物属热敏性树脂,它们在受热加工时极易释放氯化氢,进而引发热老化降解反应。热稳定剂一般通过吸收氯化氢,取代活泼氯和双键加成等方式达到热稳定化的目的。工业上广泛应用的热稳定剂品种大致包括碱式铅盐类、金属皂类、有机锡类、有机锑类等主稳定剂和环氧化合物类、亚磷酸酯类、多元醇类、二酮类等有机辅助稳定剂。由主稳定剂、辅助稳定剂与其它助剂配合而成的复合稳定剂品种,在热稳定剂市场具有举足轻重的地位。

2.5.6 填充剂

填充和增强是提高塑料制品物理机械性能和降低配合成本的重要途径。塑料工业中所涉及的增强材料一般包括玻璃纤维、碳纤维、金属晶须等纤维状材料。填充剂是一种增量材料，具有较低的配合成本，包括碳酸钙、滑石粉、陶土、云母粉、二氧化硅、硫酸钡、粉煤灰、红泥以及木粉和纤维素等天然矿物、合成无机物和工业副产物。事实上，增强剂和填充剂之间很难区分清楚，因为几乎所有的填充剂都有增强作用。由于填充剂和增强剂在塑料中的用量很大，有的已经自成一个行业体系，习惯上已不在加工助剂的范畴讨论。

应当说明的是，近年来广泛研究的纳米填充增强材料对塑料的改性作用已经远远超出填充和增强的意义，它们的应用将给塑料工业带来一场新的革命。

2.5.7 着色剂对抗氧剂、光稳定剂效能的影响

丰富而靓丽的色彩是塑料产品个性化的重要特征之一。物体对光的选择性吸收是物体呈色的主要原因。着色塑料采用的着色剂不同，但都是通过吸收某波段光波呈色，所以会不同程度地引起塑料表面温度上升，见表 2-37。一般来说氧化反应与温度非常有关，所以着色剂会影响塑料光氧化反应。同时还需关注颜料对塑料的光稳定性的影响。

表 2-37　含不同颜料的 PVC 试样暴光时的表面温度

颜色	表面温度/℃	颜色	表面温度/℃
白色	33	绿色	43
黄色	38	灰色	47
红色	40	棕色	49
蓝色	41	黑色	50

注：无云天气，阳光下室外温度 39℃，黑板温度 51℃，北纬 51.6°，时间 12:00—14:00。

塑料着色剂若与抗氧剂、光稳定剂配合不当，既可导致着色塑料制品过早褪色或变色，又会加快着色塑料制品的光、氧老化速度，促使制品的外观和物理机械性能损坏，提前失去原有功能和使用价值。因此塑料着色要密切关注着色剂对抗氧剂和光稳定剂的影响。

2.5.7.1 着色剂对抗氧剂效能的影响

（1）钛白和珠光颜料

抗氧剂 264 化学名为 2,6-二叔丁基-4-甲基苯酚，简称 BHT 或 T501。BHT 由于其防老化性能良好、价格低廉、使用安全、方便，迄今在受阻酚类抗氧剂中仍占主导地位。

由于钛白粉的光化学活性不稳定，会产生新生态氧原子，在其攻击下，BHT 就极有可能被氧化形成黄色物质，导致白色制品变黄而引发产品质量问题。同样原因，在云母上涂覆不同厚度的二氧化钛的珠光粉在某些树脂中与单酚抗氧剂 BHT 共用时，也会变黄而引发产品质量问题。

（2）炭黑颜料

炭黑可作为塑料材料的光稳定剂。但炭黑对受阻酚和受阻胺类抗氧剂（如抗氧剂 1010、TCA、DNP 等）有催化氧化作用和吸附作用，大大降低聚合物的稳定效能。

炭黑在低压聚乙烯中也可与抗氧剂 BHT 发生作用，使 BHT 几乎完全失去效能，

同时炭黑自身的光稳定作用也大幅度减弱。添加 1% 槽法炭黑和 0.1%BHT 的低压聚乙烯薄片的户外暴露寿命，仅为单一添加 1% 槽法炭黑的低压聚乙烯薄片的户外暴露寿命的 40% 左右。

含硫受阻酚（如抗氧剂 300、抗氧剂 736 等）被炭黑表面吸附很少，所以炭黑可以与含硫受阻酚协同使用。

对聚乙烯、聚丙烯等塑料材料，选用炭黑为着色剂或光稳定剂时，必须选用适当的抗氧剂。否则，不但降低抗氧剂的效能，也会降低着色塑料制品的户外光稳定性能。

（3）铬黄颜料

铬黄是纯铬酸铅或铬酸铅与硫酸铅混合物，与含硫抗氧剂 DLTP、DSTP、抗氧剂 1035、抗氧剂 300 等共用时，在塑料加工的高温条件下会发生化学反应，生成黑色硫化铅，影响塑料制品的外观，也会大幅度削弱抗氧剂的防热氧老化效能。因此，含铬着色剂不能与含硫抗氧剂共用。

（4）其它颜料在聚丙烯体系中对抗氧剂效能的影响

聚丙烯分子链中含有叔碳原子，极易受氧引发而分解，在加工、贮存和应用过程中必须使用抗氧剂进行防老化保护。在着色聚丙烯中，某些着色剂会与低分子酚类抗氧剂发生化学反应，从而削弱抗氧剂的作用。部分着色剂对聚丙烯中低分子酚类抗氧剂的效能影响见表 2-38。

表 2-38　着色剂（0.5%）对加有酚类抗氧剂聚丙烯的热氧稳定性的影响

着色剂	热氧稳定性降低率/%	着色剂	热氧稳定性降低率/%
钛白（金红石型）	15	酞菁绿	44
镉红	15	喹吖啶酮红	51
群青	15	酞菁蓝	54
氧化铬绿	17	氧化铁黄	63
镉黄	27	炭黑（槽法）	93
炭黑（炉黑）	29		

从表 2-38 看出着色剂对低分子酚类抗氧剂的效能影响可分为三类。

严重影响：炭黑（槽法）、喹吖啶酮红、酞菁蓝、氧化铁黄。

中等影响：酞菁绿、炭黑（炉法）、群青。

稍有影响：镉黄、镉红、钛白（金红石型）、氧化铬绿。

一般来讲，生产色母粒所用的载体树脂较用于生产塑料制品的基础树脂分子量低。色母粒载体树脂在色母料生产时要经过第一次受热，在塑料制品生产过程中经过再次挤出受热，会发生热降解和机械降解，进而加速着色塑料制品的老化进程。虽然色母料中的载体树脂在着色塑料制品中所占比例不大，但其经两次或两次以上受热易发生热氧化。因此生产色母粒有必要选择性加入抗氧剂。

2.5.7.2　着色剂对光稳定剂效能的影响

（1）着色剂中游离的金属杂质

有些着色剂含铜、锰、镍等重金属元素或杂质，具有光活性、光敏性，会加快塑料材料的光老化速率。如含有游离铜和杂质的酞菁蓝会促使聚丙烯光老化；氧化铁红可使聚丙烯中苯并三唑、二苯甲酮、有机镍盐光稳定剂的效能下降 20% 以上；对于聚乙烯，二氧化钛、群青、氧化铬绿、钴绿、铁红等着色剂的使用，会加剧其光老化。

（2）着色剂可与光稳定剂发生作用，削弱光稳定剂的效能

① 在聚丙烯中，偶氮缩合颜料红 144、偶氮缩合颜料黄 93 可与受阻胺光稳定剂发生作用，使受阻胺光稳定剂效能分别下降 25％和 50％左右。

② 选用纯碱硫黄法生产多硫群青蓝，难免会在群青中有游离硫。如和有机镍光稳定剂体系的 PP 膜或纤维反应会生成 NiS，导致聚合物严重褪色或变成暗黑色。

③ 颜料黄 110 在使用中要注意不要与受阻胺光稳定剂合用，这类稳定剂会对颜料黄 110 耐候性产生影响。

④ 不同着色剂对含有苯并三唑类光稳定剂（UV-328）的高压聚乙烯光稳定性的影响见表 2-39。

表 2-39　不同着色剂对含苯并三唑的高压聚乙烯薄膜的光稳定性的影响

着色剂	苯并三唑光稳定剂含量/％	伸长率降至 50％时所需时间/h
空白	0.2	430
镉黄	0.2	310
酞菁绿	0.2	460
橘铬黄	0.2	330

2.5.7.3　抗氧剂、光稳定剂的选用原则

塑料配色除了需考虑着色剂对抗氧剂和光稳定剂的影响之外，还需考虑根据塑料材料的种类及型号、加工设备及工艺条件、其它化学添加剂的品种及加入量、制品的使用环境及期限等因素综合确定抗氧剂、光稳定剂的品种。

（1）相容性

塑料一般是非极性的，而抗氧剂、光稳定剂的分子具有不同程度的极性，二者相容性较差。通常是在塑料成型高温下将抗氧剂、光稳定剂与塑料熔体融合，冷却时将抗氧剂、光稳定剂分子结晶在聚合物分子之间，要特别注意设计配方时选用固体抗氧剂，光稳定剂的熔点或熔程上限不应低于塑料聚合物的加工温度。

聚合物晶区球晶界面处的无定形相是聚合物基质中最易受氧化的部分，溶解性好的抗氧剂正好集中于聚合物最需要它们的区域。

（2）迁移性

塑料制品尤其是表面积与体积比或质量比数值相对较小的不透明制品氧化反应主要发生在制品的表面，这就需要抗氧剂、光稳定剂连续不断地从塑料制品内部迁移到制品表面而发挥作用。但如果向制品表面的迁移速度过快、迁移量过大，抗氧剂、光稳定剂就要挥发到制品表面的环境中或扩散到与制品表面接触的其它介质中造成损失。实际这种损失是不可避免的，设计配方时应加以考虑。当抗氧剂、光稳定剂品种有选择余地时，应选择分子量相对较大、熔点较高的品种，并且要以最严格的加工条件和使用环境为前提确定抗氧剂、光稳定剂的添加量。

（3）稳定性

受阻胺光稳定剂一般为低碱性化学品，塑料材料中选用受阻胺为光稳定剂时，配方中不应包含酸性的其它添加剂，相应的塑料制品也不应用于酸性环境。

（4）加工性

塑料制品加工时加入抗氧剂、光稳定剂对树脂熔融黏度和螺杆扭矩都可能发生改变，抗氧剂、光稳定剂熔点与树脂熔融范围如果相差较大，会产生抗氧剂、光稳定剂偏流抱螺杆现

象。抗氧剂、光稳定剂的熔点低于加工温度时，应先将抗氧剂、光稳定剂制成一定浓度的母粒，再与树脂混合加工成制品，以避免因偏流造成制品中抗氧剂、光稳定剂分布不均及加工产量下降。

（5）环境和卫生性

对食品包装盒、儿童玩具、一次性输液器等间接或直接接触食品、药品、医疗器具及人体的塑料制品，不仅应选用已通过中国 GB 9685 和美国 FDA 检验并许可或欧共体委员会法令允许的抗氧剂、光稳定剂品种，而且加入量应严格控制在最大允许限度之下。

第 3 章
塑料着色用有机颜料定位

塑料着色一般采用无机颜料、有机颜料和溶剂染料。有机颜料品种多、色泽鲜艳、着色力高，有其它颜料不能替代的优越性，在塑料着色中的重要性显而易见。有机颜料、无机颜料和溶剂染料应用性能对比见表 3-1。

表 3-1　有机颜料与无机颜料、溶剂染料性能对比

特性指标	有机颜料	无机颜料	溶剂染料
色谱范围	广	窄	广
色彩	鲜艳	不鲜艳	鲜艳
着色力	高	低	极高
耐光、耐候性	中—高	高	差
耐迁移性	中—好	好	差
分散性	中—差	中—好	无需分散
耐热性	中—高	高	中—高
安全性	大部分品种安全	含铅、铬、镉等重金属	大部分品种安全

从表 3-1 可以看到：无机颜料色谱不广、着色力偏低，近年来无机颜料因重金属在塑料上应用受国际上法规限制而用量逐步减少。溶剂染料因在聚烯烃塑料上着色发生迁移，只能局限应用于非晶态聚合物（如 PS、ABS 等工程塑料）。

鉴于有机颜料在塑料着色的重要性，所以本书特列一章来介绍有机颜料在塑料着色中的定位。目的是通过定位工具，迅速找到塑料配色所需的有机颜料品种。

所谓有机颜料在塑料着色中的定位就是通过把同一色区的有机颜料放在一起进行直观平行比较。

（1）把同一色区的有机颜料在聚烯烃塑料中的耐热性、耐迁移性、耐光性、耐候性、翘曲应用数据进行横向比较。

（2）以色调为横坐标，以饱和度为纵坐标，以各系列产品 1/3 标准色的色彩数据作出色度图。从色度图上可一目了然知道同一色区各品种相应色彩性能。

（3）以各颜料品种为横坐标，以各品种 1/3 标准深度数值为纵坐标，作出各产品 1/3 标

准色的着色力比较图。从着色图上可一目了然看出各品种着色力高低。

（4）以耐热性指标为纵坐标，以耐候性为横坐标，然后作出颜料的二维性能的定位图。

通过上述一表三图描述，以便读者阅读后能在最短时间内了解和熟悉塑料着色用有机颜料的品种、性能，达到合理应用的目的。

聚烯烃塑料是高密度聚乙烯（HDPE）、低密度聚乙烯（LDPE）、线型低密度聚乙烯（LLDPE）和聚丙烯（PP）四大类树脂的统称。聚烯烃塑料具有良好的透气性、化学稳定性、耐老化性和安全性，可采用注塑、挤出、吹塑等成型方法加工人们需要

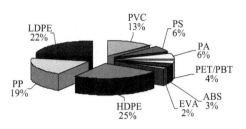

图 3-1　塑料市场份额分布

的各类产品。聚烯烃塑料约占今天塑料生产和使用的半壁江山，见图 3-1。本章有机颜料定位采用颜料在聚烯烃塑料测试的数据来表达，因为这些数据能代表颜料应用的主流方向。

 ## 3.1　塑料着色用有机颜料定位

色度图、着色力对比图、定位图是有机颜料定位的三大主题。

3.1.1　色度图定位有机颜料色彩性能

按照色度学原理，颜色是人眼受到一定波长和强度的辐射能的刺激后所引起的一种视觉神经的感觉。光波的物理刺激、人的生理系统、所引起的心理反应是颜色辨认的要素。

色度学认为一个颜色可以由三个参数来确定，即色调、饱和度和明度。在第 1 章 1.2 节已作了详细描述。色空间坐标如图 3-2 所示。

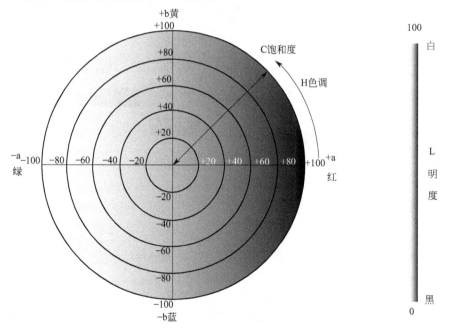

图 3-2　色空间坐标

从图 3-2 可以看出，色调值（hue）是指把红色、橙色、黄色、绿色、蓝色、紫色和处在它们各自之间的红橙色、黄橙色、黄绿色、蓝绿色、蓝紫色、红紫色这 6 种中间色——共计 12 种色作为 360 度色相环。

其中，黄色区的色调值在 65～100，数值大偏绿光，数值小偏红光。绿色区的色调值在160～190，数值大偏蓝光，值数小偏黄光。蓝色区色调值在 240～270，数值大偏红光，数值小偏绿光。紫色区色调值在 300～330，数值大偏红光，数值小偏蓝光。红色区色调值在330～360、0～30，在各自色区内数值大偏黄光，数值小偏蓝光。橙色区色调值在 30～65，数值大偏黄光，数值小偏红光。

饱和度（chroma）是色彩的纯度，用数字来表达，数值越大纯度越高，表现越鲜明；数值越小则纯度较低，表现较黯淡。位于坐标原点越远的着色剂，因其具备更高的饱和度，总是可以与其它着色剂调色混合或冲黑来覆盖位于离坐标原点近的低饱和度的着色剂，所以一个着色剂饱和度越高，颜色价值越大，应用越广。

根据每个着色剂的色调值和饱和度值就可以在 CIE 颜色空间二元坐标图看到各颜色的色彩定位。图 3-3 是有机颜料各大系列品种的色度图，从图中可以看到有机颜料各大系列产品色彩性能，例如绿光黄系列产品饱和度好，蓝色系列产品饱和度就不够理想。图 3-4 是科莱恩公司 Hostaperm Pigment 牌号品种色度图。根据该图对科莱恩 Hostaperm Pigment 牌号各品种色彩性能可以有一个初步的认识。

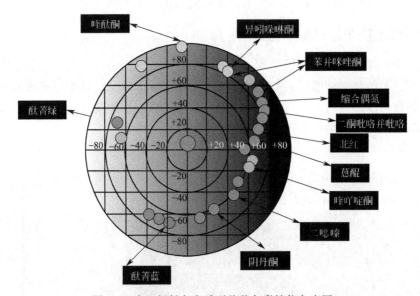

图 3-3 有机颜料各大系列品种色彩性能色度图

3.1.2 标准深度和着色力

将不同颜料的性能数据直接对比是没有价值的，因为虽然着色量度相同，但它们的色泽深度不同。一般来说，颜料的性能数据只有在规定了使用塑料的种类和相等色泽深度下比较才有意义。

标准深度的研究起源于 20 世纪早期欧洲的染料部门，在相对的条件下用于评定不同染料各项坚牢度性能。1920 年后瑞士和德国染料制造商合成了第一套作为评比牢度用的辅助标准，它包括了一组用不同染料在羊毛、棉、丝、黏胶上染成一定深度并经过目测评定在视

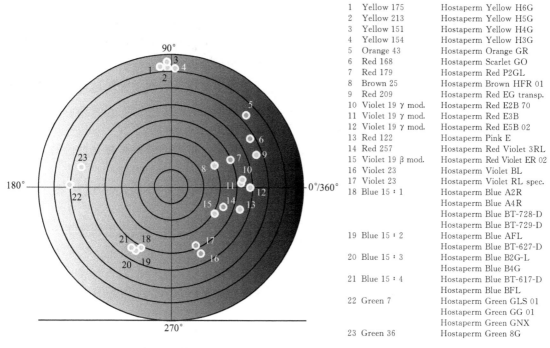

1	Yellow 175	Hostaperm Yellow H6G
2	Yellow 213	Hostaperm Yellow H5G
3	Yellow 151	Hostaperm Yellow H4G
4	Yellow 154	Hostaperm Yellow H3G
5	Orange 43	Hostaperm Orange GR
6	Red 168	Hostaperm Scarlet GO
7	Red 179	Hostaperm Red P2GL
8	Brown 25	Hostaperm Brown HFR 01
9	Red 209	Hostaperm Red EG transp.
10	Violet 19 γ mod.	Hostaperm Red E2B 70
11	Violet 19 γ mod.	Hostaperm Red E3B
12	Violet 19 γ mod.	Hostaperm Red E5B 02
13	Red 122	Hostaperm Pink E
14	Red 257	Hostaperm Red Violet 3RL
15	Violet 19 β mod.	Hostaperm Red Violet ER 02
16	Violet 23	Hostaperm Violet BL
17	Violet 23	Hostaperm Violet RL spec.
18	Blue 15 : 1	Hostaperm Blue A2R
		Hostaperm Blue A4R
		Hostaperm Blue BT-728-D
		Hostaperm Blue BT-729-D
19	Blue 15 : 2	Hostaperm Blue AFL
		Hostaperm Blue BT-627-D
20	Blue 15 : 3	Hostaperm Blue B2G-L
		Hostaperm Blue B4G
21	Blue 15 : 4	Hostaperm Blue BT-617-D
		Hostaperm Blue BFL
22	Green 7	Hostaperm Green GLS 01
		Hostaperm Green GG 01
		Hostaperm Green GNX
23	Green 36	Hostaperm Green 8G

图 3-4　科莱恩公司 Hostaperm Pigment 牌号品种色度图

觉上认为是等深度的 18 只染样。该标准在欧洲制造部门广泛使用。随着现代科学的发展，人们已逐步用精密光学测色仪器代替人的肉眼来评测色泽的变化，并且由于电子计算机的发展，色泽的变化可用数字来显示并记录下来，用数字表示深度。1957 年西德科学家 Rabe 和 Koch 提出一个深度公式，用于计算各种深度，最后建立了 2/1、1/1、1/3、1/6、1/12 和 1/25 六种标准深度。

　　标准深度概念被很好地用于对着色剂在塑料中着色能力的评判上。常规的方法为：用规定的方法对塑料进行着色，将白色颜料 TiO_2 的添加量固定，以加入的彩色颜料达到该颜色 1/3 标准颜色深度时所添加的量作为评判颜料着色力的依据，添加量越小则该颜料的着色力越高。

3.1.3　耐热、耐候（光）性能二维定位图

　　有机颜料在塑料中应用的各项技术指标中，加工性能中耐热性是最重要性能数据，应用性能中耐候（光）性是最重要性能数据，把颜料的耐热性指标列为纵坐标，耐候（光）性指标列为横坐标，然后作出颜料的二维定位图。

　　从定位二维图中可以一目了然获知颜料品种性能，在图的右上角属于耐热、耐光性能好的品种，左下角就是耐热、耐光性能较低的品种。

3.1.4　标准色将引领塑料着色新趋势

　　有机颜料品种中有传统经典颜料和高性能颜料。其中传统经典颜料以优异的色彩性能和加工性能、中低档的应用性能和相对低廉的价格为特征；而高性能颜料以良好的色彩性能和加工性能、优异的应用性能和相对高的价格而立足。

　　颜料终端使用方期望每个色区都能有质量稳定、性能优异、应用广泛、价格合理的颜

料，以优化性价比、降低整体运作成本。颜料终端使用方从应用的角度会认真考虑如何使颜料选择和使用达到高效、低成本、方便灵活的最优化。所谓"标准化"的应用理念就诞生了，是指颜料用户按照自身主要的业务领域和产品定位，设定所需的应用特性层次，在主要色谱范围内，选定为数不多的有机颜料品种，作为主要的备货和配色选择，尽可能地不用或少用冷门的颜料品种，以此来减少备货品种、降低库存，依靠灵活调度来实现最佳的经济性和科学管理。这样的理念正被越来越多的用户所认可。

有机颜料品种具备哪些性能特征能被选为"标准色"？

(1) 必须在同等性能级别中具有相对好的色彩饱和度，这有助于提高在就近色谱范围内的配色性能。

(2) 着色力是应该考虑的因素，着色力低会影响其它色彩性能的体现和增加配色成本。

(3) 产品的安全性是需关注的，只有安全性过关，才能符合敏感性应用的要求。

(4) 着色成本是高度关心的重要选项之一。

能切实符合上述四个要求的有机颜料就有可能成为标准色，成为配色数据库里的当家产品。DPP颜料红254经过近些年的发展受到许多用户青睐而成为中红色区的"标准色"就是最好的明证！

目前塑料制品行业加工向着设备大型化、运转高速化、生产自动化、产品薄型化方向发展，对颜料的使用提出更高的要求，随着国际安全法规标准的进一步严格，这也将会推动"标准色"趋势的进一步发展，"标准色"用量上升空间巨大。

高性能颜料产品的质量稳定、性能提高、工业化规模生产使成本有下降空间，高性能颜料持续发展必将挤占传统经典颜料系列产品的应用空间。

色区中的"标准色"概念的诞生，将使"标准色"在塑料配色中的广泛应用成为趋势。

3.1.5　塑料着色用有机颜料的定位

本书第2章2.3已从结构分类纵向剖析了整个有机颜料三大分类、十七大产品系列，从一个视角介绍了有机颜料品种、性能和价格。但对于刚进入塑料配色领域的技术人员来说，有机颜料品种太多、数据太多，选择品种无从入手。

为此本章将有机颜料体系品种进行横向比较，也就是把所有黄色、红色、蓝色、绿色、紫色、橙色同一色区系列品种放在一起比较，进行一表三图定位，即各颜料品种性能表、1/3标准色色彩性能色度图、1/3标准色着色力比较图和耐热性及耐候性二维性能定位图。

这一表三图是对塑料着色同色区用颜料品种平行横向比较最直观的表达。刚入门塑料配色工作者通过反复阅读，可以在最短时间内对塑料着色用有机颜料品种了解、熟悉和应用。对于长期从事塑料着色的工作者，也可以从上述一表三图中对颜料品种进行深入研究，进而梳理、发掘有价值信息。

为了更好地梳理各品种特性，在黄色品种系列中再分为绿光黄色区、中黄色区、红光黄色区，红色品种系列中再分为黄光红色区、中红色区、蓝光红色区，进行一表三图定位比较，从而让读者的选择更有针对性、更方便。

这样读者可根据客户要求通过品种性能表、色度图、着色力比较图和定位图对塑料着色用有机颜料品种有直观的了解，从而比较容易挑选品种，完成客户配色的要求。

3.2　塑料着色用黄色有机颜料定位

有机颜料黄色品种共有 23 个，其中绿光黄色有 11 个品种，中黄色有 5 个品种，红光黄色有 7 个品种。

3.2.1　塑料着色用黄色有机颜料定位

有机颜料塑料着色用 23 个黄色品种按其化学结构分为金属偶氮色淀、苯并咪唑酮偶氮、双氯联苯胺双偶氮、偶氮缩合、异吲哚啉酮、异吲哚啉和喹酞酮等，颜料化学结构不同，其性能指标不同，详见表 3-2。

表 3-2　塑料着色用黄色有机颜料品种和性能

产品名称	色泽	化学结构	耐热性/℃	耐光性/级	耐候性/级	耐迁移性/级	抗翘曲性
颜料黄 17	绿光黄色	联苯胺系	200	6～7		3	—
颜料黄 81	绿光黄色	联苯胺系	200	6～7		5	—
颜料黄 214	绿光黄色	苯并咪唑酮	280	7		5	低
颜料黄 138	绿光黄色	喹酞酮	280	8		4～5	高
颜料黄 128	绿光黄色	缩合偶氮型	260	8	4～5	5	无
颜料黄 168	绿光黄色	单偶氮（金属色淀）	260	7	3	5	无
颜料黄 109	绿光黄色	异吲哚啉酮	280	7～8	5	5	高
颜料黄 93	绿光黄色	缩合偶氮型	280	8	4	5	无
颜料黄 151	绿光黄色	苯并咪唑酮	290	8	3～4	5	低
颜料黄 155	绿光黄色	缩合偶氮型	260	7～8	3	3～4	高
颜料黄 14	绿光黄色	联苯胺系	200	6～7		2～3	—
颜料黄 13	中黄色	联苯胺系	200	7～8		4～5	—
颜料黄 180	中黄色	苯并咪唑酮	290	7～8		5	低
颜料黄 62	中黄色	单偶氮（金属色淀）	250	7		5	低
颜料黄 95	中黄色	缩合偶氮型	280	7～8	3	5	无
颜料黄 191（钙盐）	红光黄色	单偶氮（金属色淀）	300	8	3	5	低
颜料黄 191：1（铵盐）	红光黄色	单偶氮（金属色淀）	300	7	3～4	5	无
颜料黄 183（遮盖）	红光黄色	单偶氮（金属色淀）	300	7	3～4	5	低
颜料黄 183（透明）	红光黄色	单偶氮（金属色淀）	280	7		5	低
颜料黄 139	红光黄色	异吲哚啉	240	8	3	5	低
颜料黄 83	红光黄色	联苯胺系	200	7		5	—
颜料黄 110	红光黄色	异吲哚啉酮	300	7～8	4～5	5	高
颜料黄 181	红光黄色	苯并咪唑酮	300	8	4	5	低

以色调为横坐标，饱和度为纵坐标，23 个黄色颜料品种 1/3 标准色色度图见图 3-5。

从图 3-5 中可以看出以下几点。

（1）色度图右侧（色调值大）集中的是绿光黄色区，其颜料饱和度相对较高，其中有绿光黄重要品种颜料黄 138、颜料黄 17。

（2）色度图左侧（色调值小）集中的是红光黄色区，其中有各项性能优异的颜料黄

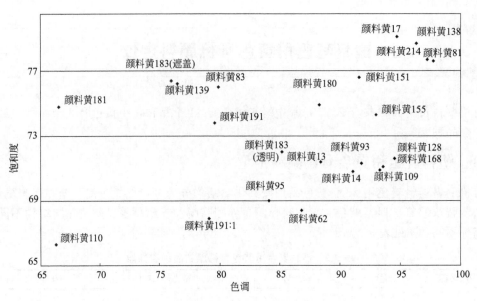

图 3-5　塑料着色黄色有机颜料品种色度图

110，饱和度和着色力相对较低。

　　（3）色度图中间是中黄色区，其中有颜料黄 180，着色力好，饱和度好。

　　由于化学结构和晶体结构不同，23 种颜料着色力也不同，其 1/3 标准深度着色力见图
3-6。

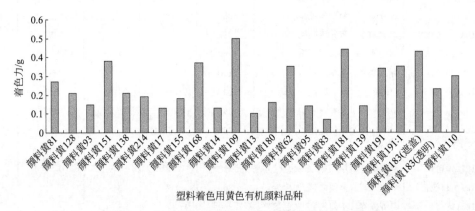

图 3-6　塑料着色用黄色有机颜料品种着色力比较

　　从图 3-6 中可以看出以下几点。

　　（1）黄色有机颜料品种中双氯联苯胺系列颜料着色力普遍较高，如颜料黄 13、颜料黄
14、颜料黄 17、颜料黄 83，其中颜料黄 83 着色力最高。唯一的例外是颜料黄 81，再加上
其价格高，所以影响了其在塑料上应用空间。

　　（2）黄色有机颜料品种中金属偶氮色淀颜料着色力普遍较低，如颜料黄 62、颜料黄
168、颜料黄 191、颜料黄 191∶1、颜料黄 183，其着色力要比双氯联苯胺系列颜料低一倍
以上。

　　（3）着色力最低的是异吲哚啉酮颜料——颜料黄 109。

　　从上述一表二图中对颜料品种进行深入研究，可以梳理、发掘一些有价值的技术资讯。

(1) 颜料黄 183 有两个品种，其中一个品种为透明的，另一个品种为遮盖的。众所周知，从颜料光学性能来看，透明的品种粒径细小，而遮盖的品种粒径大。由于颜料在塑料中着色以粒子形状分散在塑料中，所以颜料在塑料中性能不仅与颜料结构有关，还与粒径大小和分布有关。

透明 183 黄（小粒径，色调值 76.0），明显比遮盖 183 黄（大粒径，色调值 85.2）绿光得多。透明 183 黄（小粒径）在 HDPE 着色力（1/3 标准深度）值为 0.23g，比遮盖 183 着色力（1/3 标准深度）值 0.43g 低得多。因此着色力明显高近一倍。但遮盖 183 黄（大粒径）耐热性（300℃）比透明 183 黄（小粒径）耐热性（280℃）要好，而且遮盖 183 黄（大粒径）耐候性达 3～4 级，可用于户外塑料制品着色。

(2) 颜料 191 和颜料 191：1 是同一结构颜料的不同金属盐，其色光、饱和度和性能也不同。如图 3-5 所示，颜料 191（钙盐）饱和度明显比颜料 191：1（铵盐）高得多，着色力和耐光性也稍高，因此颜料 191（钙盐）市场应用空间就比较大。但因颜料 191：1（铵盐）是中国 2009 年颁布 GB 9685—2008《食品容器、包装材料用助剂使用卫生标准》中以附录的形式列出的 116 个允许使用染颜料品种中的一个，所以在特定场合中需选用颜料 191：1（铵盐）。

(3) 从图 3-5 中可以看出，在色调值为 91～94 的绿光黄区域的品种很多，色相差不多，有颜料黄 109、颜料黄 155、颜料黄 128、颜料黄 168 等，所以根据实际需要可以进行选择和更换。从表 3-2 中可以看出，颜料黄 109 耐光性达 7～8 级，耐候性特别优异，可达 5 级，但因其着色力低、价高，所以其在塑料着色市场应用空间不大。

3.2.2　塑料着色用绿光黄色有机颜料定位

按色环图把色调值 90～100 定位绿光黄色，共有 11 个品种。按其化学结构分为金属偶氮色淀、苯并咪唑酮偶氮、双氯联苯胺双偶氮、偶氮缩合、异吲哚啉酮和喹酞酮等，颜料化学结构不同，指标不同。其耐热性、耐光性、耐候性、耐迁移性、抗翘曲性和安全性详见表 3-3。

表 3-3　塑料着色用绿光黄有机颜料品种和性能

产品名称	化学结构	耐热性/℃	耐光性/级	耐候性/级	耐迁移性/级	抗翘曲性
颜料黄 17	联苯胺系	200	6～7	—	3	—
颜料黄 81	联苯胺系	200	6～7	—	5	—
颜料黄 93	缩合偶氮型	280	8	4	5	无
颜料黄 214	苯并咪唑酮	280	8	—	4～5	低
颜料黄 151	苯并咪唑酮	290	8	3～4	5	低
颜料黄 138	喹酞酮	280	8	—	4～5	高
颜料黄 128	缩合偶氮	260	8	4～5	5	无
颜料黄 168	单偶氮(金属色淀)	260	7	3	5	无
颜料黄 109	异吲哚啉酮	280	7～8	5	5	高
颜料黄 14	联苯胺系	200	6～7	—	2～3	—
颜料黄 155	缩合偶氮	260	7～8	3	4	高

以色调为横坐标，饱和度为纵坐标，绿光黄色区 11 个品种 1/3 标准色色度图见图 3-7。

从图 3-7 中可以很清晰地看到所有绿光黄品种的色彩性能，色度图右侧偏绿光区域有重要品种颜料黄 138，色度图左侧偏黄光区域有颜料黄 93 和颜料黄 151。

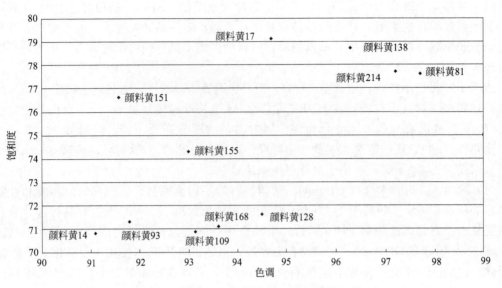

图 3-7 塑料着色绿光黄有机颜料品种色度图

由于化学结构和晶体结构不同，11 个绿光黄颜料着色力也不同，其 1/3 标准深度着色力见图 3-8。

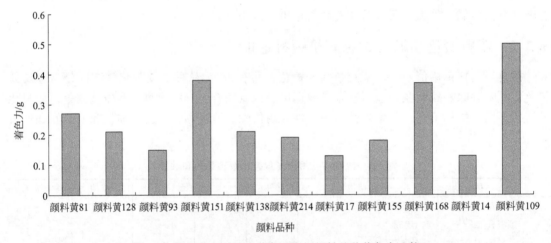

图 3-8 塑料着色用绿光黄色区有机颜料品种着色力比较

从图 3-8 可以看出，尽管颜料黄 17 在双氯联苯胺双偶氮系列颜料中着色力是偏低的，但在绿光黄色区中其着色力还是独拔鳌头，着色力最低的是颜料黄 109 和颜料黄 151，比传统着色力低的金属偶氮色淀颜料黄 168 还要低。

根据表 3-3、图 3-7 和图 3-8，可以了解这些产品的特性。

（1）颜料黄 138　色调值 96.3，饱和度 78.7，鲜艳绿光黄，着色力高，其本色耐候性尚可，可以用于户外，但冲淡后耐候性下降很多。颜料黄 138 浅色的耐热性不够理想。

（2）颜料黄 17　色调值 94.7，饱和度 79.1，非常鲜艳绿光黄，着色力高，因属双氯联苯胺系列颜料，可用于 LDPE 吹膜，无论是单色还是配制绿色使用时其饱和度都非常好。

（3）颜料黄 214　色调值 97.2，色调比颜料黄 138 更绿，是苯并咪唑酮偶氮系列颜料，综合性能优良，但价高阻碍了其在塑料着色上应用。

（4）颜料黄 14　双氯联苯胺系列颜料，着色力高，用于塑料着色时其迁移性只有 2～3 级，所以国外仅推荐用于橡胶着色。

（5）颜料黄 151　色调值 91.6，系苯并咪唑酮偶氮颜料，是个色泽非常干净的绿光黄，也具有优良的耐热、耐光、耐候、耐酸、耐碱性能。但颜料黄 151 因其着色力太低在塑料着色中应用受到很大的限制。

（6）颜料黄 128　色调值 94.5，也呈绿光，显著特点是耐候性非常优异，仅次于颜料黄 109，能满足长期露置在户外的要求，但其耐热性只有 250℃，在塑料着色应用空间受到限制。

（7）颜料黄 93　色调值 91.8，相对偏黄相，与颜料黄 138 相比色光偏红，具有优良的耐候性、耐热性和高价格，在塑料应用空间不太大。

（8）颜料黄 155　色调值 93，耐光性优异，深色（本色）耐候性好，但迁移影响了其在塑料着色中应用。

（9）颜料黄 168　色调值 93，呈艳丽的绿光黄色，着色力较低，但其价格也较经济，在绿光黄色区应用还是占有一定份额。

把颜料的耐热性指标列为纵坐标，低位的耐热性差，高位的耐热性优异；把颜料的耐候性列为横坐标，左边是耐候（光）性低的，右边是耐候（光）性好的，然后就形成了绿光黄色区颜料的定位图，详见图 3-9。

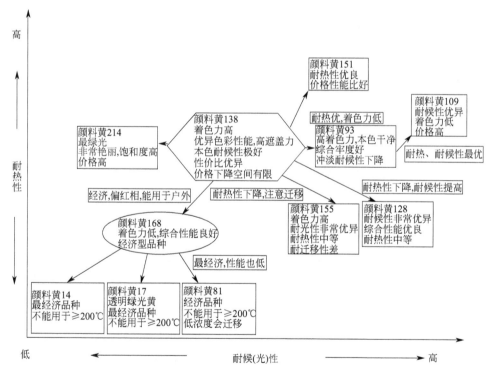

图 3-9　绿光黄色区颜料的定位图

通过绿光黄色区定位图，可以根据客户要求选择所需颜料，并在遇到问题时，可以很容易寻找到解决问题的方案。

把菱形图形列为标准色，标准色就意味着可通过其单色或拼色来解决色区颜色的配色问题。鉴于颜料黄 214 价格居高不下，颜料黄 138 色光纯净、色彩性能好，暂将颜料黄 138 列为绿光黄色区标准色。但颜料黄 138 生产用中间体存在三废处理瓶颈，所以价格下降空间不大。

以颜料黄 138 为基点，为了提高耐候性，可选择颜料黄 128、颜料黄 93、颜料黄 151、颜料黄 109。其中颜料黄 109 最优，需注意会增加成本；颜料黄 128 次之，需注意耐热性；颜料黄 93 也可，需注意色光会偏红；颜料黄 151 耐热性、耐候性也会提高，但需注意着色力偏低。

为降低着色成本可选用颜料黄 155，但要注意迁移问题。为了进一步降低着色成本，可选择颜料黄 168，能基本满足一般着色要求，是个明智的选择。还可以选择颜料黄 17、颜料黄 14、颜料黄 81，它们的着色成本最低，但要注意双氯联苯胺系列颜料用于塑料的安全性和颜料黄 14 的迁移性问题。

3.2.3 塑料着色用中黄色有机颜料定位

按色环图把色调值 80～90 定位中黄色，塑料用中黄色有机颜料共有 5 个品种。中黄色有机颜料品种中按其化学结构分为苯并咪唑酮偶氮、偶氮缩合、金属偶氮色淀和双氯联苯胺双偶氮，颜料化学结构不同，性能指标不同。5 种中黄色有机颜料其化学结构及在塑料中应用性能见表 3-4。

表 3-4　塑料着色用中黄色有机颜料品种和性能

产品名称	化学结构	耐热性/℃	耐光性/级	耐候性/级	耐迁移性/级	抗翘曲性
颜料黄 180	苯并咪唑酮	290	7～8	—	5	低
颜料黄 95	缩合偶氮	280	6～7	3	5	低
颜料黄 62	单偶氮（金属色淀）	250	7		5	无
颜料黄 13	联苯胺	200	7～8		4～5	—
颜料黄 183（透明）	单偶氮（金属色淀）	280	7	—	5	低

以色调为横坐标，饱和度为纵坐标，中黄色区 5 个品种 1/3 标准色色度图见图 3-10。

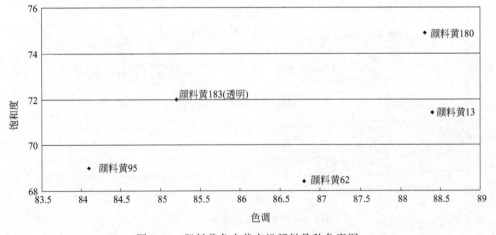

图 3-10　塑料着色中黄有机颜料品种色度图

从图 3-10 中可以很清晰地看到所有有机颜料中黄品种的色彩性能。颜料黄 180 饱和度和着色力高，是中黄色区重要品种。

由于化学结构和晶体结构不同，5 种中黄颜料着色力也不同，其 1/3 标准深度着色力见图 3-11。

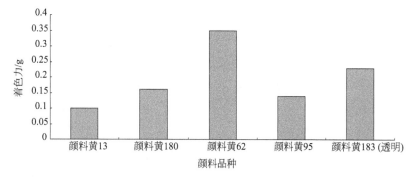

图 3-11　塑料着色用中黄色有机颜料品种着色力比较

从图 3-11 中可以看出，苯并咪唑酮双偶氮颜料黄 180 着色力比金属偶氮色淀颜料黄 62 要高一倍左右，当然双氯联苯胺双偶氮颜料黄 13 着色力最高。

根据表 3-4 和图 3-10、图 3-11，可以了解这些产品的特性。

(1) 颜料黄 180　色调值 88.3，是略带绿光色的中黄品种，色光纯净。它具有较高的着色力，在着色浓度很宽的范围内耐热性优异，只有低于 0.005％ 以下时耐热性会下降。颜料黄 180 本色耐光性优异，但加入大量钛白粉后耐光性会快速下降。

(2) 颜料黄 95　色调值 84.1，偏红相，属偶氮缩合结构。尽管有耐候性的优势，但因其价高，市场空间有限。

(3) 颜料黄 62　色调值 86.8，饱和度值 72，呈中黄略带红光，适用于浅色冲淡品种的配色。颜料黄 62 耐光性、耐热性优于双氯联苯胺系列颜料，又无安全性问题，适用于聚氯乙烯和通用塑料着色。颜料黄 62 着色力相对较低，这是该品种的缺点，其应用空间被颜料黄 180 挤占。

(4) 颜料黄 13　色调值 88.4，饱和度值 71.4，呈正黄色，较颜料黄 12 绿，比颜料黄 17 红。它着色力高、价格低廉，但因安全性应用受限，需谨慎使用。

(5) 颜料黄 183（透明）　色调值 85.2，饱和度值 72.0，中黄品种，较颜料黄 183（遮盖）明显绿相。耐热性没有颜料黄 191 好，但水渗性比其略好。着色力低影响了其应用空间。

中黄色区有机颜料的定位图如图 3-12 所示。

通过中黄色区定位图，可以根据客户要求选择所需颜料，并在遇到问题时，可以很容易寻找到解决问题的方案。

把菱形图形列为标准色，颜料黄 180 色光纯净、色彩性能好，有较高的着色力，产品饱和度明显高于其它品种，当之无愧列为中黄色区标准色，缺陷是其耐候性能不够理想。

以颜料黄 180 为基点，如需提高产品耐候性，可选择颜料黄 95 代替，但色光会偏红。

颜料黄 183（透明）因其着色力低，与颜料黄 180 相比性能、价格没有大的优势。

颜料黄 180 着色力比颜料黄 62 高一倍，其各项性能（耐热、耐光）又比颜料黄 62 优越，所以大大挤占颜料黄 62 的应用空间。选用颜料黄 62，虽其价格相对较低，但着色成本下降空间被其着色力低的缺陷抵消。

为降低着色成本，可选颜料黄 13，虽其着色力最高、价格低廉，但耐热性、耐光性一般，安全性受限，需谨慎使用。

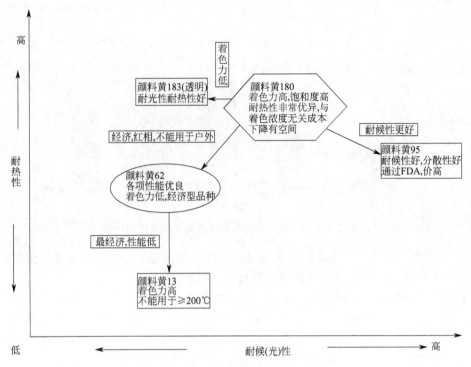

图 3-12 中黄色区有机颜料的定位图

3.2.4 塑料着色用红光黄色有机颜料定位

按色环图把色调值 65~80 定位红光黄，红光黄色区有机颜料共有 7 个品种。按其化学结构分为异吲哚啉酮、金属偶氮色淀、苯并咪唑酮偶氮、双氯联苯胺双偶氮和异吲哚啉等，颜料化学结构不同，指标不同，其在塑料上应用性能见表 3-5。

表 3-5 塑料着色用红光黄色有机颜料品种和性能

产品名称	化学结构	耐热性/℃	耐光性/级	耐候性/级	耐迁移性/级	抗翘曲性
颜料黄 110	异吲哚啉酮	300	7~8	4~5	5	高
颜料黄 83	联苯胺	200	6		5	—
颜料黄 191	单偶氮（金属色淀）	300	8		5	低
颜料黄 191:1	单偶氮（金属色淀）	300	6~7	3~4	5	无
颜料黄 183（遮盖）	单偶氮（金属色淀）	300	7	3~4	5	低
颜料黄 181	苯并咪唑酮	300	8	4	5	低
颜料黄 139	异吲哚啉	240	7	3	5	低

以色调为横坐标，饱和度为纵坐标，红光黄色区 7 个颜料品种 1/3 标准色色度图见图 3-13。

从图 3-13 中可以很清晰看到所有有机颜料红光黄品种的色彩性能。色度图左侧品种偏红相，有颜料黄 110，可惜其饱和度不高；有颜料黄 181，可惜着色力太低。右侧品种色光偏黄相，有颜料黄 191、颜料黄 191:1、颜料黄 139 和颜料黄 83。

由于化学结构和晶体结构不同，红光黄颜料 7 个品种的着色力也不同，其 1/3 标准深度着色力见图 3-14。

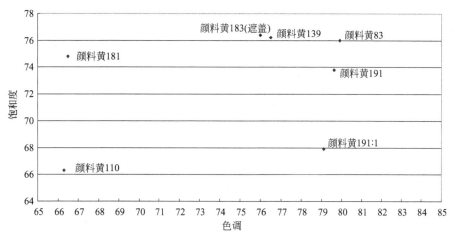

图 3-13　塑料着色红光黄有机颜料品种色度图

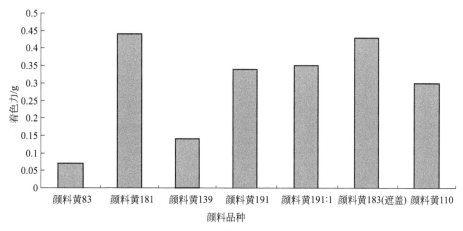

图 3-14　塑料着色用红光黄色有机颜料品种着色力比较

从图 3-14 中可以看出，双氯联苯胺双偶氮结构颜料黄 83 着色力是红光黄色区中最高的，几乎是着色力最低的颜料黄 181 的几倍。单偶氮金属色淀颜料黄 191、颜料黄 191:1、颜料黄 183 着色力偏低。

值得关注的是颜料黄 139 着色力高、各项性能优良，使其在红光黄色区内占有一席之地。

根据表 3-5 和图 3-13、图 3-14，可以了解这些产品的特性。

（1）颜料黄 110　色调值是 66.3，是红光黄中最红的，颜料黄 110 反射光是红光，透射光却是绿光，但其饱和度实在太低。

颜料黄 110 综合牢度性能被认为是所有红光黄色区中最好的。颜料黄 110 耐热性优异，特别是在 1/25 标准深度的耐热性仍为 270℃，而且无色光变化。颜料黄 110 耐光性和耐候性也非常优异。颜料黄 110 是针状晶体，所以在加工过程中对剪切力非常敏感。

（2）颜料 181　色调值是 66.5，与颜料黄 110 相近，也是带红光黄色，但冲淡后饱和度变差。颜料 181 具有优异的耐光性，其耐光性在不同塑料中均为 8 级。其耐热性在很低的着色浓度也很好。颜料 181 着色力实在太低，价格较高，也影响了其应用空间。

（3）颜料黄 191　色调值是 79.1，偏黄相，在浅色时具有优异的耐热性，其本色耐候性好，能满足长期露置在户外的要求。因其着色力相对较低，所以特别适用于浅色品种配色。

颜料黄 191：1 和颜料 191 黄同样结构，仅色淀化金属盐不同，所以着色力相差不大，但色光性能不同，饱和度有差别。颜料黄 191：1 是铵盐，会有气味，但颜料黄 191：1 符合中国 GB 9685 标准要求。

（4）颜料黄 183（遮盖）　耐热性没有颜料黄 191 好，但水渗性比颜料黄 191 略好。颜料黄 183（遮盖）色调值 76.0，呈红光黄色，本色尚能满足长期露置在户外的要求。在浓度很宽的范围内具有优异的耐热性，用于 ABS 可达 300℃。颜料黄 183 符合中国 GB 9685 标准要求。

（5）颜料黄 139　色调值是 76.5，饱和度 76.2，色彩性能良好，耐光性好，耐候性优良，耐热性略差一些，只有 240℃。在更高温度下颜料会分解，其色光会变暗，成为该颜料一大缺憾，但因其着色力高，又不含卤素，所以性价比好。

（6）颜料黄 83　色调值是 79.9，呈偏黄相红光黄，色光比颜料黄 13 红，着色力也更强。价格低廉，但安全性受限。

红光黄色区有机颜料的定位图见图 3-15。

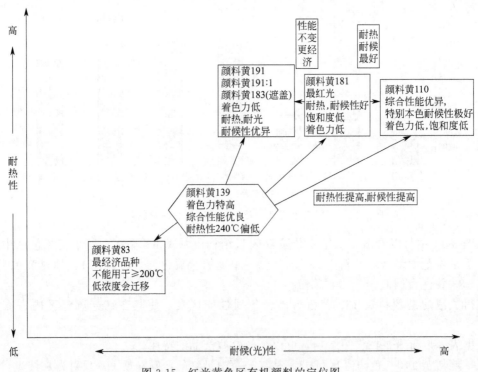

图 3-15　红光黄色区有机颜料的定位图

通过红光黄色区定位图，可以根据客户要求选择所需颜料，并在遇到问题时，可以很容易寻找到解决问题的方案。

把菱形图形列为标准色，把颜料黄 139 列为菱形图、非常勉强地暂列为是标准色，其着色力高、耐光耐候性优良、价格又合理是选它的理由，但要注意耐热性需满足需求。

以颜料黄 139 为基点，整个红光黄色区中耐热性、耐光性优异的品种很多，客户可根据需求自由选择替代。要提高耐热性、耐候性，可选颜料黄 181，其低浓度耐热性优异是一大亮点，但与颜料黄 139 相比着色力低、价格又高，冲洗后饱和度低，市场空间有限。而颜料黄 110 更红相，耐热性、耐候性更优异，但饱和度更低。

需降低着色成本，可选用颜料黄 191 和颜料黄 183 系列，但这两种颜料耐水性较差。颜料黄 183 耐水性要比颜料黄 191 稍好一些。颜料黄 191 耐热性比颜料黄 183 稍好一些。

颜料黄 83 着色力高，饱和度好，耐热性也佳，是降低着色成本的不二选择，但要注意双氯联苯胺系列颜料安全性受限，需谨慎使用。

3.3 塑料着色用橙色有机颜料定位

按色环图把色调值 30～60 定位橙色，塑料用橙色有机颜料品种共有 9 个，色调值越接近 60 其色光越黄相，色调值越接近 30 色光越红相。9 种橙色有机颜料按其化学结构分为苯并咪唑酮偶氮、异吲哚啉酮、双氯联苯胺双偶氮、苝系、苝系吡咯并吡咯二酮（DPP）和金属络合等，颜料化学结构不同，性能指标不同，其在塑料上应用性能见表 3-6。

表 3-6 塑料着色用橙色有机颜料品种和性能

产品名称	色光	化学结构	耐热性/℃	耐光性/级	耐候性/级	耐迁移性/级	抗翘曲性
颜料橙 13	黄光橙色	联苯胺系	200	4		2	—
颜料橙 34	黄光橙色	联苯胺系	200	6～7		4～5	—
颜料橙 43	黄光橙色	苝系	300	7～8	3	5	高
颜料橙 61	黄光橙色	异吲哚啉酮系	290	7～8	4～5	5	高
颜料橙 71	黄光橙色	吡咯并吡咯二酮(DPP)	300	7～8	4	4～5	低
颜料橙 72	黄光橙色	苯并咪唑酮	290	7～8	4～5	5	低
颜料橙 64	正橙色	苯并咪唑酮	300	7～8	3～4	4～5	低
颜料橙 68	红光橙色	金属镍络合	300	7～8		5	低
颜料橙 73	红光橙色	吡咯并吡咯二酮(DPP)	280	6～7	4	5	高

以色调为横坐标，饱和度为纵坐标，橙色区 9 个品种 1/3 标准色色度图见图 3-16。

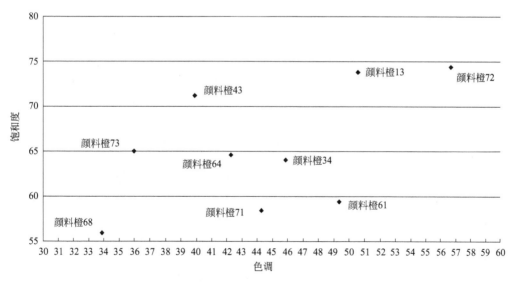

图 3-16 塑料着色橙色有机颜料品种色度图

从图 3-16 中可以很清晰看到有机颜料橙品种的色彩性能，色度图左侧品种为红光橙，有颜料橙 73、颜料橙 68，颜料橙 68 饱和度低；色度图右侧品种为黄光橙，有颜料橙 72、颜料橙 13；颜料橙 64 居中，是橙色区重要品种。

由于化学结构和晶体结构不同，颜料着色力也不同，其 1/3 标准深度着色力见图 3-17。

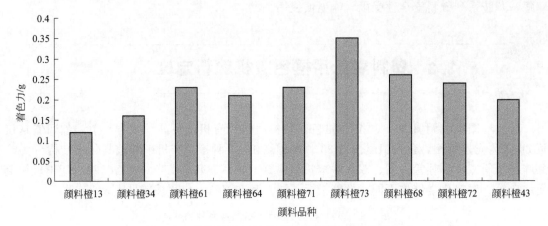

图 3-17 塑料着色用橙色有机颜料品种着色力比较

从图 3-17 可以看出，除了双氯联苯胺偶氮结构颜料橙 13、颜料橙 34 依然是着色力高外，苯并咪唑酮结构颜料橙 64 是橙色区中着色力最高的。DPP 结构的颜料橙 73 着色力最低。

根据表 3-6 和图 3-16、图 3-17，可以了解这些产品的特性。

（1）颜料橙 64 色调值为 42.3，饱和度 64.4，呈非常鲜亮的红光橙色。具有非常高的着色力，综合性能优良，符合美国食品卫生 FDA 和中国食品标准 GB 9685 要求。颜料橙 64 耐热性可达 290℃，并且在浅色中耐热性也可达 250℃，超过此温度色相会偏向黄光。其耐光性为 7～8 级。

（2）颜料橙 72 色调值为 56.7，饱和度 74.4，偏黄相，是一个亮丽黄光橙色，着色力较高，耐热性可达 290℃，耐光性为 8 级，本色能满足长期露置在户外的要求，是个很有潜力的品种，但其结构未公开，国外垄断生产，价格高，影响了其在塑料着色中的应用。

（3）颜料橙 61 色调值为 49，黄光橙色，但饱和度值比同结构颜料黄 110 还低，只有59.4，所以色彩不鲜艳，同时着色力较低，价格高，影响其在塑料着色中的应用。但颜料橙61 综合牢度性能优异，其耐热性及耐候性是橙色品种中最好的，能满足长期露置在户外的要求。

（4）颜料橙 71 色调值为 44，呈高透明黄光橙色，色彩饱和度不高，综合牢度性能优异，能满足长期露置在户外的要求，主要用在 PP 纺丝品种上。

（5）颜料橙 73 色调值为 36，呈艳丽的红光橙色。综合牢度性能优良，本色能满足长期露置在户外的要求，但加钛白粉冲淡后耐候性会急剧降低为 1～2 级。同时特别需注意低浓度着色时耐热性和着色力低两大缺陷。与颜料红 254 共用会发生混晶现象，导致制品褪色。

（6）颜料橙 43 苝酮类颜料，呈非常艳丽红光橙色，着色力高，耐热性为 280℃，但着色浓度低于 0.1% 时耐热性显著下降，具有极好的耐光性，适宜户外应用，价格居高不下。

（7）颜料橙 68 呈暗红光橙色，其本色饱和度不佳，冲淡色尚可。颜料橙 68 综合牢度性能优良，是目前为人所知的最耐热的有机颜料之一，特别适用于尼龙 6 纺丝纺前着色。

（8）颜料橙 13、颜料橙 34　呈艳丽黄光橙色，颜料橙 13 比颜料橙 34 略黄，但着色强度比颜料橙 34 略高。这两个品种性能一般，是通用性品种，注意耐热、耐光、耐迁移性要满足产品需求。

橙色区有机颜料的定位图见图 3-18。

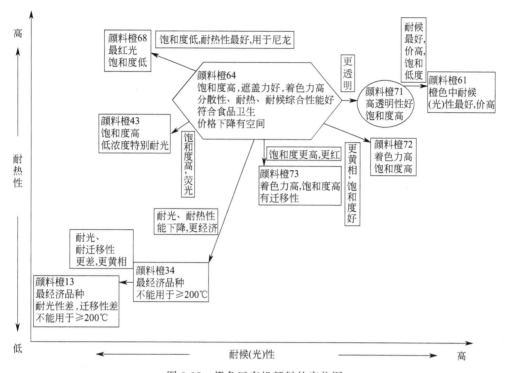

图 3-18　橙色区有机颜料的定位图

通过橙色区定位图，可以根据客户要求选择所需颜料，并在遇到问题时，可以很容易寻找到解决问题的方案。

把菱形图形列为标准色，把颜料橙 64 标为菱形图案标准色，其各项性能满足需求，饱和度高，又能符合食品卫生要求。工业化规模生产使颜料价格还有下降空间，应用空间还会被打开。

以颜料橙 64 为基点，如果需要提高耐候性，可选用颜料橙 71、颜料橙 72，但色光偏黄，还可选用颜料橙 61，无论深浅其耐候性最佳。

颜料橙 43 非常艳丽，但价高，市场空间不大。

颜料橙 73 的应用空间被颜料橙 64 挤占。

需降低着色成本，可选用颜料橙 13、颜料橙 34，颜料橙 34 比颜料橙 13 性能好，偏红光，但饱和度低，还需注意各项性能。

3.4　塑料着色用红色有机颜料定位

聚烯烃塑料用的主要有机颜料红色品种共有 23 个，其中黄光红品种有 6 个，中红品种有 6 个，蓝光红品种有 11 个。

3.4.1 塑料着色用红色有机颜料定位

按色环图把色调值330~360、0~30定位红色，色调值越接近330，其色相越蓝光；色调值越接近30，色相越黄光。

有机颜料塑料着色用23个红色品种按其化学结构分为金属偶氮色淀、苯并咪唑酮偶氮、偶氮缩合、喹吖啶酮、蒽醌和苝系吡咯并吡咯二酮（DPP）等，颜料化学结构不同，其性能指标不同，详见表3-7。

表3-7 塑料着色用红色有机颜料品种和性能

产品名称	化学结构	耐热性/℃	耐光性/级	耐候性/级	耐迁移性/级	抗翘曲性
颜料红242	缩合偶氮型	300	7~8	—	5	高
颜料红272	吡咯并吡咯二酮（DPP）	300	7~8	3~4	5	低
颜料红149	苝系	300	8	3	5	高
颜料红166	缩合偶氮型	300	7~8	3~4	5	高
颜料红53：1	单偶氮色淀	270	4	—	4~5	低
颜料红279	噻嗪类	280	7~8	3	5	低
颜料红254	吡咯并吡咯二酮（DPP）	300	7	4	5	高
颜料红48：3	单偶氮色淀	260	6	—	5	低
颜料红144	缩合偶氮型	300	7~8	3	5	高
颜料红185	苯并咪唑酮	250	5~6	—	5	低
颜料红170(F3RK70)	AS单偶氮	270	8	3	2	低
颜料红170(F5RK)	AS单偶氮	250	8	—	—	低
颜料红48：2	单偶氮色淀	220	7	—	4~5	低
颜料红179	苝系	300	8	4	4~5	高
颜料红177	蒽醌	260	7~8	3	5	无
颜料红214	缩合偶氮型	300	7~8	4~5	5	高
颜料红176	苯并咪唑酮	270	7	—	5	低
颜料红264	吡咯并吡咯二酮（DPP）	300	8	4~5	5	无
颜料红57：1	单偶氮色淀	260	6~7	—	5	低
颜料紫19(γ)	喹吖啶酮	300	8	4~5	5	低
颜料红122	喹吖啶酮	300	8	4~5	5	低
颜料红202	喹吖啶酮	300	8	4	5	低

以色调为横坐标，饱和度为纵坐标，22个红色有机颜料品种1/3标准深度定位图见图3-19。

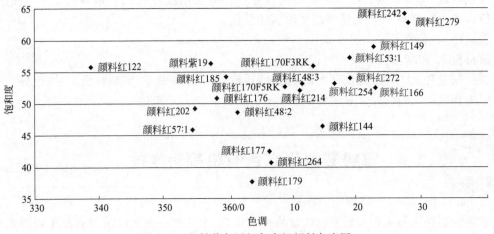

图3-19 塑料着色用红色有机颜料色度图

从图 3-19 中可以看到蓝光红色区（色调值 330～360、0～10）色调值越靠近 330，其颜料品种越显蓝光，蓝光红重要品种为颜料红 122，颜料紫 19。黄光红色区（色调值 18～30）中颜料红 242 最黄相。中红色区（色调值 10～18）颜料红 254 着色力好、饱和度好，是重要品种。

由于化学结构和晶体结构不同，22 个颜料着色力也不同，其 1/3 标准深度着色力见图 3-20。

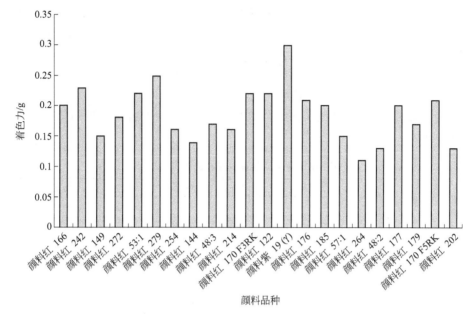

图 3-20　塑料着色用红色有机颜料品种着色力比较

从图 3-20 中可以看出红色有机颜料品种中着色力最高的是 DPP 颜料红 264。偶氮缩合系颜料一般着色力较高，如颜料红 144、颜料红 214，但颜料红 166 着色力稍低。偶氮色淀类颜料着色力普遍较高，如颜料红 48：2、颜料红 48：3、颜料红 57：1、颜料红 53：1，着色力最低的是喹吖啶酮红颜料紫 19（γ 型）。

可以从上述一表二图中对颜料品种进行深入研究，进而梳理、发掘出有价值的技术资讯。

（1）2B 红系列产品是采用中间体 2-氨基-4-氯-5-甲基苯磺酸（2B 酸）与 2,3-酸偶合。选用不同金属色淀化的颜料，由于其优异的色彩性能、良好的耐迁移性、耐热性和着色力高、性价比佳等优点，成为塑料着色中重要品种。其中钡盐最黄相，锶盐次之，钙盐最蓝，而性能是锶盐（颜料红 48：3）最好、钙盐（颜料红 48：2）次之、钡盐（颜料红 48：2）最差，详见表 3-8。

表 3-8　2B 红颜料品种和性能

名称	金属盐	色调值	色光	耐光性/级	耐热性/℃
颜料红 48：1	钡盐	—	黄光红色	4～5	200
颜料红 48：2	钙盐	1.6	蓝光红色	7	220
颜料红 48：3	锶盐	11.4	中红色	6	260

（2）颜料 170 红有两个型号。其中颜料红 170（F3RK）（色调值为 13.1）明显比颜料红 170（F5RK）（色调值为 8.4）黄相，颜料红 170（F3RK）性能相应比颜料红 170（F5RK）优良，颜料红 170（F3RK）着色力明显比颜料红 170（F5RK）低。这一切均是由于颜料粒径不同导致，颜料红 170（F5RK）粒径细小、透明性好、偏蓝相、着色力高，而颜料红 170（F3RK）粒径大、偏黄相、遮盖性能好。

（3）颜料 122 与颜料紫 19（γ 型）同属于喹吖啶酮结构红颜料，颜料 122 化学结构为

2,9-二甲基喹吖啶酮，与未取代的喹吖啶酮颜料紫19（γ晶型）的性能差不多。但颜料122色调值为338.8，比颜料紫19（γ晶型）色调值（357.5）低，色相明显蓝相。颜料红122的着色力比颜料紫19（γ晶型）要高一些，如调制同样色度的样品，颜料红122的用量仅为γ晶型颜料紫19的80%。因此颜料122在塑料着色中应用价值远远大于颜料紫19（γ晶型）。在中国市场上，颜料122生产量比颜料紫19（γ晶型）大，也形成了比颜料紫19（γ晶型）价格低的现象。

3.4.2　塑料配色用黄光红色有机颜料定位

按色环图把色调值18～30定位黄光红色，共有6个品种。按其化学结构分为单偶氮色淀、偶氮缩合、菲系、吡咯并吡咯二酮（DPP）和噻嗪类等，颜料化学结构不同，指标不同，详见表3-9。

表 3-9　黄光红色有机颜料品种和性能

产品名称	色泽	化学结构	耐热性/℃	耐光性/级	耐候性/级	耐迁移性/级	抗翘曲性
颜料红242	黄光红色	缩合偶氮型	300	7～8		5	高
颜料红272	黄光红色	吡咯并吡咯二酮（DPP）	300	7～8	3～4	5	低
颜料红149	黄光红色	菲系	300	8	3	5	高
颜料红166	黄光红色	缩合偶氮型	300	7～8	3～4	5	高
颜料红53：1	黄光红色	单偶氮色淀	270	4		4～5	低
颜料红279	黄光红色	噻嗪类	280	7～8	3	5	低

以色调为横坐标，饱和度为纵坐标，黄光红色6个品种1/3标准色色度图见图3-21。

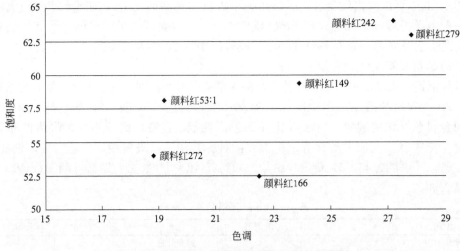

图 3-21　塑料着色用黄光红色有机颜料色度图

从图3-21中可以很清晰看到所有黄光红品种的色彩性能，色度图左侧品种偏红相，有颜料红53：1；色度图右侧品种偏黄相，有颜料红242；居中为颜料红166。

由于化学结构和晶体结构不同，6种黄光红色颜料着色力也不同，其1/3标准深度着色力见图3-22。

从图3-22中可以看出，尽管菲系颜料红149价高，但其着色力在黄光红色区中还是独拔鳌头，着色力最低的是噻嗪类颜料红279。

根据表3-9和图3-21、图3-22可以了解这些产品的特性。

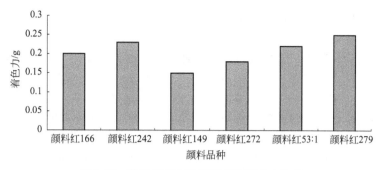

图 3-22　黄光红色有机颜料品种着色力比较

（1）颜料红 166　色调值 22.5，艳丽的黄光红色颜料，着色力高，耐热性、耐光性优异，但加钛白冲淡后耐候性下降很多。

（2）颜料红 242　色调值 27.2，但加钛白粉后其色光仍为艳丽黄相，因此用其配制的粉红色饱和度特别令人满意。

（3）颜料红 53：1　著名的单偶氮色淀金光红 C，是个古老品种，其优点和缺点同样明显，色彩饱和度鲜艳，耐热性高达 260℃，但其耐光性却非常差，在室外暴晒一周就褪色严重，迁移性也差强人意。

（4）颜料红 149　非常干净的红色。着色力强，透明性好，耐热性可达 320℃。特别推荐应用在尼龙纤维上，但价高影响其使用空间。

（5）颜料红 272　色调值 18.8，也是黄光红，色光近似颜料红 53：1 金光红 C，可满足金光红 C 达不到的耐光性要求。颜料红 272 结构上无卤素，这也是它的一大特色。

把颜料的耐热性列为纵坐标，低的耐热性差、高的耐热性优异。把耐候性列为横坐标，左边是耐候（光）性低的、右边是耐候（光）性好，然后就形成了黄光红色区颜料的定位图，详见图 3-23。

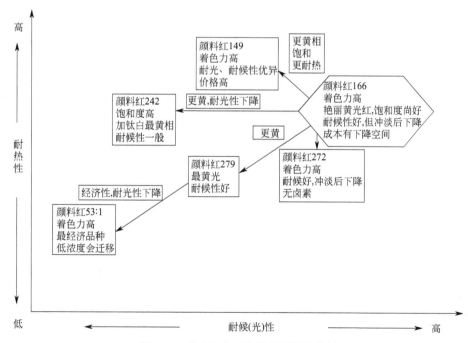

图 3-23　黄光红色区有机颜料的定位图

通过黄光红色区定位图，可以根据客户要求选择所需颜料，并在遇到问题时，可以很容易寻找到解决问题的方案。

把菱形图形列为标准色，暂把颜料红166列为菱形图形标准色，其呈艳丽的黄光红，着色力较高，各项性能满足需求，工业化规模生产使颜料价格还有下降空间。

颜料272色彩接近颜料红166，在着色浓度相对低时耐热性会差一些，饱和度会好一些。

如果需要提高耐热性和耐候性可选用颜料红149，而且色彩饱和度也会提高，但成本将会上升。

颜料红242与钛白粉调制后呈黄相，用于配制饱和度高的粉红色是不二选择。

客户需求不高，又需降低着色成本，耐光性要求不高时，可选用颜料红53：1，但其耐光性很差，迁移性也不理想。

3.4.3　塑料着色用中红色有机颜料定位

按色环图把色调值10~18定位中红色，共有5个品种。按其化学结构分为单偶氮色淀、色酚AS单偶氮、偶氮缩合和吡咯并吡咯二酮（DPP）等，颜料化学结构不同，指标不同，见表3-10。

表 3-10　塑料着色用中红色有机颜料品种和性能

产品名称	化学结构	耐热性/℃	耐光性/级	耐候性/级	耐迁移性/级	抗翘曲性
颜料红254	吡咯并吡咯二酮(DPP)	300	7	4	5	低
颜料红48：3	单偶氮色淀	260	6	—	5	低
颜料红144	缩合偶氮型	300	7~8	3	5	高
颜料红214	苯并咪唑酮	300	7~8	—	5	高
颜料红170(F3RK)	AS单偶氮	270	8	3	2	低

以色调为横坐标，饱和度为纵坐标，黄光红色5个品种1/3标准色色度图见图3-24。

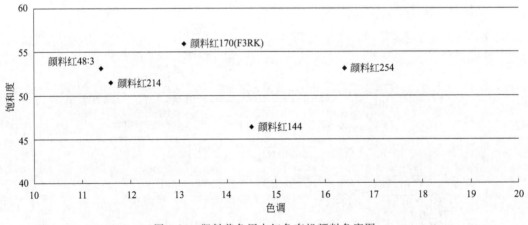

图 3-24　塑料着色用中红色有机颜料色度图

从图3-24中可以很清晰看到所有中红色品种的色彩性能，由于化学结构和晶体结构不同，5种中红色颜料着色力也不同，其1/3标准深度着色力见图3-25。

从图3-25中可以看出，偶氮缩合颜料红144着色力最高，色酚AS单偶氮颜料红170（F3RK）着色力最低。

根据表3-10和图3-24、图3-25，可以了解这些产品的特性。

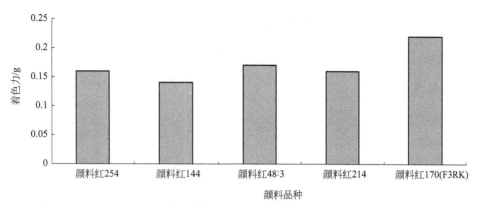

图 3-25　塑料着色用中红色有机颜料品种着色力比较

（1）颜料红 254　色调值 16.4，饱和度值 53.1，呈艳丽的正红色，是原瑞士汽巴精化公司开发成功的第一个 DPP 商品化品种。颜料红 254 具有很高的着色强度，综合牢度性能优异，适宜户外应用。

（2）颜料红 144　色调值 14.5，饱和度值 46.1，明显可看到鲜艳度不够。但具有非常高的着色力、优异的耐热性及耐迁移性，是缩合偶氮颜料在塑料着色中应用的重点品种。

（3）颜料红 170（F3RK）　色调值 13.1，饱和度值 55.9，呈正红色，饱和度好，是同类颜料中的佼佼者。本色耐光性优异，冲淡后也能达 7 级。适用于 PVC 着色，但注意着色浓度低于 0.1％时会发生迁移，用于聚烯烃耐热性只达 240℃。

（4）颜料红 214　色调值 11.6，饱和度值 51.5，专用于丙纶纤维纺前着色，也适用于涤纶纺前着色，经它着色的纺织品各项牢度均能满足用户的需要。

（5）颜料红 48∶3　是 2B 红系列中性能最好的，在中红品种中属经济型品种。其耐热性在聚烯烃塑料中可达 240℃，超过该温度会迅速变蓝、变暗。

中红色区颜料的定位图见图 3-26。

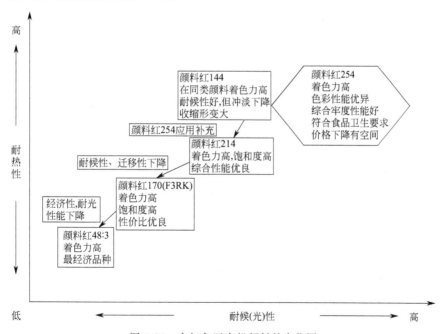

图 3-26　中红色区有机颜料的定位图

通过中红色区定位图，可以根据客户要求选择所需颜料，并在遇到问题时，可以很容易寻找到解决问题的方案。

把菱形图形列为标准色，颜料红254是中红色区当之无愧标准色。颜料红254饱和度高、着色力高，综合牢度性能更优异，工业化规模生产使颜料价格达到令人难以置信的平民价。

另外需特别注意的是颜料红254有三个粒径不同的商品化品种，粒径小的透明性极好，而粒径大的品种（如BASF公司的CROMOPHTAL Red BOC）耐候性极其优异，挤占了颜料红144、颜料红214和颜料红170（F3RK）在塑料着色中的应用空间。

颜料红144在中红色区与颜料红254接近，因颜料红254的价格下降幅度大，已挤占了颜料红144空间，只能说颜料红144是颜料红254的补充，重点用在ABS、PET和PC等工程塑料。

颜料红214成为颜料红254在化纤上应用的补充品种。

颜料红254着色力和耐迁移性比颜料红170好，随着颜料红254规模生产，价格下降，大大挤占了颜料红170（F3RK）的空间。

如需降低成本，在耐热、耐光性能上要求不高，颜料红48∶3应用空间还是很大。

3.4.4 塑料着色用蓝光红色有机颜料定位

按色环图把色调值330～360、0～10定位蓝光红色，共有11个品种。按其化学结构分为单偶氮色淀、色酚AS单偶氮、偶氮缩合、喹吖啶酮、苝系和吡咯并吡咯二酮（DPP）等，颜料化学结构不同，指标不同，详见表3-11。

表3-11 蓝光红色有机颜料品种和性能

产品名称	色泽	化学结构	耐热性/℃	耐光性/级	耐候性/级	耐迁移性/级	抗翘曲性
颜料红170(F5RK)	蓝光红色	AS单偶氮	250	8	—	—	低
颜料红48∶2	蓝光红色	单偶氮色淀	220	7	—	4～5	低
颜料红179	蓝光红色	苝系	300	8	4	4～5	高
颜料红177	蓝光红色	蒽醌	260	7～8	3	5	无
颜料红214	蓝光红色	缩合偶氮型	300	7～8	4～5	5	高
颜料红176	蓝光红色	苯并咪唑酮	270	7	—	5	低
颜料红264	蓝光红色	吡咯并吡咯二酮(DPP)	300	8	4～5	5	无
颜料红57∶1	蓝光红色	单偶氮色淀	260	6～7	—	5	低
颜料紫19(γ)	蓝光红色	喹吖啶酮	300	8	4～5	5	低
颜料红122	蓝光红色	喹吖啶酮	300	8	4～5	5	低
颜料红202	蓝光红色	喹吖啶酮	300	8	4	5	低

以色调为横坐标，饱和度为纵坐标，蓝光红色11个品种1/3标准色色度图见图3-27。

从图3-27中可以很清晰看到所有蓝光红品种的色彩性能，色度图左侧偏蓝光有重要品种颜料红122，右侧偏红光有重要品种颜料红48∶2，中间有重要品种颜料紫19（γ晶型）。

由于化学结构和晶体结构不同，11种蓝光红色颜料着色力也不同，其1/3标准深度着色力见图3-28。

从图3-28中可以看出，DPP红264着色力最高，颜料紫19（γ晶型）着色力最低。

根据表3-11和图3-27、图3-28，可以了解这些产品的特性。

（1）颜料红122 色调值为338.8，非常艳丽的蓝光红色，色光接近品红。颜料红122综合牢度性能优异，颜料红122在PET中较低浓度使用时，常常会出现色差和耐光性降低，

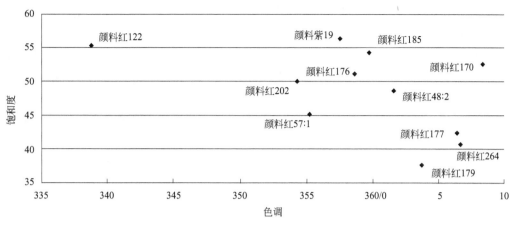

图 3-27　塑料着色用蓝光红色有机颜料色度图

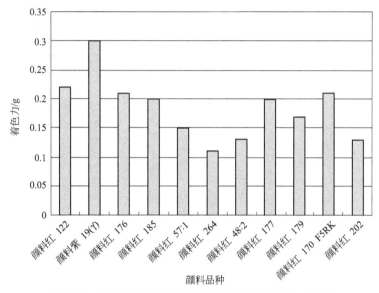

图 3-28　塑料着色用蓝光红色有机颜料品种着色力比较

这是因为颜料红 122 在 PET 中有微量溶解的缘故。

（2）颜料红 202　二元混合物固熔体，主要成分为 2,9-二氯代喹吖啶酮颜料。颜料红 202 色调值 355，比颜料红 122 偏红也偏暗。颜料红 202 的着色力比颜料 122 高，综合牢度性能较颜料红 122 更优异，可用在涤纶和尼龙纺丝。

（3）颜料紫 19（γ 晶型）　粒径的大小与粒径的分布对颜料也有很大的影响，粒径大，是不透明的产品，其耐光与耐热的性能好（如科莱恩 PV FAST RED E5B）；粒径小，是透明度高的产品，着色力强，但是耐光与耐热性能也相对降低（如科莱恩 PV FAST RED E3B）。颜料紫 19（γ 晶型）综合牢度性能优异，适用于食品药物的包装制品。颜料红 122 在浅色时性能不及颜料紫 19（γ 晶型），这也是颜料红 122 不能完全取代颜料紫 19（γ 晶型）的原因之一。

（4）颜料红 179　苝红结构，色光艳丽的褐红颜料。具有较高的着色力，耐光性、耐候性优异，性能相当于或略高于颜料红 122。谨慎推荐用于尼龙 6 纤维纺丝纺前着色。但会发生色差，这是由于尼龙熔体的还原性。

（5）颜料红 176、颜料红 185　颜料红 176 色调值 358，饱和度 51，耐热性 260℃，耐光性为 6～7 级。颜料红 185 色调值 359，饱和度 54.2，是非常干净的蓝光红，颜料红 185 具有多晶型，耐热性为250℃，耐光性为7级。这两品种具有中等应用性能、中等价格，性价比可取。但需注意颜料红185在软质PVC低于着色浓度0.005％时会发生迁移。

（6）颜料红170（F5RK）　色调值8.4，饱和度52.6。本色显示中性红色，冲淡色有些蓝光，饱和度和着色力高。特适合用于硬质PVC着色，颜料含量为0.1％时耐光性为8级，但需注意颜料在聚烯烃中耐热性只有220～240℃。

（7）颜料红48：2　色调值1.6，饱和度48.6。颜料红48：2的耐光性明显高于颜料红48：1，中等牢度性能，性价比好，是通用塑料着色重点品种。

（8）颜料红57：1　色调值355.3，饱和度45.2，显示比颜料红48：2蓝相，耐光性差，钛白粉冲淡后耐光性更差，影响其在塑料上的使用。

蓝光红色区颜料的定位图见图3-29。

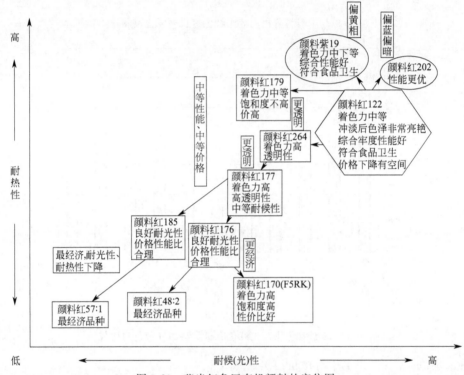

图3-29　蓝光红色区有机颜料的定位图

通过蓝光红色区定位图，可以根据客户要求选择所需颜料，并在遇到问题时，可以很容易寻找到解决问题的方案。

把菱形图形列为标准色，颜料红122色调值338.8，饱和度55.2，纯正蓝光红，列在大的菱形图案内，是蓝光红色区当之无愧的标准色。其饱和度高，着色力较高，各项综合性能优异，工业化规模生产使颜料价格下降幅度大。

以颜料红122为基点，比颜料红122性能更好的是同为喹吖啶酮结构颜料红202，可用于涤纶纺丝，以解决颜料红122低浓度时在PET中溶解性的问题，但色光偏红偏暗。也可选择苝系颜料红179，其耐候性更胜一筹，只不过着色力低、饱和度差。

同为喹吖啶酮结构的颜料紫19（γ晶型），色调值357.3，饱和度56.3，其色泽较颜料红122黄相，尽管各项综合性能优异，但其着色力比颜料红122低，价格反而高，市场空间被颜料红122挤占了。但是浅色，特别是调色时，颜料紫19（γ晶型）性能要比颜料红122好得多，不可取代。

颜料红 264 为 DPP 颜料，色调值 6.7 已接近中红色，饱和度 40.6，价格也高，应用空间被颜料红 122 挤占，但透明性好、着色力高、耐候性好是它被选用的三个理由。

　　颜料红 177 透明性极好，用于 PET 和 PP 化纤着色，会有鲜明的光亮度。

　　颜料红 176、颜料红 185 性价比与颜料红 122 相比优势不大，应用空间被挤占了。EVA 用的粉红色颜料红 176 还有优势。颜料红 185 本色大量用于合成革，如汽车内装饰。

　　如果需降低成本，颜料红 170（F5RK）尚有优势，但需注意其耐热性、迁移性，其耐候性也有所下降。

　　颜料红 48∶2、颜料红 57∶1 是最经济的品种。颜料红 48∶2 适用于丙纶纤维纺前着色，当其配制高浓度深色时是一个漂亮的艳红色，大量用于地毯。需注意颜料红 48∶2 在高温时有一份结晶水会失去，但冷却时还会吸收，造成变色。

3.5　塑料着色用蓝色、绿色有机颜料定位

　　塑料着色用的主要有机颜料蓝色品种共有 4 个，塑料着色用的主要有机颜料绿色品种共有 2 个。

3.5.1　塑料着色用蓝色有机颜料定位

　　按色环图把色调值 240～270 定位蓝色，聚烯烃塑料用蓝色有机颜料品种共有 4 个。色调值越接近 240 其色光越绿光，色调值越接近 270 色光越红光。4 种蓝色有机颜料除了颜料蓝 60 是蒽醌结构外，其余均为酞菁。虽然酞菁颜料化学结构一样，但晶型不同，其性能指标详见表 3-12。

表 3-12　塑料着色用蓝色有机颜料品种和性能

产品名称	色光	化学结构	耐热性/℃	耐光性/级	耐候性/级	耐迁移性/级	抗翘曲性
颜料蓝 15	红光蓝色	酞菁系（不稳定型）	220	8	5	5	高
颜料蓝 15∶1	红光蓝色	酞菁系（稳定 α 型）	300	8	5	5	高
颜料蓝 15∶3	红光蓝色	酞菁系（稳定 β 型）	280	8	4～5	5	高
颜料蓝 60	红光蓝色	蒽醌	300	7～8	5	5	高

　　以色调为横坐标，饱和度为纵坐标，蓝色品种 1/3 标准色色度图见图 3-30。

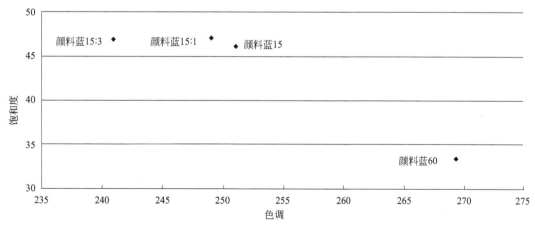

图 3-30　塑料着色用蓝色有机颜料色度图

从图 3-30 中可以很清晰看到所有蓝色品种的色彩性能，色度图左侧偏绿光有重要品种颜料蓝 15：3，中间是颜料蓝 15：1 和颜料蓝 15，颜料 15 明显比颜料 15：1 红相，色度图右侧偏红光有重要品种颜料蓝 60。偏绿相酞菁蓝饱和度相对高一些。

由于化学结构和晶体结构不同，4 种蓝色颜料着色力也不同，其 1/3 标准深度着色力见图 3-31。

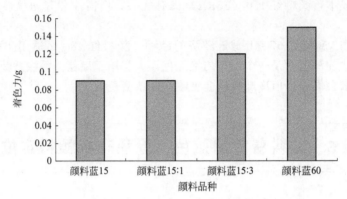

图 3-31　塑料着色用蓝色有机颜料品种着色力比较

从图 3-31 中可以看出，颜料蓝 15 着色力最高，颜料蓝 15：1 和颜料蓝 15：3 着色力均比颜料蓝 15 低，最低的是蒽醌结构颜料蓝 60。

根据表 3-13 和图 3-30、图 3-31，可以了解这些产品的特性。

（1）颜料蓝 15　色调值 251，呈纯净鲜亮红光，在酞菁系颜料中最红相。颜料蓝 15 晶型为 α 型，为不稳定型，其耐热性低于 200℃，随着温度上升，颜料从不稳定 α 晶型转为 β 晶型而色光变绿。所以颜料蓝 15 在塑料中应用仅限于聚乙烯吹膜、EVA 发泡、聚氯乙烯和聚氨酯、橡胶等领域（成型温度低于 200℃）。在这些领域充分体现颜料蓝 15 色相红光、纯净、着色力高等优点，而且耐光性、耐迁移性也优异。

但需注意，用于橡胶时颜料蓝 15 中的游离铜含量不能超过 0.015%。

（2）颜料蓝 15：1　色调值 249，比颜料 15 呈绿相，着色力也比颜料蓝 15 低，因为颜料蓝 15：1 晶型为 α 稳定晶型。

为了阻止 α 晶型转为 β 晶型，得到 α 型酞菁蓝稳定型晶型，有两种方案最有效。

① 将铜酞菁分子部分氯代，增加晶型转变活化能，如果这个能量壁垒足够大，可使 α 晶型足够稳定。

② 在铜酞菁分子中加入其它稳定组分帮助晶型稳定。

所以目前市场上颜料蓝 15：1 有两种稳定型品种，性能会不一样。其中部分氯代铜酞菁分子颜料晶型稳定，所以其各项性能也比添加稳定剂的品种优越。需注意采用稳定剂的颜料蓝 15：1 在软质 PVC 中多少有些渗色。

氯代颜料蓝 15：1 尽管有优异的耐候（光）性，但在长期室外暴露性能方面不如 β 晶型酞菁蓝和酞菁绿。

（3）颜料蓝 15：3　晶型为 β 型，色调值 243，比颜料蓝 15：1 更绿相，是个纯净的绿光蓝色。虽然颜料蓝 15：3 是高着色力颜料，但其着色力还是比蓝色 15 低 15%～20%。颜料蓝 15：3 综合性能好，所以在塑料着色蓝色系列中市场用量最大，颜料蓝 15：3 在塑料着色时存在着分散难的问题。

（4）颜料蓝 60　蒽醌系列产品，有两种主要晶型，即 α 型与 δ 型。是一种非常干净红相的高档蓝颜料，其耐候（光）性优良，耐热性为 300℃，可用于尼龙纤维。

蓝色区颜料的定位图见图 3-32。

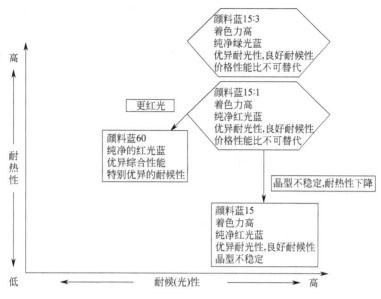

图 3-32　蓝色区有机颜料的定位图

通过蓝色区定位图，可以根据客户要求选择所需颜料，并在遇到问题时，可以很容易寻找到解决问题的方案。

把菱形图形列为标准色，颜料蓝 15∶1、颜料蓝 15∶3 在菱形图形中是蓝色区当之无愧的标准色。其饱和度高、着色力较高，工业化规模生产使颜料价格达到令人难以置信的平民价。

由于 β 型颜料蓝 15∶3 晶型比 α 稳定型颜料蓝 15∶1 晶型更稳定，所以其各项性能更优越，所以在塑料着色上颜料蓝 15∶3 用得更多。

如需更艳丽红相，而采用蓝光红调色达不到饱和度要求，可选用颜料蓝 60，但注意会增加成本。

颜料蓝 15 色调值 251，是所有酞菁品种中色相最红的，只能用在耐热性要求不高而需要红相、着色力高场合，如 EVA 发泡。

3.5.2　塑料着色用绿色有机颜料定位

按色环图把色调值 160～190 定位绿色，绿色有机颜料品种共有 2 个。色调值接近 160 其色光越黄相，色调值接近 190 色光越蓝光，2 种绿色有机颜料化学结构均为酞菁颜料，其在塑料上应用性能见表 3-13。

表 3-13　塑料着色用绿色有机颜料品种和性能

产品名称	色光	化学结构	耐热性/℃	耐光性/级	耐候性/级	耐迁移性/级	抗翘曲性
颜料绿 7	蓝光绿色	酞菁系	300	8	5	5	高
颜料绿 36	黄光绿色	酞菁系	300	8	5	5	高

以色调为横坐标，饱和度为纵坐标，绿色 2 个品种 1/3 标准深度色度图见图 3-33。

从图 3-33 中可以很清晰地看到绿色品种的色彩性能，颜料绿 36 色调值 162 比颜料绿 7

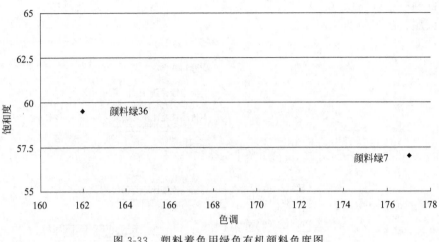

图 3-33　塑料着色用绿色有机颜料色度图

黄相多了，而且溴代的酞菁蓝的饱和度要比氯代的酞菁蓝高。

　　由于化学结构不同，2 种绿色颜料着色力也不同，其 1/3 标准深度着色力见图 3-34。

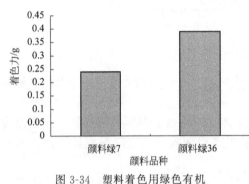

图 3-34　塑料着色用绿色有机
颜料品种着色力比较

　　从图 3-34 中可以看出，由溴取代的颜料绿 36 要比由氯取代的颜料绿 7 着色力低得多，这是因为氯的分子量是 36.5，而溴的分子量是 80，所以颜料绿 36 分子量要比颜料绿 7 高，着色力低。

　　根据表 3-13 和图 3-33、图 3-34，可以了解这些产品的特性。

　　（1）颜料绿 7（俗称酞菁绿）色调值 177，是个蓝光绿。氯原子的分子量是 36.5。酞菁绿颜料每分子一般有 15 个氯原子，所以酞菁绿的分子量明显比酞菁蓝高，所以着色力明显要比酞菁蓝低得多。在塑料配色时要注意蓝色和绿色的着色力变化：减一份蓝要减两份绿。

　　酞菁绿并非多晶体的颜料，具有酞菁蓝所有的优良性能。一般而言，酞菁绿要比酞菁蓝（β 型）的稳定性高些，例如酞菁蓝在高比例钛白冲淡（0.01％颜料＋0.5％钛白）后，耐热性只达 250℃，但对应的酞菁绿 7 可达 300℃。

　　颜料绿 7 系铜酞菁引入卤素，与酞菁蓝一样，酞菁绿也会成为结晶型塑料（如高密度聚乙烯 HDPE）的成核剂，引起产品不同程度的收缩和翘曲，但升高温度，颜料绿 7 对收缩的影响要比酞菁蓝和溴代酞菁绿小得多。

　　尽管可用颜料蓝 15∶3 加饱和度好的黄色品种来得到低成本绿色，但是牢度比酞菁绿要差，所以酞菁绿在配色绿品种中还是占统治地位的。

　　（2）颜料绿 36 在酞菁蓝结构上引入卤素溴及氯，铜酞菁分子氯溴比率不仅决定了颜色（黄相多少），而且还影响一系列牢度性能，酞菁绿 36 色调值 162，比颜料绿 7 黄相多了，酞菁绿 36 越黄相价格越昂贵，着色力越低。尽管可用颜料绿加饱和度好的黄色品种来得到黄光绿，但达不到颜料绿 36 的饱和度和优良性能。

　　绿色区颜料的定位图见图 3-35。

　　通过图 3-35 绿色区定位图，可以根据客户要求选择所需颜料，并在遇到问题时，可以

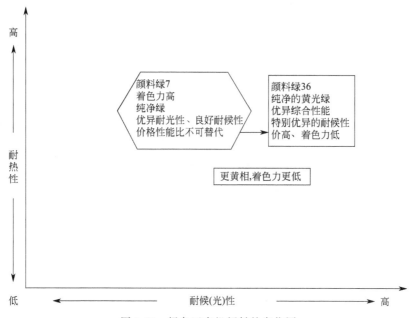

图 3-35　绿色区有机颜料的定位图

很容易寻找到解决问题的方案。

　　把菱形图形列为标准色，颜料 7 列为菱形图形中绿色区标准色是当之无愧的。

　　只有需饱和度非常艳丽的黄光绿色时，才会选用颜料绿 36，因为颜料绿 36 不仅着色力低，而且价格奇高。

3.6　塑料着色用紫色、棕色有机颜料定位

　　塑料用的主要有机颜料紫色品种共有 4 个，其中蓝光紫有 2 个品种，红光紫有 2 个品种。二噁嗪类颜料紫 23 着色力高、综合性能优良、合理价格，是主流品种。

　　塑料用的主要有机颜料棕色品种共有 3 个，黄光棕品种有 2 个，红光棕品种有 1 个。

3.6.1　塑料着色用紫色有机颜料定位

　　按色环图把色调值 300～330 定为紫色，塑料用紫色有机颜料品种共有 4 个，色调值越接近 300 其色光越蓝，色调值越接近 330 色光越红，4 种紫色有机颜料其化学结构有二噁嗪类、喹吖啶酮和苝系。其在塑料上应用性能见表 3-14。

表 3-14　塑料着色用紫色有机颜料品种和性能

产品名称	化学结构	耐热性/℃	耐光性/级	耐候性/级	耐迁移性/级	抗翘曲性
颜料紫 23	二噁嗪类	280	8	4	4	高
颜料紫 29	苝系	300	8	4	5	高
颜料紫 37	二噁嗪类	280	8	4～5	5	低
颜料紫 19(β 晶型)	喹吖啶酮	300	8	4	5	低

以色调为横坐标，饱和度为纵坐标，紫色 4 个品种 1/3 标准色色度图见图 3-36。

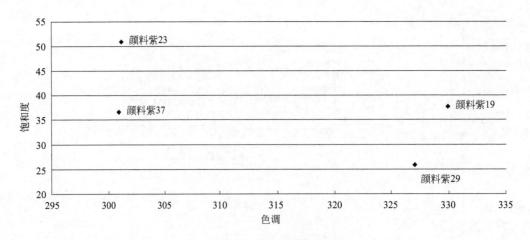

图 3-36　塑料着色用紫色有机颜料色度图

从图 3-36 中可以很清晰看到所有紫品种的色彩性能，色度图左侧是蓝光紫，重要品种有颜料紫 23 和颜料紫 37；色度图右侧是红光紫，重要品种有颜料紫 19（β 晶型）。

由于化学结构不同，4 种紫色有机颜料着色力也不同，其 1/3 标准深度着色力见图 3-37。

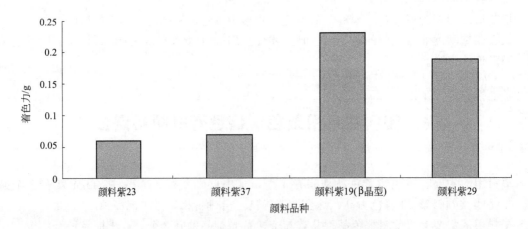

图 3-37　塑料着色用紫色有机颜料品种着色力比较

从图 3-37 中可以看出，颜料紫 23 着色力最高，颜料紫 19（β 晶型）最低。

根据表 3-14 和图 3-36、图 3-37，可以了解这些产品的特性。

（1）颜料紫 23　色调值是 300，所以是个蓝光紫，可以在大多数的塑料中使用。着色力特强，在本色时呈现紫黑色的外观。但跟钛白粉混合，可展现其干净、柔和的紫色。但需特别注意颜料紫 23 加钛白粉后性能会下降。颜料紫 23 在大于 250℃时会发生分解，造成颜色的变化。

颜料紫 23 着色力特强，所以一般使用浓度不高，如果使用浓度过低，颜料紫 23 也可能有溶解的问题。颜料紫 23 耐光性能也与浓度有关，必须谨慎使用。如果颜料浓度过低的话，其耐光性可以由完美的 8 级降到极差的 3 级。

在需耐热性能好紫色时往往会采用颜料红 122 与颜料蓝 15:3 配色。

（2）颜料紫 37　色调值是 301，与颜料紫 23 色泽相差不大，但其综合性能要比颜料紫

23 略胜一筹，特别是在浅色时的耐光性和耐迁移性。

颜料紫 37 与颜料紫 23 一样，如果降低它的用量，则它的耐热性急剧下降，而且在塑料中具有较高的溶解度。

（3）颜料紫 19（β晶型）　色调值是 330，红光紫，是比较稳定的晶型，耐光性和耐候性优异，能满足长期露置在户外的要求。颜料紫 19（β晶型）耐热性优异，在很大范围内与着色浓度无关。

（4）颜料紫 29　色调值是 327，呈深红紫色，饱和度不高，具有较高的着色力，综合牢度性能优异，价格高。

紫色区颜料的定位图见图 3-38。

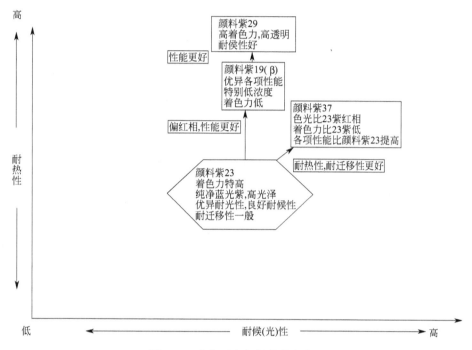

图 3-38　紫色区有机颜料的定位图

通过紫色区定位图，可以根据客户要求选择所需颜料，并在遇到问题时，可以很容易寻找到解决问题的方案。

把菱形图形列为标准色，颜料紫 23 代表菱形图形中的紫色区标准色是当之无愧的。其饱和度高，着色力较高，工业化规模生产使颜料价格合理，是紫色品种首选。

如果颜料紫 23 浅色性能指标不能满足客户需求，可选用颜料紫 37。

如果需耐热性和耐候性应用指标提高，可选用颜料紫 19（β晶型），需注意该品种着色力低、偏红相，而且成本会增加。

选用颜料紫 29 各项性能更好，但着色成本会更高。

3.6.2　塑料着色用棕色有机颜料定位

按色环图把色调值 25～40 定位棕色，塑料用棕色有机颜料品种共有 3 个，色调值越接近 25 其色光越红相，色调值越接近 40 色光越黄光，3 种棕色有机颜料的化学结构有偶氮缩合和苯并咪唑酮，其在塑料上的应用性能见表 3-15。

表 3-15　塑料着色用棕色有机颜料品种和性能

产品名称	化学结构	耐热性/℃	耐光性/级	耐候性/级	耐迁移性/级	抗翘曲性
颜料棕 23	缩合偶氮型	260	6～7	5	5	—
颜料棕 25	苯并咪唑酮	290	7	5	4～5	低
颜料棕 41	缩合偶氮型	300	7～8	4～5	4	高

以色调为横坐标，饱和度为纵坐标，棕色 3 个品种 1/3 标准色色度图见图 3-39。

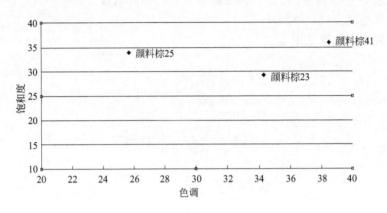

图 3-39　塑料着色用棕色有机颜料色度图

从图 3-39 中可以很清晰看到所有棕色品种的色彩性能。色度图左侧品种红光棕，有颜料棕 25；色度图右侧品种黄光棕有颜料棕 23 和颜料棕 41。由于化学结构不同，3 种棕色颜料着色力也不同，其 1/3 标准深度着色力见图 3-40。

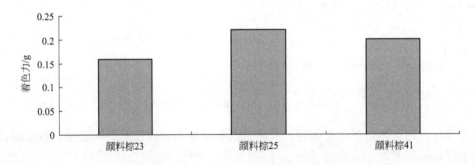

图 3-40　塑料着色用棕色有机颜料品种着色力比较

从图 3-40 中可以看出，偶氮缩合颜料棕 23 着色力最高，而同为偶氮缩合棕颜料 41 就相对低，最低的是苯并咪唑酮结构颜料棕 25。

根据表 3-15 和图 3-39、图 3-40，可以了解这些产品的特性。

（1）颜料棕 25　色调值 25.7，呈红棕色，透明度较好，耐光（候）性优异，能满足长期露置在户外的要求。颜料棕 25 虽是苯并咪唑酮结构，用在 HDPE 中会影响该塑料的翘曲，变形很轻微，但加工温度低于 220℃时对扭曲性会有明显的影响。

（2）颜料棕 23　色调值 34.3，呈黄棕色，着色力高，耐光（候）性优异，但耐热性相对其它品种低，使其在塑料上应用受到限制。

（3）颜料棕 41　色调值 38.3，呈黄光棕色，着色强度一般，遮盖力很好，耐光性相当优异，能满足长期露置在户外的要求。

棕色区颜料的定位图见图 3-41。

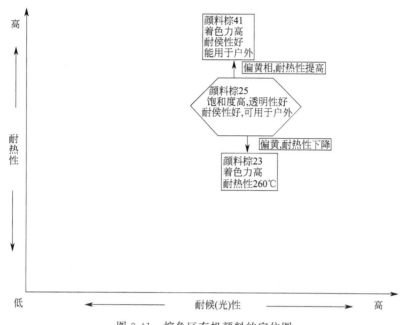

图 3-41　棕色区有机颜料的定位图

通过棕色区定位图，可以根据客户要求选择所需颜料，并在遇到问题时，可以很容易寻找到解决问题的方案。

把菱形图形列为标准色，把颜料棕 25 标为菱形图形中棕色区标准色。因为其透明性好、饱和度高、耐候性好，所以可用于户外塑料制品。尽管棕色可以用多种方式实现，然而透明性和综合性能优良是选择它的理由。

如需提高耐热性，可选择颜料棕 41，性能与颜料棕 25 相近，但偏黄相，价高。颜料棕 23 耐热性稍差，影响其在塑料着色中应用。

3.7　塑料配色如何正确应用有机颜料定位

本章选用有机颜料在聚烯烃塑料的应用数据，详细地阐述有机颜料定位。塑料配色任务繁多，要求高，时间紧，要善于应用定位完成配色工作。

（1）颜料色度图　以色调值为横坐标，饱和度为纵坐标，以各色区有机颜料品种 1/3 标准深度色彩值作二维色度图，可一目了然知道同一色系各品种在色度图的位置和它们相对应的色彩性能。选用更高的饱和度颜料品种来配色容易得到满意的结果。同一纵向区域的品种色相相差不大，根据客户要求可以进行选择和更换。

（2）颜料着色力对比图　以有机颜料品种 1/3 标准深度值作出各色区着色力对比图，结合颜料性能对比表从性能、价格、着色力来判断和选择性价比好的颜料。

（3）颜料定位图　以耐候（光）性为横坐标，耐热性为纵坐标作二维有机颜料定位图，可根据客户的需求来选择颜料品种。当配色小样不能满足客户要求时，可以根据定位图及时更换颜料品种。

之所以反复多次强调一表三图，并花费大量笔墨书写本章是希望刚入门的塑料配色工作者通过反复阅读，进行反复比较对比，由此入门，可在最短时间内对塑料着色用有机颜料品种了解、熟悉和应用。

　　另外对于长期从事塑料着色工作者，可以从上述一表三图中对颜料品种进行深入研究，进而梳理、发掘有价值技术资讯。可在日常配色工作中少犯错误，工作更上一层楼。

　　这里需要强调的是：上述一表三图工作仅仅根据塑料配色常用着色浓度（1/3 标准深度）这一条件点上的各项数据来完成和推导的。要做到全数据图表展示在经济上行不通，在商业上也没有必要。但是正如本书第 1 章所述的塑料配色是个复杂的系统工程，塑料品种繁多，要求千变万化，这一条件点位的数据不能完全代表在各种配色条件下的应用。因此读者必需根据实际需求，必要时进行试验和测试确认才好。

　　笔者书写本章另一目的是给读者推荐一种方法——从复杂的体系中梳理出一种简单处理的方法，所以建议读者可根据本人从事专业，作出专题一表三图，也许对工作帮助更大。对于 EVA 产品、薄膜产品、PP 纺丝、PET 纺丝、无纺布等作出每一专题定位图，这样选用的有机颜料品种更窄，更有针对性，也许达到的效果更佳。

　　最后还需提醒读者注意的是：本章所选用的数据均是有机颜料品牌供应商产品，按国际标准方法进行测试后数据。如本书第 1 章所述有机颜料的各项性能除了与其化学结构密切相关外，还与其晶型、粒径大小、粒子分布有关，因此即使选择的产品与品牌供应商产品颜料索引号一样，但性能会有区别。这一点万万大意不得。选择的颜料是否具有上述性能指标必须与供应商联系确认为好，必要时必须进行测试。

第4章
塑料配色理论和基本技术

塑料只有着色才能成为商品为社会服务，塑料配色就是在红色、黄色、蓝色三种基本颜色基础上，配出令人喜爱、并在加工和使用中符合要求（分散性、耐热性、耐光性、耐候性、耐迁移性、形变）、价格在经济上可行的色彩。另外塑料着色还可赋予塑料多种功能——耐老化性、导电性、抗静电性等。

随着人们生活质量不断提高，人们对色彩的要求越来越高，现代社会宛如信息海洋，随时都有排山倒海的信息浪头迎面而来，人们置身其中，往往惘然不知所措，能让人在瞬间接受信息并做出准确反应的信息，第一是色彩、第二是图形、第三才是文字。色彩定位的目的在于突出商品的美感，使人们从商品的外观和色彩上看出商品的特点。

目前塑料配色的专著很少，塑料行业的优秀配色人员十分紧缺，不少工厂为了预防人员流动，往往对配色技术做了很多保密工作，不利于行业的发展。为此本章将塑料配色基本技术作简单介绍，希望为进入塑料配色领域的新人提供一个指南。

4.1 塑料配色的原理和原则

4.1.1 基本原理

塑料着色，就是利用染料、颜料等对日光减色混合而使制品带色。即通过改变光的吸收和反射，而获得不同的颜色。

塑料配色是由红色、黄色、蓝色三种基色相拼混得到各种颜色，可以把各种颜色看成是红色、黄色、蓝色三种基色以一定比例量相混合而得到的，其三原色相拼配显色如图4-1所示。

通常将饱和度较好、明度较大的红色、黄色、蓝色三色称原色（一次色或基色）。由这

图 4-1　三原色配色图

三种原色中任何两种原色相互调合可以得到其它各种不同的颜色,如红色和黄色得到大红色、橙色、杏黄色;黄色和蓝色得到绿色、湖蓝色、浅绿色、草绿色、翠绿色;红色和蓝色可得到紫色、青莲色、暗玫瑰色,这些颜色称为二次色(或间色)。由原色(或二次色)和二次色相互调合而成的颜色,称为三次色(或再间色),例如橙色和绿色得橄榄色,绿色和紫色得灰色,橙色和紫色得棕褐色。现就上述原理形象化画出三角形拼色法,见图 4-2。

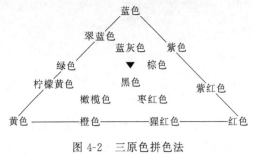

图 4-2　三原色拼色法

此外在原色或二次色的基础上,用白色冲淡,便可配出浅红色、粉红色、浅蓝色、湖蓝色等深浅不同的颜色,加不同量的黑色,又可调出棕色、深棕色、墨绿色等明度不同的颜色。需要特别注意的是应避免使用红色、黄色、蓝色三原色同时拼色,形成拼成三角形中心区的颜色——黑色。

目前塑料配色大多采用试凑目视配色法,该法操作虽简单,但费时较多,它还要求操作人员具有丰富的经验,不然难以进行操作。提高试凑目视法配色的速度和精度,最好的办法是练习彩绘,著名孟塞尔色标的创立者 Munsell 本人就是一位美术家。但是目视法配色受多种因素的影响,例如气候、季节、配色人员的素质、经验、情绪、健康状况等。计算机辅助配色技术仍然是提高配色精度的必然方向。目前由于种种原因,计算机辅助配色尚不十分普遍。但是随着对塑料配色要求的提高,配色人员成本的增加,优秀配色人才奇缺,互联网大数据网络新技术发展和运用,计算机辅助配色将逐步成为行业趋势。

4.1.2　基本原则

塑料配色过程比较复杂,为使配色能获得预期的效果,做到快速、准确、经济,应遵循下列原则。

(1)"少量"原则

塑料配色应选用着色剂品种越少越好,简言之如果能用二拼色解决就不采用三拼色。因为选择品种过多不仅配色麻烦,而且容易带入补色使颜色灰暗。另外选用的品种越多,这些品种因分散性、着色力等因素,给配色试样和生产中带来的系统误差也越大。

(2)"深浅"原则

塑料配色在配制深色品种时,应选择着色力高的品种,例如有机颜料品种,这样在达到同样深度时颜料添加量就少。塑料配色在配制浅色品种时,应选择着色力低的品种,例如无机颜料品种，这样在浅色添加量少时，可以多加，避免因计量时的误差传递而引起颜色的不稳定。

（3）"相近"原则

塑料配色应注意选用色光相近的品种，否则会有补色引入，变得黯淡，塑料配色应注意选用耐热性相近的品种，否则因耐热性差异太大，在加工过程中的温度变化会引起色泽变化。塑料配色应注意选用耐光性和耐候性相近的颜料，否则配制的塑料制品因性能差异太大，在户外暴晒后，颜色会变得面目全非。

塑料配色应注意选用分散性相近的品种。否则若分散性能差异太大，如采用难分散有机颜料和易分散无机颜料配色，在加工过程中因剪切力变化会引起色泽变化。

（4）"补色"原则

在配色时应防止补色引入，否则会使原有色光变得黯淡，而影响颜色的明亮度。通常把每个间色合成它的二原色以外的原色称为补色（complementary colors），又称互补色、余色。例如橙色是红色和黄色配色而成，蓝色是补色；绿色是黄色和蓝色配色而成，红色是补色；紫色是红色和蓝色构成，黄色是补色。如以红色、蓝色配成紫色，在配色时加入少量补色——黄色，则所得紫色的色泽就要偏暗，加入较多补色则成灰色。

在配色时要注意颜料的不同色光。例如塑料用炭黑和钛白因粒径大小不同分别呈蓝光和黄光，不同颜料的色光的差异更大，避免用互补色色光颜料去配色，否则就会饱和度降低、色泽发暗。

（5）"加减"原则

在采用几种颜料配色时，如已基本接近样品色泽，千万不要为达到要求再加微量颜料去调色，正确的做法是尽量调整色光品种达到要求。因为颜料品种越多，计量误差越多，配色的稳定性越差。

4.2　塑料配色前期准备工作

4.2.1　建立高效实用的配色系统

要进行塑料配色，首先应建立企业的配色系统。换言之，应确定选择哪些着色剂品种以及生产企业作为企业配色系统来应对市场千变万化的需求，这是一项非常重要的工作。

（1）选择塑料着色剂品种

配色人员若在市场中随意选择一些品种，不做深入调查，甚至不问颜色索引号就拿来配色。这可能会遭到客户对产品的质量投诉，并引起进一步的索赔要求。

配色人员也可以选择各著名跨国公司的顶尖产品，这些产品着色力高、色彩饱和、各项性能优异、具有质量优势。然而这些产品的价格太高，这会大大影响其市场竞争力。

因此建立一套卓有成效的配色系统，就会在激烈的市场竞争中占有塑料配色的制高点。目前许多公司均将本公司的配色系统视为机密，有的公司甚至将常用的着色剂编成代号，只表明着色剂的色光和基本性能，以防配色人员流动引起配方对外泄露。

如何建立配色系统？有下列几条建议可供参考。

① 应熟读和掌握世界著名的《染料索引》和其它颜料、染料手册对着色剂在塑料中的

应用有关的技术数据。

② 全面了解和掌握国际跨国公司的产品样本，仔细阅读其各类应用数据。

③ 仔细阅读国内外有关颜料、染料应用的科技书籍。

④ 仔细阅读国内著名品牌企业有关颜料、溶剂染料应用的样本。

具有这些书籍中的理论知识后，还必须进行大量的实践。企业配色系统应在实践中不断完善。

企业配色系统的建立还必须认真考虑如何使本系统的颜料选择和使用达到高效、低成本、方便灵活的最优化。目前行业内提出了一个所谓塑料着色"标准色"的应用理念，在本书第2、3章中作者已充分表达了对各色区的标准色的阐述，以供企业在建立配色系统时参考。

（2）选择着色剂生产企业和供应商

高效实用配色系统选择品种固然重要，然而选择着色剂供应商更重要。

塑料着色应用对象、应用配方、应用工艺、应用场所均对着色剂提出种种要求。也就是说塑料着色剂如果是仅仅赋予塑料各种颜色是远远不够的，需能经受塑料加工成型处理中各项工艺条件，以及在使用条件下有良好的应用性能。应用塑料的着色剂应具有的基本性能是：色彩性能；耐热性；耐光性和耐候性；分散性；耐迁移性；抗收缩与翘曲性；耐酸、耐碱、耐溶剂性、耐化学品性；安全性（各种法律法规的要求）。

众所周知，着色剂的各项性能除了与其化学结构密切相关外，还与其晶型、粒径大小、粒子分布有关，因此不同生产企业产品在塑料中的应用性能有所差别。这些区别会对产品质量保证有所影响。

不同生产企业由于质量保证体系不同，质量保证追求理念不同，因此供应产品的稳定性也会有很大差异。

因此除了对供应商进行例行的评估外，有必要对国内重要供应商进行实地考察，考察企业文化、质保体系，现场取样。再进行大量的实践确认着色剂供应商，也是建立高效实用配色系统非常重要的一步。

4.2.2　建立完整实用的色谱库

企业必须建立自己的色谱库。这是决定企业配色效率、配色成本的关键。

（1）建立色谱库

建立色谱库的第一步是将确认的配色系统的每一个品种按本色、1/3标准深度制成色板。

建立色谱库的第二步是将这些品种互相之间进行拼色并制成样板。

除了注塑色板外，根据各厂的客户不同，也可建立各种薄膜单色和各种拼色的薄膜色谱库、EVA发泡单色或各种拼色色谱库、各种无纺布纤维单色和各种拼色的色谱库以及长丝的色谱库。

色谱库的建立不可能一蹴而就，而是企业在配色过程中日积月累并日趋完善的。对于客户认可、已经配好的颜色，企业可以建立专门的色谱库，以便于客户挑选和技术员参考。

色谱库品种越多，色谱品种越齐全，对配色员以后配色寻找对比物越方便。

（2）建立色谱库管理系统

企业建立完整实用色谱库后的管理比色谱库的建立更重要。

要设立专门场所安置各类色板、薄膜等样品，有条件的话场所尽可能大一些。场所要求干净、避光，样品要求编号正确、安放有序。

　　企业应该拥有一套各种不同树脂的着色色谱库、一套具有户外使用的耐候性的色谱库、一套供室内使用且价格低的色谱库、一套满足国内外法规要求的着色剂色谱库。

　　建立色谱库各样品及配方核心数据库，内容包括：①客户提供样品；②提供客户样品小试配方；③历年大生产配方。要求归类正确，索引方便，只要按编号马上能正确找到配方，并要专人负责。

4.2.3　建立优秀的塑料配色人才库

　　塑料配色是一项专门技术，涉及的知识面非常广，塑料配色是色母粒、改性塑料等塑料加工行业的一大痛点。优秀配色师人员少、报酬高、人员流动大，更是痛点中的痛点。所以建立优秀塑料配色人才库，培养配色人才和留住配色人才是企业重中之重。

　　作为从事塑料配色的专业技术人员，不仅需要良好的色泽分辨能力，而且还应具有丰富的专业知识和工作经验，此外塑料配色的专业技术人员还应具有非常认真和耐心的工作态度以及十分灵活的头脑。

4.2.3.1　优秀塑料配色人员应具备配色的基本知识

　　(1) 全面掌握着色剂的性能

　　毫无疑问，着色剂是塑料配色中最重要的原料，配色专业人员必须对其充分了解并能灵活地应用。设计颜色配方不仅仅是使其色彩鲜艳，而且需要仔细考虑着色剂是否在加工中符合要求（耐热、易分散性、耐溶剂）、在使用中符合要求（耐光、耐候、耐迁移和抗收缩与翘曲性），价格在经济上可行。

　　配色人员应对着色剂的各项性能，如着色力、色光、分散性、耐热性等指标了如指掌，还要对其在塑料中应用性能如耐光性、耐候性、耐迁移性、安全性相当了解。一个优秀的配色人员还要对着色剂在不同的着色浓度、在不同的塑料树脂中的各项性能一清二楚，因为有的着色剂在这方面的性能差异非常大。配色人员还需对着色剂在某些树脂中不能使用的场合了解得十分清楚，如某些耐热性非常好的喹吖啶酮颜料（酞菁红）不能用于 ABS 品种着色，镉系颜料因与铅生成黑色硫化铅而不能用于 PVC。常用的酞菁绿或酞菁蓝都含有能促进聚丙烯等半结晶树脂成核的结晶结构，会使注塑产品出现收缩。炭黑能够快速吸收热量，可以影响树脂升温，造成树脂变色而导致着色产品变色。

　　因为配色的经济性十分重要，所以配色人员对着色剂的价格也应有所了解，客户的要求永远是价廉物美的产品。

　　(2) 全面掌握塑料树脂的各项性能

　　塑料树脂是配色的对象，因此配色人员必须对其各项性能非常了解。塑料以合成的或天然高分子化合物为主要成分。塑料的品种很多，有聚乙烯、聚丙烯、聚苯乙烯、聚氯乙烯、聚碳酸酯等。塑料品种不同、成型条件不同，对着色剂的要求也不同。

　　这些塑料的组成、基本特性、色泽各不相同。因此必须对塑料的色泽、透明性、耐热性、老化性和强度等指标有一个全面了解。对于同一种塑料，其牌号不同，性能也不同。近年来一些"敏感性"树脂的热稳定性还会受到痕量金属影响而劣化，这种痕量金属常见于金属络合染料、色淀颜料、非合成的无机颜料等。

　　另外特别需要关注群青蓝在聚甲醛中的使用，锰紫在 ABS 中的使用和氧化铁在聚氯乙烯中的使用。

　　由于塑料改性市场的兴起，对其配色要求更为复杂。

（3）应全面掌握塑料加工成型工艺条件

塑料成型加工的目的在于根据塑料的原有性能，利用一切可能的成型条件，使其成为具有应用价值的制品。塑料的成型方法很多，不同的成型方法其加工温度和分散性要求相差很大，因此必须对其有所了解，否则不了解这一过程所配制的着色剂，不是质量过剩就是不合格。有些塑料加工温度看上去对着色剂来说不高，但在加工设备中停留时间过长（由于使用注塑机容量太大的大型机筒）也会造成相同的降解效果。如果重新回用边角料再生料（即俗称水口料），反复增加的热损伤会造成颜料褪色。

（4）应全面了解塑料加工助剂类型并掌握其添加量

塑料加工助剂是塑料加工业不可缺少的原料。其特点是添加量小、作用大。将其比喻为塑料工业的味精是十分恰当的。塑料加工助剂品种繁多，有增塑剂、抗氧剂、紫外线吸收剂、光稳定剂、阻燃剂、抗静电剂、抗菌剂、开口剂等。应了解这些加工助剂与着色剂配伍时对塑料成品的影响。如有些塑料树脂中加入抗氧剂 BHT 会使钛白粉和珠光粉泛黄而引起着色塑料制品的质量问题。

应考虑某些颜料对树脂熔体黏度的影响非常大，特别是当炭黑混入碳酸钙时会降低熔体黏度而影响分散性。

（5）应全面了解塑料制品是否符合国内外安全法规

塑料是目前世界上使用范围最广的一类材料，特别是在消费产品领域，各种不同种类、不同颜色、不同性能的塑料发挥着重要的作用。为了满足产品安全、环保和健康的要求，塑料制品必须满足世界各国、各地区的法规要求，最为重要而且特别受人关注的是化学物质控制要求，特别是对作为塑料着色剂的化学要求。由于国家、地区的差异，产品类型的不同，目前对于塑料着色剂的化学要求，有的是针对着色剂本身的，有的是针对塑料材料的，而有的则是针对产品的通用要求，涉及具体的消费产品非常广泛，主要有玩具、电子电器产品、食品容器和食品接触性材料或产品、汽车材料。因此对国内外的法规要有所了解，配色时选择的着色剂和添加剂要符合法规的需求。

4.2.3.2 优秀塑料配色人员应具备良好的责任心和心理素质

毋庸置疑，成为一个优秀的塑料配色人员的首要条件是必须具有良好的色彩辨别能力。塑料配色是一个有相当难度的技术工作，稍有疏忽就会出错，给生产带来重大损失。优秀塑料配色人员应具备良好的责任心，只有大量实践摸索并熟练掌握配色原理，尤其是掌握每一种着色剂的性能特征，才能得心应手、游刃有余。众所周知，配色达到接近来样往往很容易，但要做到满足客户要求的色泽往往需反复多次才行，这就是考验配色人员的耐心和耐力的时候，所以具备良好的心理素质的塑料配色人员成功的概率和效率就高。

4.2.3.3 建立优秀塑料配色人才培训计划

塑料配色人员不少，但优秀配色师缺乏，这个问题在今后若干年还会继续影响配色行业。所以培养配色人才是企业重中之重，培养配色人才可以按下列步骤进行。

（1）知其然知其所以然 对配色初学者来说首先要学习什么是颜色、颜色的意义、色彩体系、如何实现颜色、如何思考颜色、形成正确的、科学的色彩思考思维。

（2）工欲善其事，必先利其器 学习原料、设备（配色和测试）基础知识，配色工作更能体现实践出真知。了解产品的应用领域和功能，学习产品的生产操作和测试技能，要分清颜料和染料的应用领域（包括树脂及工艺），并将从供应商、样本和书籍得到着色剂的耐热性、耐候（光）性、耐迁移性、抗收缩与翘曲性、1/3 标准深度值、价格区间、法律法规等数据整理成表。这里特别需注意鉴别这些数据是否是来自国际标准方法测试的，以免受到误导。

（3）实践出真知　对塑料配色的着色剂迅速熟悉，通过学习制作色卡来熟悉颜料、染料的性能和操作技能。可对公司常用颜料重点红色品种（中红色、黄光红色、蓝光红色）、黄色品种（中黄色、红光黄色、绿光黄色）、蓝色品种（红光蓝色、绿光蓝色）、绿色品种（蓝光绿色、黄光绿色）分别制作全透明、半透明、钛白粉冲淡的色板，反复阅读，经常比较，特别是对用于调色的着色品种默记在心，同时记忆并熟悉颜料和染料的性能参数，这样就可以在现场配色时参照并灵活应用。

（4）熟能生巧　一般配色人员在老师辅导下，拿到来样后在企业色谱库中找到最靠近那块色板后就以此为主色，再感觉缺什么就加入第一副色、第二副色来调整色光，同时要注意先浓度后色光的原则。调色 3～6 个月或 200 个品种以上就可以在实验室独立工作，初步可以成为配色员。然而从一名配色员要成为一名优秀配色师，还有漫长的路要走。配色员与配色师一字之差就是配色能力之差。配色能力不是一句空话，是专业知识、学习能力、工作经验的综合表现，见图 4-3。

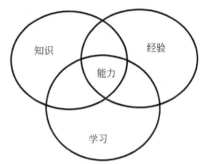

图 4-3　配色能力的表现图

专业知识：塑料、颜染料、助剂等基础知识；加工设备和加工工艺；应用评价及法律法规。有关专业理论基础一定要牢靠，理论知识既可以指导完成实践又能够帮助理解实践中不明白的问题。

工作经验：在塑料配色实践过程中是对客观反映的情况的认识广度和深度。避免形而上学的经验主义，在实际工作中多观察总结，深化实践中得来的经验，上升到理论层面反哺实践。

学习能力：学习先进的方法和技巧，提高观察与分析能力、独立思考能力等。好的学习方法往往能达到事半功倍的效果。

从配色员成为配色师需慢慢积累各种知识和经验，注意速度、精度、广度、难度的训练，持之以恒，就可以成为一名好的配色师了。

4.2.4　建立塑料配色实验室

塑料配色实验室需要本着"安全、环保、实用、耐久、美观、经济"的规划设计。实验室建筑层高宜为 3.7～4.0m，净高宜为 2.7～2.8m，有洁净度。实验室北侧一定要采光充足，否则在自然光下目视会有干扰；实验室配置的灯光要足够强，有利于晚上工作。灯箱尽可能要大，灯箱勿直接安放在灯光下，会有光干扰，影响判色。

（1）天平室：分析天平是化学实验室必备的常用仪器，高精度天平对环境有一定要求，主要是气流和风速的影响，不宜与高温室和有较强电磁干扰的房间相邻。高精度微量天平宜安置在底层，不能放在空调出风口附近，否则气流会让天平持续跳跃，无法精确读数。天平室内不得设置洗涤台或有任何管道穿过室内，以免管道渗漏影响天平的维护和使用。

（2）高温室：高温炉和恒温箱是常备设备，一般放置在高温工作台上，但特大型的恒温箱须落地安置为宜，高温炉与恒温箱须分开放置。

（3）样品室：样品储存环境应安全、无腐蚀、清洁。样品分为平时配色用原料和成品标准样品（一般为首次提供或确认），样品应分类存放、标识清楚、做到账物一致。样品室要有专人负责，标准样品和资料档案都要管控，样品室限制出入，确保样品安全。样品丢失或混淆不清必须追究。样品室要尽可能大些。

实验室设备按基本、专业及高级配置，每家企业根据实际情况按品种、需求、发展、资金情况先后选择配置。

4.2.4.1　基本配置

(1) 二辊机（小型试验）。

(2) 压片机。

(3) 注塑机。

(4) 单螺杆挤出机——母粒配色用及耐热性测试用。

(5) 测色仪（应选用行业内公认品牌）。

(6) 标准光源箱——尽可能箱体越大越好。

(7) 小型高速混合机（10L）。

(8) 熔融指数测定仪——控制色母粒熔融指数。

(9) 烘箱——水分、迁移性测定。

(10) 比重仪——控制色母粒密度。

(11) 马弗炉——成分、灰分测定。

(12) 小型双螺杆挤出机——小样试验。

(13) 电子天平（万分之一）。

(14) 电子秤。

用上述基本配置，配色人员就可以进行塑料配色试验。其中二辊机和压片机可以进行颜料的色彩性能、分散性能、迁移性测试，注塑机可进行颜料耐热性试验。膜制品、电缆产品、EVA发泡制品的配色可以用二辊机和压片机配套进行。注塑产品配色可以用注塑机。

4.2.4.2　专业配制

根据各单位生产品种不同（特别纺丝产品），为了配色更有效，需模拟客户实际生产形式和产品规格等进行配色试验。

客户要求不同需配制专业设备。

(1) 小型试验吹膜机——吹膜配色、检验，膜制品中颜料分散性检验。

(2) 小型试验流延膜机——流延膜配色、检验，膜制品中颜料分散性检验。

(3) 小型试验BOPP双向拉伸机——BOPP膜配色检验，膜制品中颜料分散性检验。

(4) 小型试验纺丝机——长丝、POY、BCF产品配色、检验。

(5) 小型无纺布试验纺丝机——纺黏、SMS产品配色、检验。

(6) 显微镜（装摄像头并与电脑相连）——检验颜料分散和珠光颗粒大小。

(7) 过滤压力升试验机——用于纤维、超薄薄膜色母粒、颜料和溶剂染料分散性检验。

(8) 热氧老化箱——测试吸氧诱导期。

(9) 拉力试验机——测试拉伸强度、弯曲强度、压缩强度、弹性模量、断裂伸长率、屈服强度。

4.2.4.3　高级配制

(1) 转矩流变仪——研究色母粒的混合和分散。

(2) 老化仪——研究老化及颜料耐候、耐光性。

(3) 红外光谱——研究客户产品成分分析。

（4）卡尔·费休水分测定仪——管道和流延膜色母需求（可测水分有 10^{-6} 级要求产品）。

（5）压力水管耐快速裂纹和耐内压测定——管道安全性测试。

（6）原子吸收分光光度计——重金属测试。

（7）紫外可见分光光度计——六价铬甲醛测试。

（8）计算机辅助配色系统（配色应用软件系统、测色仪）——塑料配色发展的趋势。

4.3 塑料配色实践——根据客户要求提供小样

在完成配色准备工作后，就进入日复一日、年复一年的塑料配色实践工作。在满足客户各项要求的基础上，产品质量稳定是最重要的。

塑料配色往往是客户拿来样品，请予配色，由于客户成型设备不同、成型条件不同，为了保证配色的有效性和经济性，一般习惯的做法是先根据客户样品提供小样。

塑料配色专业人员面对客户提供的样品应采用如下步骤进行配色，见图 4-4。

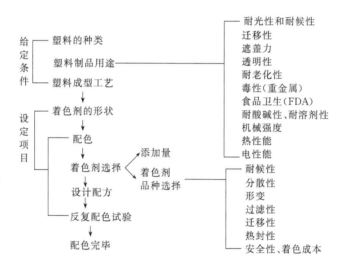

图 4-4 塑料配色流程简图

4.3.1 全面了解样品要求

配色的第一步是必须对客户样品作一个全面的了解。当配色人员拿到客户需配色的样品时，三个条件已确定。

① 样品的塑料种类：聚氯乙烯、聚烯烃、ABS，还是工程塑料……

② 样品的塑料用途：室内，室外？食品包装、汽车塑料、家用电器、玩具……

③ 样品成型工艺：吹膜成型、吹塑成型、注塑成型、化纤纺丝……

根据上述三个条件配色人员可以了解产品选用的着色剂需要满足的要求（耐热性、耐光性、耐候性、耐迁移性、安全性及法律法规的要求）。除此外配色人员还需要确认客户要求着色剂的剂型（颜料干粉、色母粒、砂状、改性料）和着色比例（添加量）。

4.3.2 根据客户要求进行初步配方的设计

配色专业人员对客户样品有了一个全面了解并经过周密思考后，根据塑料制品整体设计的要求在企业自行建立的色谱库进行寻找，寻找出与标准色样相近似的样品作为参照物。参照物选择得当与否，直接关系到着色效果的好坏。为了便于寻找到较佳的着色参照物，企业自行建立的色谱库平时应多积累、多制备些着色塑料色板或其它相关薄膜、纤维样以备参照，同时还应把自己选色经验和教训编成相应的着色配方，以供参考。

（1）颜料的选用　根据样品的透明、不透明还是半透明来选用着色剂的种类。如果样品是透明色，需判断硬胶类塑料选用的染料是否符合耐热性、耐光性和耐迁移性要求，软胶类塑料应选用透明性好的有机颜料品种。如果样品是不透明的，就需判断目前所选的颜料亮度是否达到样品的色彩要求。如果样品是半透明的，就需知道在反射光和透射光中观察色彩是否需一致，需要用什么样的方式照射。如果客户提供的是一块布或是美国 PATTON 色卡的色号或一幅画或一张照片，应立即询问客户是否可以在任意的光源下观察，另外要征询客户颜色的差异应是多少。因为塑料制品与客户提供的样品在色泽上会有一定的差别，根据样品来确认是否有荧光颜料或金属颜料。还需考虑客户树脂中填料的情况，假如客户树脂填料含量高的话，要考虑一下整个配方的颜料含量。

对于样品一些特殊要求的考量。

① 如果样品是用于户外，就需判断目前所选的颜料是否达到耐候要求。

② 如果样品是采用淋膜工艺，就需判断目前所选的颜料是否达到耐热要求。

③ 如果样品材料是软质 PVC，就需判断目前所选的颜料是否达到耐迁移要求。

④ 如果样品材料是 PP 瓶盖，就需判断目前所选的颜料是否会引起翘曲。

⑤ 如果样品材料是纤维，就需判断目前所选的颜料分散性是否满足要求。

⑥ 如果样品材料用于食品包装、玩具、家电，需判断目前所选的颜料安全性是否满足要求。

总之这些知识在企业的配色系统有详细的资料，需要配色人员熟练掌握和灵活应用。

（2）着色成本综合考量　成本也是一个非常重要的考量因素，颜料的价格跟颜料的性能一样重要。一个颜料在性能上要能全面适合塑料的加工需要、能满足国际制定的安全法规，通常性能越好，其价格可能越高。在满足要求情况下选择价格性能比好的颜料才能体现配色人员的水平和价值。

着色剂的品种不同，其单价也不同。仅仅关注其公斤价格是不够的，重要的是看其着色力及在不同应用中的使用价值。

确保颜料在应用介质中得到完全分散，这是发挥该颜料的全部价值和经济地使用该颜料的前提条件。

颜料选择是一项技术性很高的工作，一种颜料对使用者的有效使用价值取决于这种颜料的颜色性能、牢度性能和加工性能。一种颜色价值很高的颜料，如果加工性能（如分散性、流变性等）差，在用户的应用加工条件下，就不能发挥其颜色价值，对用户的使用价值就低。同样，一种颜色性能和加工性能都很好的颜料，如果用在牢度性能不合适的应用场合，其对该应用的使用价值也就低。

颜料选择必须在配方设计时周密考虑决定，在产品开发后期调换颜料品种，成本会明显提高。如果通过简单购买一种价格较低的颜料来降低成本无疑是自找麻烦，因为任何原材料的节约措施都会因为产量的下降而被抵消掉。

选择一种合适的颜料绝对不是一个容易的任务，这需要多行业的技能、诀窍和专业知识。同样一种配色，颜料选得合适，着色质量好，费用又低；颜料选得不合适，着色质量不好，同时费用又高。选择一种合适颜料的基本原则：以确保着色质量为基础，优化考虑颜料性能、应用配方、应用设备和技术、应用条件和环境的综合变化互动，达到最优着色费用的目标。

（3）拟定出初步配方　通过反复研究，从色调、亮度、深度等方面反复比较与标准色样和参照物的差别，在此基础上对参照物的着色剂配方进行修正，拟定出初步配方。在拟配方时需重点注意以下几点。

① 首先确定钛白粉的含量，这是技术关键所在。因为钛白粉含量变化，颜色就会变化很大，其他色粉用量就随之改变。

② 然后确定主色、辅助色调、调色色调、各用量及占比是多少（尽量选择与样品颜色色光相近的主色颜料）。

③ 观察来样与参照物的鲜艳度，确定是否加入荧光颜料或增白剂。

如在色谱库中找不到参照物的情况下，应仔细观察、分析塑料制品（样品）的颜色色光、色调及亮度等，确定颜色属性，然后根据孟塞尔颜色系统配色，并拟定初步配方。

4.3.3　精心调色的步骤

目前各企业采用的塑料配色法实际上是试凑法，不具有严谨的科学性，但至今在塑料工业的配色还是十分认可的，为绝大部分的企业广泛采用。

配色人员对拟定配方在实验室进行试验，采用目视法比较，这是一种复杂而又费时的方法。但是目前建立计算机辅助配色技术系统比这种试凑方法更困难。

配色人员按照拟定的初步配方进行着色试验，将客户实样与试样一起进行比较，一般情况下与客户实样有一定的差距，需进一步调整配方，进入配色最艰难的调色阶段。调色工作考验配色人员的实际操作能力大小，取决于配色人员的知识和经验积累，是将调整后的配方再制备色样进行比色。

调色工作顺序需注意的是先调浓度后色光，先调主色后副色，粗调加倍减半，最后微量调整的原则。

例如灰色主要是黑白颜料组成，而 L 值即是表征黑白程度的，如调灰色主色的应先调好 L^* 值；同理如调主色绿色的对应先调好 a^* 值（表征红色、绿色）、如调主色蓝色对应先调好 b^* 值（表征黄色、蓝色）。

粗调加倍减半原则是指配色刚开始调色时要大刀阔斧，甚至可以将颜料分量加倍或减半（翻数倍亦可）。微调则需要凭经验和眼光精准判断，微量调整。一个有经验的配色人员清楚知道在找到正确配方之前，必须进行大量试验。当配色试验即将接近客户样品色泽时进行微调往往比开始时近似配色更加复杂。此时用量也不好掌握，是考验配色人员的耐心和耐力的时候。需要特别注意的是：这些微量添加色能影响配方中所要求的其它特性。

4.3.4　提供客户试验小样

当配色样品在色彩和其它全部特性都已符合要求时，可试制小样，供给客户试样。为了保证小样色泽正确性，应该采用配色人员复验制度，必须两个人以上对色泽确认后才能发样。

如果客户对小样经试验后发现有偏差，需根据客户反馈的意见和样品再进一步修正，直至客户满意为止。这里需特别注意的是：同一颜料应用在不同树脂时其颜色不同，这是由于树脂本色颜色及透明性不同引起的，所以应该注意需尽量采用客户提供的树脂进行配色以保证客户生产的色泽的准确性。特别是改性料配色更需注意。

每次小样配色完成时色样、配方、日期和用户等信息均可存入计算机，便于检索、查找和作为修改时的参考，可提高工作效率，且便于保密。

4.3.5　颜色的比较

试样和客户提供样品的色泽比较是配色的一个十分重要的环节。根据客户样品制作相应工艺来制作样品比较，薄膜产品常采用吹膜法比较，注塑产品采用注塑色板比较，纤维产品采用纺丝法丝样比较。也有通用的采用二辊压片法来比较。

试样色泽比较时一般采用目视比较法，可以采用自然光，最好是多云天朝北日光。但自然光源的性质不稳定，而且观察者的判断容易受周围彩色物体的影响，因此最好选用人造光源（标准比色箱），特别对于仲裁比色，应使用严格控制的人造光源。

另外试样色泽比较要特别注意如下几点。

（1）光源的影响　目测时光源最好采用自然光，有条件的可以采用标准光源箱，否则在某些灯光下比较观测 2 个样品的颜色可能会因为"同色异谱"现象而使颜色看起来似乎相同，但在自然光线下却有较大的色差。

在不同光源下试样与客户样品色差感觉不一样，这是由于配色很难做到完全一致，一般均为同色异谱。这样即使在某一种光源下看来完全一致，但在其它光源下却可能都有微小差异。所以配色应在若干典型光源（太阳光、钨丝灯、荧光灯、紫外线灯）下均一致才能合格。但在实际应用中一般根据制品用途而选择光线，在此种光线下一致即可。

（2）厚度的影响　不同厚度的制品给人眼的感觉不一样；厚度小的较透光，颜色变浅，故配色时应尽量使试样与客户样品厚度一致，无法一致时可作大概外推，如 0.4mm 薄膜试样与 0.2mm 薄膜样本颜色一致时，则可将试样配方中各种色料用量增加一倍，即可得大致配方。

（3）表面状态的影响　不同的表面其光线反射不同，如在同一个样品上，高光泽表面与亚光表面的颜色显然给人以不同的感觉，同一个样品上，毛糙面就较光滑面深、暗，因而比色观测时要尽可能用表面状态相近的部位进行比较。如 PVC 胶布配色时，因表面状态不同（光泽、压纹等），应将试样与样品并排，将其上贴透明胶布来比较或浸入水中，此等做法均是将表面状态变成一致。

（4）材质的影响　样品的材质与配色塑料的材质不同。例如用"国际色卡"作标准色样而进行塑料配色时，由于"国际色卡"是供印刷行业油墨配色时参考用的，与塑料材质不同，因此给对比观测带来一定的难度。

（5）判断错误的影响　在核对过程中最易出现的问题是比色判断错误，判断错误一般主要由经验不足引起，通常只能由平时不断练习、不断丰富经验来解决，适当地应用一些仪器如比色仪等也可有助于正确的判断。

4.3.6　同色异谱

一对样品由不同着色剂制得。它们在特定光源照射下、由特定观察者观察时，颜色是匹配的。如果一旦照明发生变化，该物体颜色将不再匹配。将光谱反射率曲线不同、但在某一条件下色坐标相同的一对物体定义为同色异谱物体或条件配色对，见图 4-5。四个具有相同三刺激值的颜色却有四种不同光谱曲线，见图 4-6 和图 4-7。

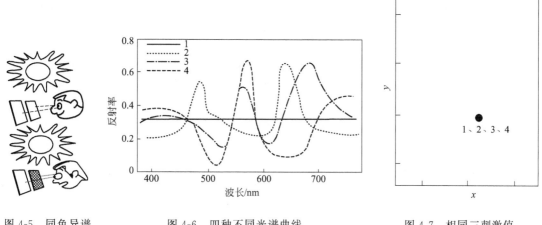

图 4-5　同色异谱　　　　　　图 4-6　四种不同光谱曲线　　　　　　图 4-7　相同三刺激值

同色异谱现象很常见，有时会令人不愉快，但同色异谱能使许多不同的颜料配色成为可能，来呈现缤纷的世界。有毒的着色剂可用无毒的着色剂来代替。昂贵的着色剂可用便宜的着色剂来代替以降低成本。由于同色异谱现象的存在，使用不同的着色剂来重新给出一个配方是可能的。配色者可以在一个色空间中赋予一个制品的坐标，使它们的颜色匹配，尽管它们是由不同着色剂制得的。

条件配色配出来的颜色本质上是较差的。高度条件配色的一组"匹配"的颜色会使顾客抱怨。从长远来看，消除物体的条件配色现象唯一的方法就是使用相同的着色剂。

4.4　塑料配色实践——完成客户订单

当客户对提供小样经试验确认后，需要完成客户订单，这项工作很重要，这是企业生存获得利润的手段。

4.4.1　根据小样放大生产完成订单

当客户对实验室提供的小样确认后正式下订货单，工厂必须生产出与小样色泽一致的产品。依据产品的销售情况，生产将反复多次进行。当然希望每次生产色泽稳定，实际情况似乎与理想情况有些不同，尤其是在颜色方面。颜色偏差是在某一生产工序中或各道生产工序均会引起颜色变化的一个综合术语。要想达到良好的质量，必须严格控制各种因素，并了解诸因素间的相互作用。可从下列几个方面在生产中控制色彩的变化。

（1）必须严格控制生产用原料　原则上生产使用的原料必须与小试用的原料一致。这样才能保证生产产品色泽的一致性。如果采用的是新采购的原料，必须按标准进行检验，检验主要项目有着色力、色光、分散性以及含水量等指标，来决定该原材料是否采用，以保证生产的稳定性。

这里需特别注意的是每批颜料的分散性不同而导致色调和饱和度的不同，特别是有机颜料比无机颜料更易引起变化。

（2）严格控制混料工艺　混料工艺是决定产品质量的决定因素，混料过程中对颜料的润湿程度决定颜料最终达到分散的水平。

在混料配方中最好选择粉料载体，有利颜料分散。如果载体树脂全为颗粒状，颜料质量分数又较高，粒状树脂对颜料的润湿效果不佳会引起分散不良，而且粒状树脂上下有分层，并在挤出喂料下料时不均匀，会造成色差。

（3）严格控制挤出工艺条件　严格控制加料速度、挤出温度，保持剪切力稳定、工艺稳定，否则会造成色差。一些难分散的颜料在塑料加工过程中会受剪切力变化而变化，而引起色泽的偏差。最好的方法是采用预分散颜料或控制工艺条件不变。珠光或金属颜料受剪切力而影响珠光效果或金属效果。也应该改进加工条件以避免珠光或金属颜料在加工过程中受过多的剪切力。

（4）严格控制挤出机机头温度　为防止有些颜料受高温的影响而变色，要减少物料在高温下的停留时间。有时浅色品种往往因塑料树脂受高温发生变色或变暗而引起色差，因此可采用降低加工温度或加入抗氧剂的方法防止塑料树脂变色。

（5）建立严格管理制度、加强中间控制　为防止人为差错，批量生产时每道工序要严格把关。人为差错可能有称量、投料品种不对、加工工艺没按要求、机器未清洗干净、产品受污染、计算出错等原因。

（6）建立良好生产环境　由于着色剂大多数为粉料，空气中漂浮的粉尘除了易对环境污染外，还会影响产品质量，生产线之间的隔离和及时清理十分必要，不可忽略。

4.4.2　色差控制

客户的塑料制品产生色差，客户肯定投诉要求索赔。在品牌意识越来越高的今天，色差控制必须提升为塑料配色头等大事。

（1）制定公允色差

制定公允色差的标准是塑料配色永远绕不过的问题，即不同批次之间颜色的精确性。色差并不一定是加工中所引起的。每个产品不同批次之间，其性能都会有一些变化。因此，一定的色差是可允许的。

供货商和客户应在允许色差上达成一致。一方面允许色差极限在生产和经济上具有可行性，另一方面要保证每批产品具有恒定的颜色。这些相反的要求可能会引起利益冲突，因此供求双方进行直接全面对话可以避免这样的利益冲突。

通常供货商和消费者有不同的颜色测量仪器。在这种情况下，通常用双方测色仪测量同一个样品。通过数据比较，就能分别确定每台仪器的公差。结果有两个公差，一个是对同一个着色样品每台测色仪的色差，供需双方必须认可对方测色仪产生的色差。这个程序不会引起问题，因为基本上是对同一个样品用两种不同的测色仪进行测量。即使双方拥有相同的测色仪，也推荐采用上述程序。测色仪是一种有色差的工业产品，尽管制造商做出了最大努力希望尽可能地将这种色差减小。

（2）确立标准检验方法

标准的检验方法对企业内部来说是控制产品质量的眼睛，对外是对产品质量交流的共同语言。随着改革开放，整个世界就是一个地球工厂，所以尽量采用国际标准，有利于企业的技术进步和与国际接轨。

（3）生产时色差控制

在标样的周围分别对 ΔL、Δa、Δb 设定相应的界限，形成一个长方体的"盒子"。区域内的试样被认为合格，区域外为不合格，见图 4-8。

在产品生产中间控制可采用分色差的数值来控制颜色产品质量。分色差的数值可以了解色样的深浅、艳暗及色调在总色差中占的比重。

① 采用 ΔC 和 ΔH 组合或 Δa 和 Δb 组合来评价产品的色光特性（艳度，色相）。

② 采用 ΔC 和 ΔH 组合较适合饱和度较高（色相角 h 可作为特征值）的样品颜色的判定。

③ 采用 Δa 和 Δb 组合在饱和度较低的样品的色光评定中效果较好，如黑色、灰色、棕色等，这些颜色难以将色相角 h 作为特征值。

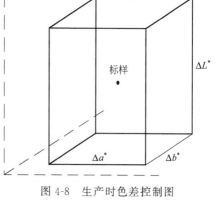

图 4-8　生产时色差控制图

④ 人眼对三个分色差的敏感程度是不同的，其中色相变化最敏感，其次是饱和度，最后才是明度。根据人眼所能感受的变化量，三个参数的分类等级界限值通常控制为：$\Delta L = 0.8$、$\Delta C = 0.4$、$\Delta H = 0.2$。

⑤ 用户提供一些用于判断不同批次间的偏差是否在允许范围内的必要的信息，有助于分析生产工艺是否处于正常状态。

（4）色差的测试

① 目测检查法：直接用眼睛对两个着色制品的颜色差别作评判，用灰卡法评价色差。这种五级九挡灰色标准系 ISO 于 1974 年颁发的。如果色差相对较小时，这种方法还是比较简洁实用、正确的，但色差太大时就无法采用。

② 仪器检查法：色差计、测色仪用标定色板与试样色板测出三刺激值计算总色差 ΔE 已广泛应用。在具体操作过程中，大家都承认仪器测色是个理想的手段，快速稳定，但由于人眼判断颜色受自然光的影响很大，所以任何色差公式均不能达到与人眼一致。而塑料制品的颜色是给人看的，不是给仪器看的，人眼判断应该是最后标准。

③ 仪器与目测互补检查法：仪器测定的数据为参考，目测为最后标准。仪器测试能迅速找出色差存在的根源，然后针对色差计测得的数据，决定调整明、暗度或蓝、黄相还是绿、红相，最后以人眼判断为标准。

色差的测试仪器与目测互补检查法为最佳。

（5）色母粒生产中色差产生的原因和控制

色母粒生产中色差产生的原因见表 4-1。

表 4-1　色母粒生产中色差产生的原因

序号	产　生　原　因	解　决　办　法
1	颜料批次色差引起的	加强检验,把不合格产品退回,寻找能稳定提供合格产品供应商
2	不同牌号不同厂家塑料树脂底色的偏差不同引起的	经常与塑料制品生产厂商沟通,尽量采用客户提供树脂配色
3	色母粒中添加润滑剂、抗氧剂、抗老化剂、抗静电剂等等辅助物料影响	应事先试验加入的助剂对最终制品颜色的影响程度,留档以备日后查验时参考对照
4	计量不准或者失误	计量工具定时校正,保证微量的染、颜料计量的准确性,防止误差传递
5	色母粒生产工艺的不稳定,引起批次之间的色差	严格工艺规程,稳定润湿和工艺参数,保证色母粒的着色力和分散性稳定
6	设备之间窜色	设备要求经常保持清洁,特别是在不同色彩母粒更换时,一定要把前一批次的残留物清除干净,必须要有专职检查

4.4.3　一种色母新的生产方式——保证生产色差可控

色母的传统试验生产方式是按拟定的初步配方将几种所需的颜料通过分散助剂（聚乙烯蜡等）与粉状塑料原料充分掺和试出小样，进行初步试样确认，然后在实验室双螺杆挤出机成粒，根据分散情况不一，还需调整几次后再提供小样。

小样经客户确认后大生产时，由于在实验室的双螺杆挤出机中分散的效果与生产线上的实际状况并不一定一致，所以必须在刚开始混合时再次调整配方，并进行必要的修正。调整的次数和时间往往取决于配色人员的经验和能力。

采用传统方法会导致误差大、调色困难、生产周期长。

新的生产方式就是采用双螺杆挤出机和单螺杆挤出机有机结合完成小样配色、试制及大生产，生产色差可控。早在20世纪90年代初就有跨国公司在中国色母粒工厂是采用这种生产方法的，在国外不少工厂也采用该方法。但国内采用此法较为少见，近年南方一些企业已采用该新方法，特别在无纺布彩色母粒生产上。

4.4.3.1　新的生产方式

（1）第一步是双螺杆挤出机造粒生产单色高浓母粒，有机颜料单色母粒浓度达30%～40%；无机颜料单色母粒浓度达60%～80%；效果颜料单色母粒浓度达30%。

（2）然后将拟定的初步配方100%折算成母粒数量与树脂混合后，选用实验室单螺杆挤出机（$\phi 20$mm）造粒均匀，进行调色修色，与客户样品一致后，试制小样，供客户试样确认。一般可以在很短的时间内完成一个样品的配色。

（3）客户试样确认后可选用生产型单螺杆挤出机（$\phi 65 \sim 90$mm）进行大生产。

由于大生产单螺杆挤出机与实验室单螺杆挤出机剪切效果会稍有点差异，以及存在部分单色母粒的色彩偏差，还是需要进行试样修色调色，但操作比较简单，时间要短得多。

4.4.3.2　新生产方式的特点和优点

新的生产方式特点是将双螺杆和单螺杆挤出机有机结合，色母粒生产立体管理，大小订单生产调度自如。可做到快速提供小样，快速生产满足客户需求，产品色差在可控范围。

新的生产方式优点如下。

（1）采用双螺杆生产单色母粒，可以集中精力对单一品种颜料精心挑选、研究，针对该颜料设计螺杆组件配置、工艺条件配置，生产分散性好、色泽稳定的单色母颜粒。

（2）因为颜料已经分散好了，而且色彩稳定，不同的单组分色母粒只需在单螺杆挤出机中熔融混合成粒。由于实验室和实际生产中的分散质量相同，实验室中获得的配方可直接转为生产中使用，或稍作改动来使用，产品质量稳定、色差得到保证。

（3）用单色母粒均匀混合后采用单螺杆挤出机色母生产损耗低、易于操作，生产环境干净、无尘，可以做到文明生产。比例相近效果更佳，也可采用不同比例的稀释母粒。

（4）加工25～2000kg的批量色母时，新方法特别显示优势。如螺杆直径为45mm的单螺杆挤出机加工最高至500kg的批量时优势最明显；而螺杆直径为65mm的单螺杆挤出机加工最高至2000kg的批量时优势最明显。由于可以非常快地更换颜色，色母生产商获得了理想的灵活性。

（5）挤出的生产成本（设备成本、能源、劳动力、清洗剂和废料等）都取决于所用的机器形式、尺寸以及加工批量的大小。平行同向双螺杆挤出机的长径比一般不低于40，挤出机具有螺杆捏合混炼功能，颜料在双螺杆挤出机中分散、成本较高。单色母粒最大的颜料浓度和大批量生产，可以使颜料分散成本降至最低。所以用这种新方法生产大大降低生产成本。

由于单色母粒已分散好，生产时仅仅是混合，可以加快转速、提高产量。单螺杆挤出机生产能耗要比双螺杆挤出机低得多。一个企业如有多个分厂，可以集中一地精心做好单色母粒，然后在多地的分厂使用，采购成本下降，生产成本下降，生产稳定。

（6）由于单螺杆挤出机价格低、单机占地少，所以根据生产逐步增加设备，做到专色专用，减少螺杆清洗，减少三废，节约成本，也减少总投资。

4.4.3.3　新生产方式的缺点

（1）需投入一批流动资金。由于采用单色母粒拼混造粒，需备货量较大。特别是目前塑料树脂购买需要现款，需增加一笔不低的流动资金。

（2）单色母粒需一定量的备货，需要有一定场地储存。

（3）运用单色母粒配色，一种单色母粒后有几百个甚至几千个配方，所以一旦单色色粉不稳定，会带来很大的麻烦。特别是由于某种原因（颜料厂生产工艺改变、供应商断货）需更换品种，会增添更大麻烦。

（4）由于经过二次加热成型过程，需注意某些热敏颜料的稳定性。

（5）新的生产方式仅适合量大面广的聚烯烃一类色母粒，适用性有一定的局限性。

4.4.3.4　新生产方式的发展前景

颜料预制剂常被简称为 SPC（single pigment concentration），是一种单一颜料的高浓度预分散制剂。一般的颜料预制剂含有 40%～60% 的颜料含量，它是由特殊的制成工艺经特定设备加工而成。有效的分散手段和严苛的品质控制使得其中所含的颜料以最细微的粒子形态呈现，体现了最佳的色彩性能。其产品外观可以是 0.2～0.3mm 大小的微粉粒，也能制成如普通色母粒般大小的粒状。正因为颜料预制剂有着如此明显的特点，它被越来越多地运用于色母粒的制造。目前颜料预制剂的制造是在有机颜料生产过程中颜料细微粒子尚未产生聚集前，采用相转换的方式，直接把原有的液/固相转换成所需载体与颜料的相界面，从而得到颜料预制剂。这样有机颜料生产厂可以减少三废、减少颜料干燥的能耗。颜料预制剂在国际上早已实现商品化，对于欧美和其它发达地区的色母粒制造商来说，运用颜料预制剂已经不是什么新鲜事。然而在国内，这还是个开展得为时并不久远的领域，据笔者所知国内颜料厂对其研究正在升温，颜料预制剂在国内的发展还是非常值得期待的。

如果采用颜料预制剂生产单色母粒，再采用上述新的方法生产色母粒将如鱼得水。但目前国内外颜料预制剂的价格偏高，随着中国颜料行业的去产能压力增大，涉及该业务的国内颜料厂家增多，以及国内颜料预制剂需求不断增加，颜料预制剂的价格将会趋向合理。本书在第 3 章中提出的标准色概念，将使新方法整个颜料色谱库大为精减，效率更高，发挥很大贡献。

随着党中央、国务院关于加快推进生态文明建设的决策落实，会进一步加强环境保护，原色母粒生产工艺高速混合工序造成颜料粉末飞扬、三废多、环境差，将受到越来越多的限制，而新的生产方式发展前景良好。

4.5　塑料配色实用技术

塑料配色就是在红色、黄色、蓝色三种基本颜色基础上，配出令人喜爱并在加工和使用中符合要求（耐热、耐光、耐候、耐迁移、形变）、价格在经济上可行的色彩。塑料配色的要求千变万化，同时颜料还是个化学变量，不仅影响塑料产品的外观，而且还能影响塑料产品的功能、加工和成本。

4.5.1　塑料配色实用技术

（1）如何配制特白塑料制品？

要配一个亮丽的白色制品，首先需选择底色调带蓝光的钛白粉，因为色调带蓝光的钛白粉配制白色时，会给予人们一种新鲜感。应选用氯化法生产钛白粉，因气相法工艺生产钛白粉粒径小、分子量分布均匀。反之如果选择一个粒径大、底色调带黄光的钛白粉，无论采用什么办法调节色光都无法达到亮丽的纯白色。

因钛白粉白度不够，在塑料着色时往往添加助剂来增白。可以加非常少量的蓝色和紫色颜料或荧光增白剂增白。常用的最简单的方法是用群青增白，其增白的效果市场上称磁白。用荧光增白剂增白效果最好，但其成本最高。

（2）如何配制特黑塑料制品？

在用炭黑配制特黑制品时应该注意炭黑色光问题。在入射光下，通常粒径小的炭黑比粒径大的炭黑更显蓝色调，但在透射光下（透明着色）和拼灰色时却显棕色调。因此若希望得到一个乌黑光亮的塑料制品，需选择粒径小的低结构炭黑。这是因为炭黑着色时，黑度主要基于对光的吸收，因此粒径越小，则光吸收程度越高，光反射越弱，黑度越高。选择了上述炭黑品种后，若欲获得满意的着色效果，需特别注意炭黑分散性。只有解决了炭黑分散性，才能达到最高的炭黑着色力。

炭黑经氧化后，引入极性基团如—OH、—COOH，会提高炭黑的分散性，因此在炭黑的性能指标中有一个挥发分指标，其数值越高，氧化程度就越高。

无论如何炭黑总带有一些黄光，因此可以用颜料蓝进行调色，其用量大约为8%～10%，这样配制的黑色乌黑度大为增加。采用的一般是颜料蓝15：3。如果采用蓝色着色剂调色后的基础上再用少量高性能紫色或红色调色，其配制的黑色的乌黑度也可能会更黑。

（3）如何配制塑料灰色制品？

灰色一般来说有黄光灰色和青光灰色之分，一般用大量钛白粉加少量炭黑配制，有时还需加入少量颜料调整色光，特别对于汽车件或家电类产品选用灰色或浅灰色较多，且要求精度较高（$\Delta E < 0.5$，L、a、b 也均有限值）。

配制灰色时首先应该注意炭黑色光问题，还应注意钛白粉色调，因此从灰色色调先理清炭黑和钛白粉粒径和色调的关系，否则色调搞错，再用颜料来调节，会越调越复杂。

灰色品种配色从下列三要素出发。

① 炭黑的选择　炭黑粒径小，加入钛白粉时呈现带黄色色调的灰色；炭黑粒径大，加入钛白时，会得到带蓝色调的灰色。

由于配制灰色时添加的炭黑量少，由计量引起误差传递，产品色差不容易控制，所以选用着色力低的炭黑能起到事半功倍的效果。灯烟炭黑（简称灯黑）的粒径较大，为95nm，表面积20m²/g，pH值7.5，着色力低，还有好的分散性，黑度虽然不高，但比较蓝相，是配制灰色理想材料，如欧励隆公司的 Lamp Black 101。在大规模生产的时候，灯黑的使用还可以降低计量误差对颜色稳定的影响。还可选择卡博特公司的 SICOPLAST BLACK 5200C（炭黑稀释品）。

若用于深灰色，考虑价格成本可选用中色素炭黑，但需注意每次生产开始的时候需要微调颜料配方。

② 钛白粉选择　钛白粉粒径大小与钛白粉色光也有很大的关系，钛白粉粒径大带黄光、粒径小带蓝光。氯化法钛白粉粒子成长过程是在氧化过程瞬间完成，所以其粒径小，而且分布可以做得非常窄，如河南漯河兴茂的 LCR853。硫酸法钛白粉粒子成长主要在水解过程，过程较长，煅烧时也是粒子成长的阶段，所以粒径大、黄相。

③ 调色用颜料　灰色制品配色在确定了炭黑和钛白粉后，有时还需要用其它颜色来调色以达到用户的要求，由于大多数颜料加入钛白粉后的耐候性、耐热性均会有不同程度的下降，再加上调色时颜料添加量少，不少品种因性能不好，造成塑料制品褪色，遭到客户投诉，影响极坏。由于颜料添加量少，因此应选择一些着色力低的无机颜料品种，如氧化铁红（颜料红 101 从黄相到蓝相）、复合无机颜料钛黄（从绿光黄颜料黄 53 到红光黄颜料棕 24）。有时也会加入少量的群青（颜料蓝 29）等无机颜料。由于这些用于调色的颜料用量少，建议选用质量稳定的供应商，以保证配方稳定性和成品质量稳定。

调色用的颜料添加量极少，所以计量问题影响更大。把炭黑做成母粒，然后再把母粒冲淡成不同含量的母粒做调色用也是个好方法，可减少称量误差并减少分散不佳。如使用极少量有机颜料的时候，最好与钛白以 1∶（10～50）混合成母料，这样可以减少误差，提高混合效果。

（4）如何配制户外用塑料制品？

塑料制品如体育场的椅子、大桥的钢缆护套、建筑用材、广告箱、周转箱、塑料汽车的零件等，因长期在户外使用，所以必须要求有良好的耐光与耐候性。不少品种因耐候性不好，造成塑料制品褪色，遭到客户投诉，影响极坏。

配制户外制品时首先要选择耐光、耐候好的着色剂（见表 4-2），其次在制品中尽量少用或不用钛白粉，使颜料浓度在制品中尽可能的高。由于颜料是分散在塑料中，颜色的耐候性能也与粒子的大小有关。应选择粒径大的品种，例如根据同一结构颜料红 254 不同粒径品种的耐候性能（见表 1-17），应选择表面积 12.0m^2/g（相对应的粒径大）的颜料红 DPP Red SR1C。

另外在着色配方中需有足量的紫外线吸收剂和抗氧剂稳定系统以保证树脂的不变色。这是因为树脂受光、氧诱导后，分子中产生高能量、高活性的含氧自由基。这类自由基在催化并加速树脂老化下会引起树脂变色而导致户外制品变色。所以应在塑料着色同时添加抗氧剂、紫外线吸收剂类功能母粒。

表 4-2　适用户外有机颜料主要品种

色泽	颜料索引号	化学结构	颜料 0.1%		
			耐热性/℃	耐光性/级	耐候性/级
黄色	颜料黄 110	异吲哚啉酮	300	8	4～5
黄色	颜料黄 181	苯并咪唑酮、偶氮	300	8	4
橙色	颜料橙 61	异吲哚啉酮	300	7～8	4～5
红色	颜料红 254	吡咯并吡咯二酮	300	8	5
红色	颜料红 264	吡咯并吡咯二酮	300	8	5
蓝色	颜料蓝 15∶1	酞菁	300	8	5
蓝色	颜料蓝 15∶3	酞菁	300	8	5
绿色	颜料绿 7	酞菁	300	8	5
绿色	颜料绿 36	酞菁	300	8	5
棕色	颜料棕 41	缩合偶氮	300	8	5

户外浅色塑料制品一般都是由大量的钛白粉和少量颜料配制而成。大多数有机颜料加入

钛白粉后的耐候性、耐热性均会有不同程度的下降，但无机颜料一般都有良好的光稳定性，所以无机颜料可用于户外用塑料制品配色。

户外浅色塑料制品应选用无机颜料调配，利用其耐热性好、着色力低的优点，配制浅色品种取得良好的效果。可选择的无机颜料品种见表 4-3。

表 4-3　适用浅色配制无机颜料主要品种

色泽	颜料索引号	化学结构	颜料 0.5%		
			耐热性/℃	耐光性/级	耐候性/级
黄色	颜料黄 119	氧化铁	300	8	5
黄色	颜料黄 53	金属氧化物	320	8	5
黄色	颜料棕 24	金属氧化物	320	8	5
黄色	颜料棕 184	钒酸铋	280	8	5
红色	颜料红 101	氧化铁	400	7～8	5
蓝色	颜料蓝 29	群青	400	7～8	5
蓝色	颜料绿 28	钴蓝	300	8	5
绿色	颜料棕 50	钴绿	300	8	5

如果塑料着色无重金属安全要求可选用包膜铬黄和铬红无机颜料品种，见表 4-4。

表 4-4　适用户外包膜铬系无机颜料主要品种

序号	色泽	颜料索引号	色相	颜料 0.1%		
				耐热性/℃	耐光性/级	耐候性/级
1	黄色	颜料黄 34	铬黄	260～280	8	4～5
2	橙色	颜料红 104	钼铬红	260～280	8	4

配制户外用塑料制品还需要进行有效测试，以保证满足客户需求。

塑料制品的光老化主要是受紫外线照射而产生。紫外线分三个波段，即 UVA、UVB、UVC。UVC 波长为 200～280nm，中波紫外线 UVB 波长为 280～320nm，UVA 长波波长为 320～400nm，见图 4-9。

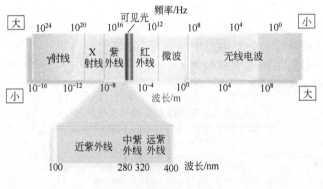

图 4-9　紫外线分三个波段

其中 UVA 每个光子能量有很强的穿透能力，有 98% 的紫外线能穿透臭氧层到达地面。在设计老化配方时可作为参考。

颜料在塑料耐候性方面的技术指标不是总能够完全满足客户的需求，因此确立评价系统，如何利用快速老化测试迅速得出结果，保证产品满足户外使用三年、五年等使用期限的需求极为重要。

紫外线灯管 UVB-313nm 可以用于快速筛选配方。根据经验数据可知，深色产品用 UVB-313nm 光源实测（加喷淋）500h，在美国佛罗里达州户外可使用 3 年以上。紫外线灯管 340 模拟阳光更好，但是时间比紫外线 UVB-313nm 灯管长一倍左右。

塑料制品耐光（候）性技术指标还与实际使用条件有关。如美国佛罗里达州的入射光能量是 610kJ/年，广州才是 420kJ/年。如在日本或中国这样的亚热带气候下，500h 暴晒相当于 1 年的自然环境老化程度。同时还需注意材料是否对水敏感，美国的佛罗里达州是湿热气候，与加喷淋的人工加速老化对应。美国的亚利桑那州是干热，人工加速老化有冷凝就可，所以配制户外塑料制品，除了选好颜料外，还要选好助剂和测试条件。

（5）如何配制透明塑料制品？

配制浅色的透明制品首先要选择本身是透明无色的塑料树脂，例如聚丙烯和透明苯乙烯。要选择透明度好的、色光一致的着色剂。一般而言，无机颜料透明性不好，不能应用。在有机颜料中透明性好的品种见表 4-5。

表 4-5　适用透明有机颜料主要品种

| 色泽 | 颜料索引号 | 化学结构 | 颜料 0.1% | | | 推荐品种 |
			耐热性/℃	耐光性/级	耐候性/级	
黄色	颜料黄 139	异吲哚啉酮	240	8	4～5	PALIOTAL YELLOW 1841 BASF
黄色	颜料黄 199	蒽醌	300	7～8	3～4	CROMOPHTAL YELLOW GT-AD BASF
红色	颜料红 149	苝系	280	8	4	PALIOGEN RED K3580 BASF
红色	颜料红 254	吡咯并吡咯二酮	300	8	5	CROMOPHTAL DPP RED BOC BASF
红色	颜料红 264	吡咯并吡咯二酮	300	8	5	CROMOPHTAL DPP RUBINE TR BASF
蓝色	颜料蓝 15∶1	酞菁	300	8	5	HELIOGEN BLUE K6911 BASF
绿色	颜料绿 7	酞菁	300	8	5	HELIOGEN GREEN 8730 BASF
绿色	颜料绿 36	酞菁	300	8	5	HELIOGEN GREEN 9360 BASF
棕色	颜料棕 41	缩合偶氮	300	8	5	PV FAST BROWN HFR CLARIANT

另外塑料本身带有颜色时，要配制的颜色与塑料已具有的颜色一定不要互为补色，否则配的颜色要发暗。如用于硬胶类塑料，需采用溶剂染料。

4.5.2　适合各类特殊用途用着色剂推荐

笔者 2009 年出版了《塑料配方设计》，那里有大量品种和数据，本小节主要针对一些特殊用途用着色剂推荐，可作为一些初学者的数据库，也可作为一般配色员准备配色时翻阅的手册。具体见表 4-6～表 4-12。

表 4-6　适用于高密度聚乙烯注塑件、变形量小的颜料品种

颜料索引号	化学结构	颜料索引号	化学结构
颜料黄 62	偶氮色淀钙盐	颜料红 48∶3	偶氮色淀
颜料黄 93	偶氮缩合	颜料红 53∶1	偶氮色淀
颜料黄 95	偶氮缩合	颜料红 57∶1	偶氮色淀
颜料黄 120	苯并咪唑酮偶氮	颜料红 122	喹吖啶酮
颜料黄 139	异吲哚啉	颜料红 176	苯并咪唑酮偶氮
颜料黄 168	偶氮色淀钙盐	颜料红 177	蒽醌
颜料黄 180	苯并咪唑酮偶氮	颜料红 187	偶氮 AS
颜料黄 181	苯并咪唑酮偶氮	颜料红 220	偶氮缩合
颜料黄 191	偶氮色淀钙盐	颜料红 247∶1	偶氮 AS 色淀
颜料黄 214	苯并咪唑酮偶氮	颜料红 254	吡咯并吡咯二酮
颜料橙 61	异吲哚啉酮	颜料红 272	吡咯并吡咯二酮
颜料橙 64	苯并咪唑酮偶氮	颜料紫 19(β)	喹吖啶酮
颜料橙 68	偶氮络合	颜料紫 19(γ)	喹吖啶酮
颜料橙 72	苯并咪唑酮偶氮	颜料紫 23	二噁嗪
颜料红 48∶2	偶氮色淀		

表 4-7　适用于 ABS 塑料的主要有机颜料品种和性能

颜料索引号	化学结构	牢度性能			
		着色浓度		耐光性能 /级	耐热性 /℃
		颜料 /%	TiO₂ /%		
颜料黄 93	偶氮缩合	0.2	1	7	240
颜料黄 110	异吲哚啉酮	0.1	1	6	260
颜料黄 180	苯并咪唑酮偶氮	0.149	1	6～7	290
颜料黄 181	苯并咪唑酮偶氮	0.5	1	8	280
颜料黄 183	偶氮色淀钙盐	0.2	2	5	300
颜料黄 191	偶氮色淀钙盐	0.32	1	7	300
颜料黄 214	苯并咪唑酮偶氮	0.252	1	5～6	300
颜料橙 64	苯并咪唑酮偶氮	0.2	1	7	250
颜料橙 72	苯并咪唑酮偶氮	0.24	1	8	290
颜料红 122	喹吖啶酮	0.196	1	8	300
颜料红 144	偶氮缩合	0.2	1	8	260
颜料红 149	苝系	0.185	1	8	300
颜料红 187	偶氮色淀	0.180	1	8	300
颜料紫 19(γ)	喹吖啶酮	0.213	1	7～8	300
颜料紫 23	二噁嗪	0.062	1	7	250
颜料蓝 15∶1	酞菁	0.08	1	8	270
颜料蓝 15∶3	酞菁	0.103	1	8	300
颜料绿 7	酞菁	0.2	1	8	290
颜料绿 36	酞菁	—	—	8	300

表 4-8　适用于尼龙塑料的主要有机颜料品种和性能

颜料索引号	化学结构	牢度性能			
		着色浓度		耐光性 /级	耐热性 /℃
		颜料 /%	TiO₂ /%		
颜料橙 68	偶氮络合	0.2	0.5	8	300
颜料红 122	喹吖啶酮	0.2	0.5	8	300
颜料红 149	苝系	0.2	0.5	8	300
颜料红 177	蒽醌	0.2	0.5	6～7	260
颜料红 202	喹吖啶酮	0.2	0.5	7	260
颜料红 264	吡咯并吡咯二酮	0.2	0.5	7～8	260
颜料蓝 15∶1	酞菁	0.103	1	8	300
颜料绿 7	酞菁	0.2	1	8	290
颜料绿 36	酞菁	0.2	1	8	290

表 4-9　适用于聚碳酸酯塑料的主要有机颜料品种和性能

颜料索引号	化学结构	牢度性能			
		着色浓度		耐光性 /级	耐热性 /℃
		颜料 /%	TiO₂ /%		
颜料黄 93	偶氮缩合	0.2	1	6～7	240
颜料黄 110	异吲哚啉酮	0.1	1	6	260
颜料黄 180	苯并咪唑酮偶氮	0.149	1	6～7	290
颜料黄 181	苯并咪唑酮偶氮	0.5	1	6～7	290
颜料黄 183	偶氮色淀钙盐	0.2	2	5	300
颜料黄 191	偶氮色淀钙盐	0.32	1	7	300

续表

颜料索引号	化学结构	牢度性能			
		着色浓度		耐光性 /级	耐热性 /℃
		颜料 /%	TiO₂ /%		
颜料黄 214	苯并咪唑酮偶氮	0.252	1	5～6	300
颜料橙 64	苯并咪唑酮偶氮	0.2	1	7	250
颜料橙 72	苯并咪唑酮偶氮	0.24	1	8	290
颜料红 122	喹吖啶酮	0.196	1	8	300
颜料红 177	偶氮缩合	0.2	1	7～8	240
颜料红 149	苝系	0.185	1	8	300
颜料红 187	偶氮色淀	0.180	1	8	300
颜料紫 19(γ)	喹吖啶酮	0.213	1	7～8	300
颜料紫 23	二噁嗪	0.062	1	7	250
颜料蓝 15:1	酞菁	0.08	1	8	270
颜料蓝 15:3	酞菁	0.103	1	8	300
颜料绿 7	酞菁	0.2	1	8	290
颜料绿 36	酞菁	0.2	1	8	300

表 4-10　适用于涤纶化纤纺前着色溶剂染料品种

染料索引号	化学结构	熔点/℃	耐热性/℃	纤维纺前着色
溶剂黄 98	氨基酮类	98	300	●
溶剂黄 114	喹啉类	264	280	●
溶剂黄 133	次甲基类	—	310	●
颜料黄 147[①]	蒽醌类	300	300	●
溶剂黄 157	喹啉类	323	300	○
溶剂黄 160:1	香豆素	209	320	●
溶剂黄 163	蒽醌类	180	300	●
溶剂黄 176	喹啉类	218	280	●
溶剂黄 179	次甲基类	115	300	○
溶剂橙 60	氨基酮类	230	290	○
溶剂橙 63	噻吨(硫杂蒽)	314	300	●
溶剂红 135	氨基酮类	318	280	●
溶剂红 179	氨基酮类	251	300	○
溶剂红 195	单偶氮	213	280	●
溶剂蓝 45	蒽醌	—	310	●
溶剂蓝 67	酞菁	—	300	●
溶剂蓝 97	蒽醌	200	310	●
溶剂蓝 104	蒽醌	240	320	●
溶剂蓝 122	蒽醌	—	290	○
溶剂紫 13	蒽醌	189	290	○
溶剂紫 31	蒽醌	291	300	○
溶剂紫 36	蒽醌	213	290	●
溶剂紫 49	甲亚胺	98	320	●
分散紫 57	蒽醌	—	290	●
溶剂紫 59	蒽醌	170	280	●
溶剂绿 3	蒽醌	220	300	●
溶剂绿 5	苝系	—	300	●
溶剂绿 28	蒽醌	245	300	●
溶剂棕 53	甲亚胺	—	320	●

①　颜料黄 147 用于工程塑料着色有类似染料性质。

注：●表示推荐使用；○表示有条件地使用。

表 4-11　适用于尼龙 6、尼龙 66 纤维着色溶剂染料品种

染料索引号	化学结构	耐热性/℃		纤维	
		本色	冲淡	PA6	PA66
溶剂黄 21	偶氮 1∶2 金属络合	320	—	○	—
溶剂黄 98	氨基酮类	300	300	○	○
溶剂黄 160∶1	香豆素类	300	—	○	—
溶剂黄 145	甲川类	280	—	○	×
溶剂橙 60	氨基酮类	300	300	○	×
溶剂橙 63	蒽酮类	300	280	●	×
溶剂橙 116	单偶氮	300	—	●	●
溶剂红 52	吡啶蒽酮	320	—	●	○
溶剂红 135	氨基酮类	260	—	○	×
溶剂红 179	氨基酮类	300	300	●	×
溶剂红 207	蒽醌	300	—	●	—
溶剂红 225	偶氮 1∶2 金属络合	320	—	●	—
溶剂蓝 67	酞菁	300	—	○	×
溶剂蓝 97	蒽醌	320	—	○	—
溶剂蓝 104	蒽醌	280	280	●	●
溶剂蓝 132	蒽醌	320	—	○	—
溶剂绿 3	蒽醌	300	—	○	—
颜料黄 147[①]	蒽醌	300	—	○	×
颜料黄 150	金属络合	280	280	●	○
颜料黄 192	氨基酮类	—	—	●	○

① 颜料黄 147、颜料黄 150、颜料黄 192 用于工程塑料着色有类似染料性质。

注：●表示推荐使用；○表示有条件地使用；×表示不推荐使用。

表 4-12　塑料着色适用于食品安全的颜料品种

商品名称	颜料索引号	生产厂商	美国食品	德国食品	法国食品	日本食品	日本食品	欧洲玩具	欧洲食品
			FDA	BgVV	FPL	JHPA	JHOSPA	EN-71-3	AP(89)1
Irgrate® Yellow BAWP	C. I. PY13	CIBA	●	●		●		●	●
Graphtol Yellow GR	C. I. PY13	Clariant				●	●	●	●
Symuler Yellow 5GF	C. I. PY14	DIC				●			
Graphtol Yellow GG	C. I. PY17	Clariant					●	●	●
Irgrate® Yellow WSR	C. I. PY62	CIBA		●	●		●	●	●
Graphtol Yellow H10G	C. I. PY81	Clariant						●	●
PV Fast Yellow HR02	C. I. PY83	Clariant	●			●	●	●	●
Cromophtal® Yellow 3G	C. I. PY93	CIBA		●	●	●	●	●	●
Irgazin® Yellow 2GLTE	C. I. PY109	CIBA		●	●		●	●	●
Irgazin® Yellow 3RLP	C. I. PY110	CIBA	●	●	●		●	●	●
Paliotol® Yellow k0961	C. I. PY138	BASF	最大 1%				●	●	●
Paliotol® Yellow k1841	C. I. PY139	BASF					●	●	●
Graphtol Yellow H2R	C. I. PY139	Clariant					●	●	●
Symuler Fast Yellow 139	C. I. PY139	DIC			●		●		
Graphtol Yellow 3GP	C. I. PY155	Clariant				●	●		
Irgrate Yellow WGP	C. I. PY168	CIBA			●	●			
PV Fast Yellow HG	C. I. PY180	Clariant	●			●	●	●	●
PV Fast Yellow H3R	C. I. PY181	Clariant	●			●	●	●	●
Paliotol® Yellow k1700	C. I. PY183	BASF					●	●	●
Paliotol® Yellow k2270	C. I. PY183	BASF	最大 1%					●	●

续表

商品名称	颜料索引号	生产厂商	美国食品 FDA	德国食品 BgVV	法国食品 FPL	日本食品 JHPA	日本食品 JHOSPA	欧洲玩具 EN-71-3	欧洲食品 AP(89)1
PV Fast Yellow HGR	C. I. PY191	Clariant	●		●		●	●	●
Cromophtal® Yellow HRP	C. I. PY191;1	CIBA		●	●			●	●
PV Fast Yellow H9G	C. I. PY214	Clariant	●					●	●
Irgrate® Orange F2G	C. I. PO34	CIBA		●				●	●
Graphtol Orange RL	C. I. PO34	Clariant					●	●	●
Symuler Orange F2G	C. I. PO34	DIC						●	●
PV Fast Orange GRL	C. I. PO43	Clariant			●		●	●	●
Cromophtal® Orange 2G	C. I. PO61	CIBA			●	●	●	●	●
Cromphtal® Orange GP	C. I. PO64	CIBA	●	●	●	●	●	●	●
PV Fast Orange 6RL	C. I. PO68	Clariant			●		●	●	●
PV Fast Orange H4GL01	C. I. PO72	Clariant		●	●		●	●	●
Irgazin® Orange DPP RA	C. I. PO73	CIBA		●				●	●
Irgrate® Red NBSP	C. I. PR 48;1	CIBA					●	●	●
Irgrate® Red 2BP	C. I. PR 48;2	CIBA		●	●	●		●	●
Irgrate® Red 2BSP	C. I. PY48;3	CIBA					●	●	●
Irgrate® RED LCB	C. I. PR53;1	CIBA					●	●	●
Graphtol RED LG	C. I. PR53;1	Clariant					●	●	●
Lithol® Red k 3690	C. I. PR53;3	BASF	最大 1%					●	●
Irgrate® Red 4BP	C. I. PR57;1	CIBA						●	●
PV Fast Red Pink E	C. I. PR122	Clariant			●	●	●	●	●
Cromophtal® Pink PT	C. I. PR122	CIBA						●	●
Fastogen magentaRE-03	C. I. PR122	DIC	●	●				●	●
Fastogen magentaRE-05	C. I. PR122	DIC	●	●				●	●
Cromophtal® Red BRN	C. I. PR144	CIBA		●	●		●	●	●
Paliogen® Red k 3580	C. I. PR149	BASF	最大 1%				●	●	●
PV Fast Red B	C. I. PR149	Clariant			●	●	●	●	●
Cromophtal® Red RN	C. I. PR166	CIBA		●	●		●	●	●
Graphtol Red F3RK70	C. I. PR170	Clariant						●	●
Graphtol Red F5RK	C. I. PR170	Clariant					●	●	●
Sudaperm red 3R2963	C. I. PR170	DIC		●				●	●
Sudaperm red 5R2965	C. I. PR170	DIC						●	
PV Fast Red HFT	C. I. PR175	Clariant					●	●	●
Graphtol Carmine HF3C	C. I. PR176	Clariant					●	●	●
Cromophtal® Red A3B	C. I. PR177	CIBA	●	●	●	●		●	●
Paliogen® Red k3911HD	C. I. PR178	BASF	最大 1%				●	●	●
Paliogen® Red k4180	C. I. PR179	BASF	最大 1%				●	●	●
Graphtol Carmine HF4C	C. I. PR185	Clariant					●	●	
PV Fast Red HF4B	C. I. PR187	Clariant	●		●	●	●	●	●
PV Fast Red BNP	C. I. PR214	Clariant			●	●	●	●	●
PV Fast Red E3B	C. I. PV 19	Clariant	●		●	●	●	●	●
PV Fast Red E5B	C. I. PV 19	Clariant	●	●		●	●	●	●
PV Fast Violet ER	C. I. PV 19	Clariant	●	●		●	●	●	●
Fastogen red B CONC	C. I. PV19	DIC		●		●	●	●	●
PV Fast Violet BLP	C. I. PV23	Clariant			●	●	●	●	●

续表

商品名称	颜料索引号	生产厂商	美国食品 FDA	德国食品 BgVV	法国食品 FPL	日本食品 JHPA	日本食品 JHOSPA	欧洲玩具 EN-71-3	欧洲食品 AP(89)1
PV Fast Violet RL	C. I. PV23	Clariant	●	●	●	●	●	●	●
Paliogen® VIOLET k 5011	C. I. PV29	BASF	最大 1%				●	●	
PV Fast Brown HFR	C. I. PBr 25	Clariant					●	●	●
PV Fast Brown RL	C. I. PBr 41	Clariant					●	●	●
Heliogen® Blue k 6850	C. I. PB 15	BASF	●				●	●	●
Heliogen® Blue k 6911 D	C. I. PB 15:1	BASF	●				●	●	●
PV Fast Blue A4R	C. I. PB 15:1	Clariant	●	●	●		●	●	●
Irgrate® Blue BSP	C. I. PB15:1	CIBA	●				●	●	●
Fastogen Blue 5050A	C. I. PB15:1	DIC	●	●	●		●	●	●
Heliogen® Blue k 7090	C. I. PB 15:3	BASF	●				●	●	●
PV Fast Blue BG	C. I. PB 15:3	Clariant	●	●	●		●	●	●
Irgrate® Blue 4GNP	C. I. PB15:3	CIBA	●	●	●		●	●	●
Fastogen Blue GR-6L	C. I. PB15:3	DIC	●				●	●	●
Fastogen blue 5380E	C. I. PB15:3	DIC	●			●	●	●	●
Cromophtal® Blue A3R	C. I. PB60	CIBA		●	●	●	●	●	●
Heliogen® Green k 8730	C. I. P G7	BASF		●	●	●	●	●	●
PV Fast Green GNX	C. I. PG 7	Clariant	●	●	●	●	●	●	●
Irgrate® Green GFNP	C. I. PG 7	CIBA	●	●	●	●	●	●	●
Fastogen Green S	C. I. PG 7	DIC	●	●			●	●	●
Heliogen® Green k 9360	C. I. P G36	BASF	最大 1%				●	●	

注：1. 表中推荐了一些塑料着色剂，它们是一些国际知名化学品企业生产的产品，它们都符合国际上一些重要的基本化学安全要求。

2. 美国食品 FDA 要求：美国食品药品管理局条例 ［CFR Title 2 (Food and drugs) Part 178. 3297 Colorant for polymers］；

德国食品 BgVV 要求：联邦德国公众卫生局 (Bundesinstitut fur Risikobewertung Recommendation Ⅸ)；

法国食品接触肯定列表：FPL；

日本食品接触标准 JHPA：日本 PVC 食品协会的卫生标准 (Japan Hygienic PVC Association)；

日本食品接触标准 JHOSPA：日本聚烯烃塑料制品卫生协会标准 (Japan Hygienic Olifen Styrene Plastic Association)；

欧盟 AP(89)-1：食品包装材料的欧洲决议 ［Council of Eurpon Resistration AP(89)-1］；

欧洲玩具 EN71-3：欧洲玩具标准 (Toy Regulation EN71 Part 3：1994)。

第5章
塑料着色法律法规及安全要求

塑料已成为目前世界上使用范围最为广泛的材料之一。在消费产品领域，各种不同种类、不同颜色、不同性能的塑料发挥着重要的作用。为了产品安全、环保的要求，塑料材料及其制品必须满足世界各国、各地区的法规要求。

本书的重点是塑料配色，如果要详细叙述这些法规内容和要求，占的篇幅太大，也确实没有必要，本章仅仅把美国、欧盟和中国有关法规的正确名称和要求作最简单介绍。如果在塑料配色时涉及这些法规的要求，建议读者详细了解法规文本，精心挑选符合要求的颜料，使产品满足法规的要求。如果企业不谨慎从事生产，将蒙受到重大损失，面临产品被拒收、被召回、甚至被法定销毁的后果。

5.1 玩具和儿童用品

众所周知，所谓玩具就是供儿童玩耍的物品。产品的消费群体主要是 14 岁以下少年儿童，特别是 3 岁以下的儿童，这个年龄儿童的特点就是习惯性地把物件送入口中。安全的儿童玩具可以在最大限度上保证儿童的人身安全，所以玩具是法规要求最严格的消费品之一。

5.1.1 玩具和儿童用品有关美国、欧盟和中国法规要求

玩具和儿童用品有关美国、欧盟和中国主要法规要求见表 5-1。

表 5-1　玩具和儿童用品和塑料着色剂相关的美国、欧盟和中国的法规要求

国家	法　　规
美国	联邦法规:CPSIA　H. R. 4040　消费品安全改进法案 　　　　　CPSIA　H. R. 2715　消费品安全改进法案修订案
	州法规:加利福尼亚州　加州 65
	标准:ASTM F963 玩具安全规范标准

续表

国家	法 规
欧盟	欧盟玩具指令:88/378/EC,玩具协调标准　EN 71系列 欧盟新玩具安全指令:2009/48/EC
中国	国家标准:GB/T 6675—2014 中国国家玩具安全要求

5.1.2　美国玩具安全要求

5.1.2.1　美国联邦法规 H. R. 4040《消费品安全改进法案》

2007 年中国出口玩具连续出现的安全质量问题引发了美国政府、媒体、消费者对中国产品安全质量的争议。2008 年 7 月,美国国会、参众两院以高票通过了《消费品安全改进法案》。

改进法案中对于儿童产品材料中总铅限量的规定,将在法案实施后三年内按阶段执行,见表 5-2。对儿童玩具和儿童护理用品中的某些邻苯二甲酸盐含量提出明确要求,见表 5-3。美国 ASTM F963 标准将成为强制的玩具安全标准,见表 5-4。

表 5-2　儿童玩具产品材料中总铅限量的规定

对象	限量/(mg/kg)	生效日期
儿童玩具	＜600	2009-2-10
	＜300	2009-8-14
	＜100	2011-8-14

表 5-3　对儿童玩具及护理用品中的 6 种邻苯二甲酸盐实施控制

对象	名　称	限量/%	生效日期
儿童玩具和儿童护理品	邻苯二甲酸二(2-乙基己)酯(DEHP)	0.01	
	邻苯二甲酸二丁酯(DBP)	0.01	
	邻苯二甲酸二丁苄酯(BBP)	0.01	2009-2-10
	邻苯二甲酸二异壬酯(DINP)	0.01	
	邻苯二甲酸二异葵酯(DIDP)	0.01	
	邻苯二甲酸二辛酯(DNOP)	0.01	

注:儿童玩具指为 12 岁以下儿童设计的玩耍的消费品;儿童护理品指为 6 岁以下儿童设计的哄孩子入睡和喂食的消费品。

ASTM F963《玩具安全的消费安全规范标准》是由美国商务部国家标准局主持制定的,于 2012 年 6 月 12 日成为强制标准。

表 5-4　美国 ASTM F963-11 标准关于玩具特定元素的限量要求

元素	总铅含量	迁移量要求							
		铅 Pb	砷 As	锑 Sb	钡 Ba	镉 Cd	铬 Cr	汞 Hg	硒 Se
限量/(mg/kg)	参考 CPSIA 要求	90	25	60	1000	75	60	60	500

5.1.2.2　美国联邦法规 H. R. 2715《消费品安全改进法修订案》

改进法修订案于 2011 年 8 月 1 日在参众两院获得通过,2011 年 8 月 12 日由奥巴马总统签署成为正式法律,并随之生效。该修订案主要为解决 2008 年生效的消费品安全改进法案在具体实施中出现的问题而制订,其主要内容包括:实施新的铅含量标准;从 2011 年 8 月 14 日起,供 12 岁及以下儿童使用的产品总铅含量不得超过 100mg/kg 等。

5.1.2.3　加州 65

众所周知美国是一个联邦制的国家,导致美国法律体系具有庞杂性,有联邦法,也有州法。美国州一级比较著名的就是加州 65 法案，简称加州 65。目前加州 65 共规范约 750 种禁用化学物质。值得注意的是：符合美国《消费品安全改进法》（CPSIA）不意味着符合加州 65 的要求。加州 65 有关邻苯二甲酸盐的要求包含了 DNHP，而这种物质在《消费品安全改进法》中并未提及。

5.1.3　欧盟玩具安全要求

5.1.3.1　欧洲玩具安全指令 88/378/EC

玩具指令 88/378/EC 于 1988 年 7 月 6 日公布于欧盟联合公报上，并于 1990 年 1 月 1 日强制执行。

EN 71-3 标准是欧盟指令的协调标准，是对玩具中 8 种有害重金属元素的限制标准，包括了限量要求和重要的实验步骤，相应规定的实验过程中模拟了小孩唾液（0.07mol/L 盐酸）对相应材料浸泡后材料中重金属的迁移情况，EN 71-3 玩具标准限制元素限量指标见表 5-5。

表 5-5　EN71-3 -1994 玩具标准限制元素限量指标

重金属元素	限量指标/(mg/kg)	
	涂料和表面涂层；纸和纸板；纺织品；固体色块；凝胶；金属材料；绘画器械；石膏等	橡皮泥和指甲颜料
锑	60	60
砷	25	25
钡	1000	250
镉	75	50
铬	60	25
铅	90	90
汞	60	25
硒	500	500

根据 2009/48/EC 指令要求，CEN/TC 52/WG5 委员会工作组已完成对 EN71-3 的修订，于 2013 年 6 月对外公布。EN71-3：2013 已于 2013 年 7 月 20 日生效。

5.1.3.2　欧盟新玩具安全指令 2009/48/EC

《欧洲玩具安全指令》于 1988 年推出后已实行了二十多年。为适应快速发展中的玩具产业，欧盟理事会于 2009 年 5 月 11 日通过了全新的《欧盟新玩具安全指令》。

新指令中对可迁移元素的限制从 8 种增加到了 19 种。新增了铝、硼、钴、铜、锰、镍、锡、锶和锌等九种迁移元素的限制。对于迁移元素铬的限制，旧指令只要求限制总铬，并不分价态；新指令要求对三价铬和六价铬分别进行限制。对于锡元素的限制，除无机锡外，还对有机锡进行了限制。

旧指令针对所有材料基本是统一限量，新指令对玩具材料将按三个类别分别设定高低不同的限量要求，见表 5-6。

表 5-6　欧盟 2009/48/EC 玩具特定元素的迁移限量要求

元素/物质	2009/84/EC 要求/(mg/kg)		
	类别Ⅰ	类别Ⅱ	类别Ⅲ
铝 Al	5625	1406	70000
锑 Sb	45	11.3	560
砷 As	3.8	0.9	47
钡 Ba	4500	1125	56000
硼 B	1200	300	15000

续表

元素/物质	2009/84/EC 要求/(mg/kg)		
	类别Ⅰ	类别Ⅱ	类别Ⅲ
镉 Cd	1.3	0.3	17
三价铬 Cr(Ⅲ)	37.5	9.4	460
六价铬 Cr(Ⅵ)	0.02	0.005	0.2
钴 Co	10.5	2.6	130
铜 Cu	622.5	156	7700
铅 Pb	13.5	3.4	160
锰 Mn	1200	300	15000
汞 Hg	7.5	1.9	94
镍 Ni	75	18.8	930
硒 Se	37.5	9.4	460
锶 Sr	4500	1125	56000
锌 Zn	15000	3750	180000
有机锡	0.9	0.2	12
锡 Sn	3750	938	46000

注：类别Ⅰ—干燥、易碎、粉末状或柔韧的玩具材料；类别Ⅱ—液态和黏性玩具材料；类别Ⅲ—可以刮去的玩具材料。

5.1.4 中国玩具安全要求

中国玩具协会、国家质量监督检验检疫总局制定了 GB/T 6675—2003《中国国家玩具安全要求》，它主要参考了 ISO 8124 标准，对于化学物质管制的要求是对于八大金属元素：锑、钡、镉、铬、铅、汞、硒和砷在人造唾液（0.07mol/L 盐酸）中的迁移量的要求。

2014 年 5 月 6 日，国家质检总局、国家标准委批准发布了 GB 6675.4—2014《玩具安全 第 4 部分：特定元素的迁移》强制性国家标准。该标准于 2016 年 1 月 1 日起实施。中国作为玩具生产大国，随着内需市场的扩大以及消费者对玩具安全要求的提高，新国标的制定将有重大的意义。

5.2 电子电器产品

塑料材料密度小，而且具有较高的强度和绝缘性，容易加工成型，从而满足现代电子产品轻薄、便携及易于设计的需求。电子电器产品的诞生和发展给人类带来舒适与便利的同时，相关产品的废弃物却与日俱增。为了妥善处理这些数量庞大的电子电器废弃物，同时回收珍贵的资源，全球加紧制定环保法规以期能使废弃物中的有害物质含量降到最低，并且要求各制造商或经销商肩负起相关的责任，从而减少对环境的冲击。

5.2.1 电子电器类产品有关欧盟、美国和中国法规要求

近年来相关的欧盟、美国和中国的法规见表 5-7。

表 5-7 电子电器类产品相关的美国、欧盟和中国的法规

国家地区	法 规
欧盟	欧盟指令：2011/65/EU（原 2002/95/EC），即 RoHS 指令
	欧盟成员国根据欧盟指令转变的各自国家法律
美国	联邦级：H. R. 2420 电气设备环保设计法案，简称 EDEE 法案
中国	电子信息产品污染控制管理办法
	电子电器产品有害物质限制使用管理办法（中国 RoHS 2.0）
	国家标准 GB/T 26572—2011《电子电气产品中限用物质的限量要求》
	国家标准 GB/T 26125—2011《电子电气产品六种限用物质（铅汞镉六价铬多溴联苯和多溴二苯醚）的测定》

5.2.2 欧盟电子电器产品安全要求

电子电器产品有害物质限制指令 2002/95/EC（简称 RoHS）要求：从 2006 年 7 月 1 日起投放欧盟市场的电子电器产品中铅、汞、六价铬、多溴联苯（PBB）和多溴联苯醚（PBDE）的含量不得超过 1000mg/kg，镉的含量不得超过 100mg/kg，见表 5-8。

表 5-8 电子电器产品有害物质限制指令要求

元素	限量指标/(mg/kg)	元素	限量指标/(mg/kg)
铅	1000	汞	1000
铬（Ⅵ）	1000	多溴联苯 PBB	1000
镉	100	多溴联苯醚 PBDE	1000

RoHS 指令适用于设计工作交流电压不超过 1000V，直流电压不超过 1500V 的电子电器设备，主要包括大型家用电器、小型家用电器、IT 和通信设备、消费类设备、照明设备、电子电器类工具、玩具、休闲和运动设备、自动售货机等 8 大类产品。

欧洲议会和欧盟委员会于 2011 年 6 月 8 日重修 RoHS 指令，更新后的指令为 2011/65/EU，并从 2013 年 1 月 2 日起开始实施。

5.2.3 美国电子电器产品安全要求

H. R. 2420 电气设备环保设计法案（EDEE 法案）要求，2010 年 7 月 1 日以后生产的电子电器产品，其均质材料中铅（Pb）、六价铬（Cr）、汞（Hg）、多溴联苯（PBB）和多溴联苯醚（PBDE）的含量不得超过质量的 0.1%，镉（Cd）的含量不得超过质量的 0.01%。当然，该法案也豁免了某些电子电器产品，并列出了相关的产品种类。

5.2.4 中国电子电器产品安全要求

（1）《电子信息产品污染控制管理办法》简称为"中国 RoHS"，从 2007 年 3 月 1 日开始强制实施。

《中国电子信息产品污染防治管理办法》将电子信息产品的各材料分成 3 类，其分类及相关的有毒有害物质的限量要求见表 5-9。

表 5-9 中国电子信息产品污染控制管理办法对有毒有害物质限量要求

电子信息产品的组成单元分类	电子信息产品的组成单元定义	限量要求
EIP-A	构成电子信息产品的均匀材料	在该类组成单元中，铅、汞、六价铬、多溴联苯、多溴联苯醚（十溴联苯醚）的含量不应超过 0.1%，镉的含量不应超过 0.01%
EIP-B	电子信息产品中部件金属镀层	在该类组成单元中，铅、汞、镉、六价铬等有害物质不得有意添加

续表

电子信息产品的组成单元分类	电子信息产品的组成单元定义	限量要求
EIP-C	电子信息产品中现有条件不能进一步拆分的小型零部件或材料，一般规格小于或等于 4mm³ 的产品	在该类组成单元中，铅、汞、六价铬、多溴联苯、多溴联苯醚（十溴联苯醚除外）的含量不应超过 0.1%　镉的含量不应超过 0.01%

（2）《电器电子产品有害物质限制使用管理办法》简称为中国 RoHS 2.0。管理办法于 2016 年 7 月 1 日起正式实施！2006 年 2 月公布的《电子信息产品污染控制管理办法》同时废止。

新的管理办法主要修订了如下内容。

扩大规章的适用范围并相应修改规章名称。将调整对象由电子信息产品扩大为电器电子产品，并将规章名称修改为《电器电子产品有害物质限制使用管理办法》。同时，对"电器电子产品"的含义作出了规定（产品范围扩大，包含白色家电如空调、冰箱、洗衣机等）。

扩大限制使用的有害物质范围。借鉴欧盟 RoHS 指令和其他国家的通行做法，增加了限制使用的有害物质，将"铅"、"汞"、"镉"分别修改为"铅及其化合物"、"汞及其化合物"、"镉及其化合物"，将"六价铬"修改为"六价铬化合物"。

中国 RoHS 没有豁免条款，有标识要求。

（3）国家标准 GB/T 26125—2011、GB/T 26572—2011

中国国家质量监督检验检疫总局、中国国家标准化管理委员会于 2011 年 5 月 12 日发布了 GB/T 26125—2011《电子电气产品六种限用物质（铅汞镉六价铬多溴联苯和多溴二苯醚）的测定》和 GB/T 26572—2011《电子电气产品中限用物质的限量要求》。标准规定了电子电气产品中铅（Pb）、汞（Hg）、镉（Cd）、六价铬（Cr）以及多溴联苯（PBB）和多溴二苯醚（PBDE）两类溴化阻燃剂含量的测定方法，还规定了电子电气产品中铅（Pb）、汞（Hg）、镉（Cd）、六价铬［Cr(Ⅵ)］、多溴联苯（PBB）和多溴二苯醚（PBDE）等限用物质的最大允许含量及其符合性判定规则。

5.3　食品接触产品

食品安全（food safety）是指食品无毒、无害，符合应当有的营养要求，对人体健康不造成任何急性、亚急性或者慢性中毒危害。

5.3.1　食品接触产品有关美国、欧盟和中国法规要求

食品接触性产品有关美国、欧盟和中国法规要求见表 5-10。

表 5-10　食品接触性产品有关美国、欧盟和中国法规要求

国家地区	相关法规标准
美国	联邦法规 21CFR 178.3297《与食品接触的聚合物材料中着色剂的要求》
欧盟	欧盟 AP(89)1 号决议
中国	国家标准 GB 9685—2008《食品容器、包装材料用助剂使用卫生标准》

5.3.2 美国食品接触产品安全要求

美国联邦法规（CFR）规定的与食品接触塑料中着色剂相关的章节为 21CFR178.3297——《与食品接触的聚合物材料中着色剂的要求》。在该法规中对于着色剂进行了定义：染料、颜料或者其它物质，可以用来给食品接触性材料着色或者改变其颜色；但是这些着色剂不能迁移到食品中去或者迁移到食品中去的量少到通过裸眼观察不到会使食品有任何颜色的沾污。同时，着色剂还包括荧光增白剂，它虽然不是自己去着色，但是其使用将影响到食品接触性材料的颜色。该法规还规定了着色剂的使用条件、使用限量、还有符合性条件等，一些塑料着色剂的要求见表 5-11。

表 5-11 可以安全用于食品接触性塑料材料部分着色剂的清单

着色剂	CAS 号	受限要求
C.I. 颜料黄 191	129423-54-7	在聚合物中的加入量不能超过 1%
C.I. 颜料黄 191：1	154946-664	在聚合物中的加入量不能超过 0.5%
C.I. 颜料棕 24	68186-90-3	在聚合物中的加入量不能超过 1%
C.I. 颜料红 202	3089-17-6	在聚合物中的加入量不能超过 1%
C.I. 颜料橙 64	72102-84-2	在聚合物中的加入量不能超过 1% 只能够用在 21CFR176.170 第(c)小节中的表 2 所列从 B 到 H 的使用条件下使用的食品接触性最终商品
C.I. 颜料黄 180	77804-81-0	在聚合物中的加入量不能超过 1% 只能够用在 21CFR176.170 第(c)小节中的表 2 所列从 B 到 H 的使用条件下使用的食品接触性最终商品
荧光增白剂	1533-45-5	作为聚合物荧光增白剂使用,加入量不能超过 0.025% 只能够用在 21CFR176.170 第(c)小节中表 1 所列出的第 Ⅰ、Ⅱ、Ⅳ-B、Ⅵ-A、Ⅵ-B、Ⅶ-B和Ⅷ类,在温度不超过 275℉[1℃＝(℉-32)÷1.8]下使用的食品接触性最终商品
高纯度炉黑	1333-86-4	在聚合物中的加入量不能超过 2.5%
C.I. 颜料红 38		仅可以使用在符合 21CFR177.2600 要求的重复性使用橡胶物品中;在橡胶产品中的总使用量不能超过 10%
C.I. 颜料黄 138		在聚合物中的加入量不能超过 1% 只能够用在 21CFR176.170 第(c)小节中的表 2 所列从 C 到 H 的使用条件下使用的食品接触性最终商品。同时不能在最终商品中加入超过 158℉(70℃)的食品
C.I. 颜料红 187	59487-23-9	在聚合物中的加入量不能超过 1% 只能够用在 21CFR176.170 第(c)小节中的表 2 所列从 B 到 H 的使用条件下使用的食品接触性最终商品
C.I. 颜料黄 181	74441-05-7	在聚合物中的加入量不能超过 1% 只能够用在 21CFR176.170 第(c)小节中的表 2 所列从 B 到 H 的使用条件下使用的食品接触性最终商品
C.I. 颜料红 254	84632-65-5	在聚合物中的加入量不能超过 1% 只能够用在 21CFR176.170 第(c)小节中的表 2 所列从 B 到 H 的使用条件下使用的食品接触性最终商品

塑料着色剂都不在公认安全物质（GRAS）和免于法规管理的目录范围内，所以监管必须以符合性为宗旨。其监管机构为美国食品和药品管理局（FDA），所以通常把食品材料的认证和检测称为 FDA 要求。

5.3.3 欧盟食品接触产品安全要求

欧盟 AP(89)1 号决议在 1989 年 9 月 13 日第 428 号部长代表会议上针对着色剂质量和安全要求的决议被欧盟委员会采纳，是针对着色剂的标准要求。主要要求如下。

（1）溶出和析出测试要求最终产品中和食品接触的塑料材料或者相应材料中的着色剂（颜料或染料）都没有明显的溶出物或析出物。

（2）特定重金属和非重金属要求见表 5-12。

表 5-12　食品接触性塑料所用着色剂中特定重金属和非重金属的限量要求

元素	锑	砷	钡	镉	铬	铅	汞	硒
限量/%	0.05	0.01	0.01	0.01	0.1	0.01	0.005	0.01

（3）特定芳香胺的要求如下。

① 在 1mol/L 盐酸和以苯胺表示出的初级非硫化芳香胺的含量不得大于 500mg/kg。

② 联苯胺、β-萘胺和 4-氨基联苯（单独或总量）的含量不得大于 10mg/kg。

③ 通过适当溶剂和通过适当测试测定的芳烃胺的含量不得大于 500mg/kg。

（4）炭黑的甲苯可萃取量不得在任何形式下大于 0.15%。

（5）多氯联苯（PCBs）的限量要求为不得大于 25mg/kg。

5.3.4　中国食品接触产品安全要求

为了满足日益发展的经济需要，我国在 2009 年颁布了 GB 9685—2008《食品容器、包装材料用助剂使用卫生标准》，代替原 GB 9685—2003 标准。新标准等同采用了欧盟标准及美国相关标准。新标准中允许用于食品包装材料的添加剂种类从原来的 65 种增加到 1000 多种，其中塑料包装材料用添加剂从原来的 38 种增加到 580 种。新标准规定了食品容器、包装材料用添加剂的使用原则、允许使用的添加剂品种、使用范围、最大使用量、特定迁移量或最大残留量及其它限制性要求。以附录的形式列出了允许使用的添加剂名单 959 种（其中染颜料品种有 116 个）。

GB 9685—2008 标准规定的着色剂质量，特定重金属、非重金属和特定芳香胺要求与欧盟 AP(89)1 号决议等同，见表 5-12。

GB 9685—2008 标准采用欧美通常的"许可名单"制度，规定了在中国用于涉及食品接触的塑料添加剂（着色剂）必须是标准附录列出的。也就是说标准附录列出（染、颜料品种仅有 116 个）、满足要求才符合中国食品接触产品安全要求。否则如不被 GB 9685—2008 标准附录列出，即使通过美国 FDA，也不能用于中国食品接触塑料产品（例如科莱恩公司生产颜料黄 191）。这一点提醒读者，万万大意不得。

5.4　生态纺织品

关于纺织品生态性的概念，以欧盟 Eco-label 生态标准为代表是指涵盖了纺织品从种植到纺纱、织造、前处理、染整、成衣制作乃至废弃处理的整个生命周期可能对生态环境和人类健康产生危害的影响。而以国际环保纺织协会推行的 Oeko-Tex 标准 100 为代表是指最终产品对人身健康无害。

5.4.1　生态纺织品欧盟和中国法规要求

纺织品相关的材料非常广泛，除了纺织品本身所涉及的棉、麻以及各种化学纤维以外，还有大量纺织品辅料，如塑料拉链和钮扣等。因此涉及的化学物质种类非常繁多，生态纺织品有关国际、欧盟和中国法规要求见表 5-13。

表 5-13　生态纺织品欧盟和中国的法规要求

国家	法规及标准
欧盟 国际环保纺织协会	生态标签 Eco-label 标准 Oeko-Tex 标准 100
中国	GB/T 18885—2002《生态纺织技术要求》 GB 18401—2010《国家纺织产品基本安全技术规范》

5.4.2　欧盟纺织品安全要求

5.4.2.1　生态标签 Eco-Label 标准

生态标签 Eco-Label 标准是欧盟针对生态纺织品的技术要求，是迄今为止知名度最高、要求也最高、最严格的纺织品生态标准。该标准是以法律形式推出的，使欧盟各国必须执行而且形成本国的法令，在全欧盟具有法律地位，而且其影响力还将进一步扩大。Oeko-Tex 标准 100 每年修订都受其影响。

生态纺织品指令对禁用和限制使用的纺织化学品做出了明确的新规定，主要是对于织物和纤维染色的染料或是对于聚合物（塑料等）着色的颜料中重金属杂质的要求，见表 5-14。

表 5-14　塑料着色颜料中重金属的限量规定

限制元素	砷	钡	钙	铬	铅	硒	锑	锡	汞
限量指标/(mg/kg)	50	100	50	100	100	100	250	1000	25

5.4.2.2　Oeko-Tex 标准 100

第一版 Oeko-Tex 标准 100 于 1992 年 4 月 7 日正式公布，就成为国际上判定纺织品生态性能的基准，具有广泛性和权威性。其标准几经修改，不断地增加新的技术限量，标准愈加严格，同时兼顾 REACH 法规的要求。

现行的 Oeko-Tex 标准 100 将纺织品划为四类，即直接接触皮肤、不直接接触皮肤、婴儿用品、装饰用。其对可萃取重金属的要求见表 5-15。

表 5-15　Oeko-Tex 标准 100 规定可萃取重金属限值　　　单位：mg/kg

元素	I 类： 婴儿产品	II 类： 直接接触皮肤类产品	III 类： 非直接接触皮肤类产品	IV 类： 装饰类织物
锑	30.0	30.0	30.0	
砷（砒霜）	0.2	1.0	1.0	1.0
铅	0.2	1.0	1.0	1.0
镉	0.1	0.1	0.1	0.1
铬	1.0	2.0	2.0	2.0
六价铬	低于检测限			
钴	1.0	4.0	4.0	4.0
铜	25.0	50.0	50.0	50.0
镍	1.0	4.0	4.0	4.0
汞	0.02	0.02	0.02	0.02

《Oeko-Tex 标准 100 通用及特别技术条件》规定了 24 种芳香胺，其限值为 20mg/kg 见表 5-16。3,3-二氯联苯胺（简称 DCB）列于其中，列于第二类对动物有致癌性、对人体可能有致癌性的芳香胺。

表 5-16　Oeko-Tex 标准 100 列出 24 种芳香胺

名　　称	CAS	名　　称	CAS
4-氨基苯胺	92-67-1	3,3-二甲基-4,4-二氨基二苯甲烷	838-88-0
联苯胺	92-87-5	2-甲氧基-5-甲基苯胺	120-71-8
2-甲基-4-氯苯胺	95-69-2	4,4-次甲基-双-(邻氯苯胺)	101-14-4
2-萘胺	91-59-8	4,4-二氨基二苯醚	101-80-4
邻氨基偶氮甲苯	97-56-3	4,4-二氨基二苯硫醚	139-65-1
2-氨基-4-硝基甲苯胺	99-55-8	邻苯甲胺	95-53-4
对氯苯胺	106-47-8	2,4-二氨基甲苯	95-80-7
2,4-二氨基苯甲醚	615-05-4	2,4,5-三甲基苯胺	137-17-7
4,4-二氨基二苯甲烷	101-77-9	邻氨基苯甲醚	90-04-0
3,3-二氯联苯胺	91-94-1	2,4-二甲基苯胺	95-68-1
3,3-二甲氧基联苯胺	119-90-4	2,6-二甲基苯胺	87-62-7
3,3-二甲基联苯胺	119-93-7	对氨基偶氮苯	1960-9-3

用 DCB 合成的偶氮黄系列颜料由于在法定分析条件下不会断裂，通常条件下发现不能检出 DCB，因此理论上在油墨、涂料中应用很安全。但塑料和化纤如在 200℃ 以上高温成型会导致颜料分解产生 DCB，所以以 DCB 合成的偶氮颜料（颜料黄 13、颜料黄 14、颜料黄 17、颜料黄 83）在生态纺织品上是不能使用的。

Oeko-Tex 标准 100（2010 年版标准）检测项目有所变化。

(1) 对四个产品类别的合成纤维、纱线、塑料部件等进行多环芳烃（PAHs）检测，规定物质的总量限量为 10mg/kg，化学物质苯并芘的限量为 1mg/kg。

(2) 鉴于邻苯二甲酸二异丁酯（DIBP）被列入 REACH 高度关注物（SVHC）清单，在环保纺织品认证（作为对邻苯二甲酸盐检测的补充）的框架中，也将排除使用这种添加剂。

(3) 由于欧盟法规 2009/425/EC 对印花纺织品、手套和地毯纺织物等产品做出了明确说明，国际环保纺织协会将二辛锡化合物（DOT）补充列入被禁止的有机锡化合物清单。婴儿用品（产品类别Ⅰ）的限量为 1.0mg/kg，其它产品类别适用的限量为 2.0mg/kg。

《Oeko-Tex 标准 100》2014 年版与前几年相比的新增变化为纺织品有害物质品种数更多、检测项目数更广、有害物质限量要求更高。Oeko-Tex 标准 100 在欧洲乃至国际市场上的知名度越来越高。已有遍布世界各地 700 家公司的 1400 种产品获得了该标志，它的动向直接影响到全球纺织品的生产、贸易及最终的使用。

5.4.3　中国纺织品安全要求

GB/T 18885—2002《生态纺织品技术要求》以 2002 年版 Oeko-Tex 标准 100 为蓝本，其要求也与 Oeko-Tex 标准 100 相近。

GB 18401—2010《国家纺织产品基本安全技术规范》新版本于 2011 年 8 月 1 日起实施。新版本相对于 GB 18401—2003 来说，覆盖面更广，相关的有毒有害物质控制更加严格，比如在可分解致癌芳香胺清单中首次将 4-氨基偶氮苯列入其中，增加了可分解致癌芳香胺的限量值 20mg/kg。

新版 GB 18401—2010 的执行将更有效地保护我国消费者健康，引导纺织品生产销售企业逐步以产品质量为主，提升我国企业市场竞争力，以便从容应对国际贸易保护。

GB/T 18401—2010 按 3 个等级（婴幼儿用品/直接接触皮肤的产品/非直接接触皮肤的产品）规定了要求。该标准为强制性标准。

5.5　包装材料

包装（packaging）是为了在流通过程中保护商品、方便储运、促进销售，按一定的技术方法所用的容器、材料和辅助物等的总称。

5.5.1　包装类产品美国和欧盟法规要求

对包装和包装材料的管理、设计、生产、流通、使用和消费等所有环节提出相应的要求和应达到的目标，其目的在于保护地下水源和土壤。

包装材料美国、欧盟法规要求见表 5-17。

表 5-17　包装材料美国、欧盟的法规要求

国　家	法　规
美国	州法规；东北地方联合政府　CONEG RTM008
欧盟	包装和包装废弃物　94/62/EC 指令，2004/12/EC 指令和 2005/20/EC 指令

5.5.2　美国包装材料安全要求

美国东北地方联合政府（简称 CONEG）的资源节省委员会最早于 1989 年为减少包装及包装材料中的重金属含量而制定了一个地方性法规，CONEG 法规限定包装中汞、铅、镉和六价铬四种重金属的总和要小于 100mg/kg。

5.5.3　欧盟包装材料安全要求

欧盟理事会于 1994 年 12 月 20 日通过了 94/62/EC 包装指令，并于 1996 年 6 月 30 日开始实施。指令规范包装材料中四大重金属铅、汞、镉及六价铬最高浓度限值为 100mg/kg，测试对象包括产品包装纸盒、纸箱、木框、胶卷盒、塑料袋等。

94/62/EC 指令增订版 2004/12/EC 和 2005/20/EC 分别于 2004 年 2 月 18 日和 2005 年 3 月 9 日经欧盟公告。该指令规定了包装可以分为三级。一级包装指与产品一起到达消费者手中的包装，必须做测试；二级包装也叫整箱或单位包装，包装物去除后不会影响到产品特性，此类包装取决于与客户的协商，可做可不做测试；三级包装指运输包装，保护运输中的产品（不包括集装箱），不需要做测试。

5.6　车辆产品

在当今世界，每年的报废汽车的数量高达百万甚至千万，质量为 800 万～900 万吨。报废汽车的环保以及资源回收利用成为整个世界非常关注的一个焦点。

5.6.1　车辆产品有关欧盟和中国法规要求

针对汽车类废品及配件的拆装、再循环利用，必须对新汽车的制造及设计进行整合。建立收集、处理、再利用的机制，鼓励将报废汽车的零部件重复利用。有关车辆产品欧盟和中国法规要求见表5-18。

表 5-18   有关车辆产品欧盟和中国法规要求

国家地区	相关法规标准
欧盟	报废车辆指令(简称 ELV),2000/53/EC 汽车产品再利用和回收利用率(简称 RRR)2005/64/EC
中国	《汽车产品回收利用技术政策》 《汽车禁用物质要求》GB/T 30512—2014 《乘用车内空气质量评价指南》GB/T 27630—2011

5.6.2   欧盟车辆产品的化学物质控制规定

2000/53/EC《报废汽车指令》(End-of-life vehicle,简称 ELV 指令)限制铅、镉、汞、六价铬在车辆中的使用。该指令规定，2003 年 7 月 1 日后，投放市场的车辆中有害物质的含量必须达到以下要求：镉≤100mg/kg，汞≤1000mg/kg，铅≤1000mg/kg，六价铬≤1000mg/kg。

5.6.3   中国车辆产品的化学物质控制规定

5.6.3.1   《汽车产品回收利用技术政策》

技术政策规定汽车及其零部件产品中每一均质材料中的铅、汞、六价铬的含量不得超过 0.1%，镉的含量不超过 0.01% 。也规定了相关材料的豁免。

5.6.3.2   国家标准 GB/T 30512—2014《汽车禁用物质要求》

为适应国家发展循环经济，保护环境和人体健康，建设资源节约型、环境友好型社会的要求，国内汽车生产企业和汽车进口代理商在汽车产品的研发、生产、进口、销售等环节禁止使用铅、汞、镉、六价铬、多溴联苯和多溴联苯醚，表 5-19 要求为强制性标准。

表 5-19   汽车禁用物质要求

禁用物质名称	限值(质量分数)	禁用物质名称	限值(质量分数)
镉及其化合物	0.01	六价铬	0.1
汞及其化合物	0.1	多溴联苯(PBBs)	0.1
铅及其化合物	0.1	多溴联苯醚(PBDEs)	0.1

2016 年环保部对《乘用车内空气质量评价指南》征求意见，拟建议此项推荐性标准修改为强制性标准，加强对企业的约束力。除此之外，还对部分限值进行了调整，四项加严，三项不变，一项放宽，具体情况见表5-20。

表 5-20   乘用车内空气质量限值对比

控制物质	原限值/(mg/m³)	修改后的限值/(mg/m³)	参考依据
苯	0.11	0.06	原标准加严
甲醛	0.10	0.10	参考 WHO,维持不变
甲苯	1.10	1.00	原标准加严
二甲苯	1.50	1.00	原标准加严
乙苯	1.50	1.00	原标准加严
苯乙烯	0.26	0.26	维持不变
乙醛	0.05	0.20	参考国际标准确定
丙烯醛	0.05	0.05	维持不变

本次修订的另一个重要工作是研究在标准中增加多环芳烃限值的可行性和必要性。

车内空气质量强制性标准征求意见稿已经结束，2017 年 1 月 1 日起开始实施。

5.6.3.3　国家标准 GB/T 27630—2011《乘用车内空气质量评价指南》

VOC 是挥发性有机化合物（volatile organic compounds）的英文缩写。由于汽车空间窄小、密闭性好，在盛夏封闭的轿车内部温度会在 15min 内达到 65℃左右。如此高的温度会激发很多污染源的污染释放。

汽车内 VOC 主要来源于汽车内地毯、仪表板塑料件、车顶毡、座椅以及其他装饰用胶水。汽车使用的塑料、橡胶部件、织物、涂料材料、保温材料、黏合剂等材料中含有的有机溶剂、添加剂以及助剂等释放到车内，也会造成汽车内部 VOC 值增加。

由国家环保部与国家质检总局联合发布 GB/T 27630—2011《乘用车内空气质量评价指南》标准，规定了车内空气中挥发性有机物的浓度要求，并确定以苯、甲苯、二甲苯、苯乙烯、乙苯、甲醛、乙醛和丙烯醛等作为主要控制物。

5.7　船舶产品

船舶如同其它产品一样，存在着生命周期。据国际海事组织秘书处官员 Nikos 博士阐述："拆除一条船舶，约 99％ 的物品是可以回收再利用的。"

5.7.1　船舶产品欧盟、美国和中国法规要求

随着国际社会对拆船与废船回收对人们的安全和健康问题以及拆船过程中对环境影响关注的提升，国际海事组织于 2009 年 5 月在香港召开大会，最终通过了《2009 年香港国际安全与无害环境拆船公约》，简称《香港公约》。而欧盟（EU）1257/2013《船舶回收法规》也于 2013 年 12 月 30 日开始生效。绿色造船、拆船是当今航运业的共识，是人类环保意识的体现，是造船、拆船业发展的必由之路。

有关船舶产品国际和中国法规要求见表 5-21。

表 5-21　有关船舶产品国际欧盟和中国法规要求

国家地区	相关法规标准
国际海事组织	《2009 香港国际安全与无害环境拆船公约》
	《2011 年有害物质清单编制指南》
	《2012 船舶检验和发证导则》
欧盟	(EU)1257/2013《船舶回收法规》
中国	《中华人民共和国防止拆船污染环境管理条例》
	《拆船业安全生产与环境保护工作暂行规定》
	《防止拆船污染环境技术导则》
	《绿色拆船通用规范》
	《船舶有害物质清单编制及检验指南》

5.7.2　国际海事组织

作为《香港公约》的配套文件，国际海事组织在 2011 年 7 月以决议形式通过了《2011 年有害物质清单编制指南》、《拆船计划制定导则》。

《2011 年有害物质清单编制指南》规定针对相关利益方提供实际存在有害物质的特定消

息，以保护健康和安全并防止污染环境。有害物质如以高于规定阈值水平的浓度存在于产品中，这样的产品会被要求停止使用，其中包括石棉、多氯联苯（PCB）、消耗臭氧物质（ODS）、含有机锡化合物。可允许使用，但如果其在均质材料中浓度超过阈值，则应予以识别并列出，其中包括重金属及其化合物——镉和镉化合物（100mg/kg）、六价铬和六价铬化合物、铅和铅化合物、汞和汞化合物、多溴化联苯（PBB）、多溴二苯醚（PBDE，均为1000mg/kg）以及某些短链氯化石蜡。

5.7.3 欧盟（EU）1257/2013《船舶回收法规》

2013 年 12 月 10 日欧盟（EU）1257/2013《船舶回收法规》，并于 2013 年 12 月 30 日生效。《船舶回收法规》虽然已经生效，但生效时也未开始执行，最早不应早于 2015 年 12 月 31 日。欧盟《船舶回收法规》中对有害物质控制的要求见表 5-22。

表 5-22　欧盟《船舶回收法规》中对有害物质控制的要求

物质名称	阈值水平	物质名称	阈值水平
镉和镉化合物	100mg/kg	溴化阻燃剂（HBCDD）	1000mg/kg
六价铬和六价铬化合物	1000mg/kg	多氯联苯（超过 3 个氯原子）	无阈值水平
铅和铅化合物	1000mg/kg	全氟辛烷磺酸（PFOS）	
汞和汞化合物	1000mg/kg	某些短链氯化石蜡	1%

欧盟《船舶回收法规》与《香港公约》条款对有害物质控制主要差异为新增"全氟辛烷磺酸（PFOS）"、"溴化阻燃剂（HBCDD）"。

5.7.4 中国船级社

中国通过绿色拆船实践建立了自己的法规框架，包括《中华人民共和国防止拆船污染环境管理条例》、《拆船业安全生产与环境保护工作暂行规定》、《防止拆船污染环境技术导则》。

中国船级社（CCS）公布最新 2014 年版《船舶有害物质清单编制及检验指南》，并于 2014 年 9 月 1 日生效，指南制定了相关要求和标准。

5.8　如何应对国际相关化学要求

如何应对越来越多的国际化学要求是摆在企业和配色人员面前的一道难题。企业要通过什么方式保证自己塑料配色生产的产品能够持久稳定地符合各种有害化学物质的要求？其中最直接有效的方法就是建立一套有效的体系去进行保证。

5.8.1　供应链的把握

（1）企业需充分了解各个产品、不同国家的各种法规要求，如有可能需将企业内部数据系统与行业组织数据系统进行有机联系，有条件的企业可建立内部数据采集和管理系统，不断更新，以快速应对国际各项法规的变更。

（2）对供应商能力进行审核、评估，挑选长期的合作供应商。

（3）对样品进行预挑选，用自己的内控实验室进行定期抽样，检验产品是否满足法规的基本要求。

5.8.2　着色配方设计应注意原料的正确选择

（1）塑料产品的应用是非常广泛的，塑料成型工艺和配方成分复杂，再加上人们经常使用回收塑料作为产品的添加成分，又增加了其复杂性，但是这都是可以控制的。配方设计和原料选择是有害物质控制的基础。了解各种法规要求，以及相对应的材料和物质的情况可以帮助找到合理的配方而使产品符合要求。

（2）企业及塑料着色剂配方设计人员需充分了解各个产品、不同国家的各种法规要求，找到合理的配方，在配方设计中不采用禁用的化学物质，使产品符合各种法规的要求；应该把化学有害物质的控制要求细化到工艺文件中，把哪些材料应该用哪种配方、不应该用哪种配方物质、在生产过程中应该注意哪些问题等都加入到工艺文件和设计中。

5.8.3　加强管理，避免在生产过程中发生物质的污染

严格控制原料的纯度并选择合理的配方，就认为万事大吉，这是错误的。需对采购的原料进行严密的监管，以防因原料中带有杂质而导致产品不符合要求，因此对于单一化学物质的生产者，其对应物质的纯度、杂质浓度和副产物含量的控制等都是十分重要的，这些都对最终产品的符合性至关重要。

严格控制生产全过程以防交叉感染。生产全过程严格控制是很重要的，需注意换品种时设备的清洗以及回收料的合理使用等。

5.8.4　建立相应的质量控制体系，加强产品测试

企业为保证其生产的产品符合有害物质和环保的要求，日常的监管十分重要，对供应链和生产要进行全程监控。这样会涉及大量的确认测试工作。企业需要相应的测试报告或证书。选择第三方测试机构的权威性和认可程度是十分重要的。客户往往会要求第三方机构对产品进行出货前抽样检验和质量控制，保证产品大货生产前后的一致性，保证产品质量符合法规和客户的要求。如条件许可，在第三方检验前先行在企业内控实验室进行抽样检验。

第 6 章
色母粒配色技术——品种和要求

所谓色母粒就是把超常量的颜料很好地分散并均匀地分布融合于树脂之中而制得的高浓度着色颗粒。色母粒用于塑料着色分散优良、易于操作、环境友好、混合方便、精确计量，已成为塑料着色主流方法。

6.1 塑料着色主流方法

以颜（染）料对塑料树脂着色已经有非常悠久的历史。起初都是将粉末状颜（染）料直接添加于树脂中进行着色成型加工。直至今日，这一简单直接的着色工艺仍然被部分塑料制品沿用，而大部分彩色塑料制品的着色已被其它的工艺所替代以符合日益提升的制成品质量要求。

现行的塑料着色工艺主要有三种：粉末状颜（染）料直接着色工艺、色母着色工艺和全色改性料工艺。

6.1.1 颜料粉末

颜料粉末直接着色也称为干粉着色。它是以颜料商品的原始态粉末直接或与其它粉状添加剂加入树脂经搅拌混合后同步进行着色成型加工。源于简洁的工艺，干粉着色成本低廉；没有附加的载体树脂，不存在相容性的问题，也就不会影响制品应有的物性指标。然而，干粉着色工艺的不足之处也十分明显：首先由于颜料粉末比表面积大、粉体质量轻（有机颜料尤甚），在配料、混合和加工过程中极易产生粉尘飞扬，污染生产场地和环境，也可能造成交叉污染；再者，一般成型加工过程对物料的剪切作用强度有限，因而颜料在此过程中被分散的程度也一般，不能达到对分散要求较高的制成品的基本要求，因而该工艺应用范围的局限性也就显而易见。

6.1.2　色母（颜料制剂）

伴随着塑料工业和制品应用的发展，对颜料在塑料中应用提出了越来越高的要求，尤其对于颜料分散手段和效果的追求日益迫切。由此，20 世纪 50 年代色母粒着色工艺应运而生。色母粒着色工艺首先被用于电缆和合成纤维应用领域，从而彻底改变了干粉着色在此应用中的窘境。自此色母粒着色工艺被更多、更广泛地用于不同塑料制品的着色，时至今日已经发展成为塑料着色的主流工艺。

超常量的颜料经过良好分散、均匀地分布于树脂或其它载体之中而制成的高浓度制剂被统一称为色母，目前常用的剂型有：粗粉状色母、颗粒状色母、液体或浆料状色母以及膏状色母。其应用只需在制品成型加工过程中与主体树脂按比例简单稀释均相成型。常规色母制剂中固体颜料（或染料）的质量占比约为 5%～70%。以下就分别简述之。

（1）色砂

粗粉状色母也称为色砂，经良好分散的颜料等组分均匀分布于载体树脂中被制成颗粒度约为 200～600μm 的粗粉状，因物理形状类似细砂而得名。

色砂易于与粉状树脂均匀混合、不沾黏设备、自动计量和输送性能好。由于粉状颗粒较细，有助于较快速熔融及均相化，同时细颗粒也能保证微量添加时的混合均匀性，有利于降低添加量从而减少因相容性而导致的物性降低可能性。颜料含量因相容特性和制品要求而定，一般为 20%～70%。

（2）色母粒

经良好分散的颜料等组分均匀分布于载体树脂中，然后被制成为粒径约 2～3mm 的均匀颗粒，被称为色母粒（或色母料）。色母粒是色母家族中使用最为广泛的种类。由于其颗粒度与树脂相仿，因而混合均匀性很好，可计量性和输送性能也非常稳定；色母粒在应用过程中不会产生污染；颜色切换简单快捷，省时省力。

经良好分散的颜料色母粒充分保证了其中所含的颜料的细度完全符合制品加工和应用的要求。无论是对分散要求极高的纺丝纤维、电缆、薄膜等制品还是通用类的注塑和挤出制品的着色都能见到色母粒的踪影，粗略统计显示色母粒着色已经占据塑料着色总量的 60% 左右。总之，色母粒对确保塑料制品的质量和档次起到了至关重要的作用。

为确保颗粒物料混合均匀性，一般建议色母的添加量在 2% 左右，最好不低于 1%。因此，色母粒中颜料的质量比应根据实际制成品的要求而定，通常范围为：有机颜料在 5%～30%，无机颜料约为 10%～70%。在实际应用中也应该考虑色母粒载体树脂与制品主体树脂的相容性问题以避免由此而引起的物性降低，最好是采用同类的树脂体系。

（3）色膏

色膏剂型俗称色饼，通常是指配方的颜料与载体树脂或添加剂（增塑剂）经密炼或开炼进行分散和均相化后制成的块状或膏状色母剂型。常见产品有彩色橡胶色饼、增塑 PVC 色饼或增塑 PVC 色膏等。

色饼制作工艺简单，设备投入相对较低，颜料分散效果符合一般制品的基本要求，因而成本较低；色饼制作批次生产，劳动强度较大。

但需注意储存保质期，橡胶色饼储存期过长会发硬，影响分散。

（4）液体色母

液体色母也称为色油，最早的液体色母的载体以矿物油为主。液体色母中的染料以溶解的方式存在，而颜料则以稳定分散的细颗粒悬浮状态存在。有鉴于此，相对于其它固体剂型的色母而言，液体色母的储存期比较短。

通常液体色母中颜（染）料含量在 10％～60％，采用微型计量泵泵入塑料成型设备中，计量准确，使用无污染；颜色更换简便快捷。液体色母常见用于 PET（吹瓶）或其它工程塑料的着色，目前也有用于聚烯烃着色的报道。

液体色母由于避开了树脂相容性的问题，同时颜料分散效果良好（或染料的完全溶解），对于保证制品透明性有非常明显的作用。也可以根据制品本身配方中的液体添加组分制备专用液体色母，以降低过多添加成分的不利影响。

总之，无论哪种剂型的色母，它作为塑料着色中重要的一个环节所起到的作用主要表现在两个方面，即对颜料的分散和配色。在实际生产中，选用何种剂型的色母作为着色手段主要由制品树脂类型、成型工艺以及成型设备等因素所决定。

6.1.3　全色改性料

随着工程塑料应用的不断发展，全色改性料着色手段被越来越多地采用。所谓全色改性料是在混合改性料基础上发展而来的。早期的改性料就是填充改性或添加改性剂以提升树脂物理性能，增加额外的特殊性能（如阻燃、抗静电等）或提高长期使用的抗老化特性等。为了降低着色成本，许多厂商尝试在混合改性工艺步骤中同时加入直接用颜料粉配色的工序以求改性着色同步完成。全色改性料中颜料含量与制品相同，一般小于 1.5％，而且常规的添加改性设备以混炼为主，分散作用没有专业色母加工设备来得强烈，故而对于颜料分散仅能达到比较基本的要求。对于颜料分散要求较高的全色改性料，采用色母粒替代颜料粉进行着色仍然是行之有效的手段。

全色改性料整体均匀性好，且成型过程无需稀释，对制品外观色彩均匀性的保障有着无可替代的作用，对于大型注塑制件而言效果尤为明显。全色改性料被广泛用于聚烯烃改性料、工程塑料改性料，涵盖制成品，诸如电子电器、汽车内饰、塑料建材等应用。

6.1.4　塑料着色主流方法

选择的着色工艺和着色剂剂型完全取决于塑料树脂的种类、采用的着色成型工艺以及所用加工设备等因素。限于某些成型工艺及设备的特定条件，对应的选择相对明确，如：滚塑加工因缺乏强制性混炼效果，一般采取颜料干粉直接着色方法；若对颜料分散有较高的要求，那么只能采用先制成全色混合料再行磨粉后滚塑成型的方法，对于熔融纺丝成型而言，对颜料如此高的分散要求下，采用直接干粉着色就显得不切实际了。

对于不同树脂着色剂型的选择，结合全色改性料和干粉着色两个因素，其选择性就比较多样了，色母粒已成为塑料着色主流方法，这里只能给出一个范围，如表 6-1 所示。

表 6-1　塑料的着色方法

树脂类型	树脂	着色剂型选择
聚烯烃类（PO）	LDPE	＞80％色母粒
	LLDPE	约 15％全色混合料
	HDPE	＜4％颜料干粉
	PP	
聚氯乙烯（PVC）	硬质 PVC	色母粒或颜料干粉
	增塑 PVC	色膏（色饼）为主

续表

树脂类型	树脂	着色剂型选择
苯乙烯类	GPPS HIPS ABS ASA	色母粒为主 少量颜料干粉
工程塑料类	PC PA PET/PBT ……	>70%全色混合料 约20%色母粒 <4%液体色母 少量颜料干粉

从表 6-1 可以看出热塑性塑料的着色大部分用色母粒，但是液状和粉末剂型偶尔也有特殊要求的用户使用。不同着色剂剂型的各项应用特性见表 6-2。

表 6-2 不同着色剂剂型的特性

特性	干粉料	砂状色料	液体色料	色母粒	全着色粒料
分散性(料粒子)	△～○	◎	◎	◎	◎
分配性(色发花)	○	△～○	△～○	△～○	◎
飞散性	×	◎	◎	◎	◎
污染性	×	×～△	◎	◎	◎
计量性	△	△	◎	◎	不要计量
成型加工性	△～○	○	○	○	◎
对物性的影响	○	○	△～○	○	◎
储存稳定性	○	△～○	△	○	○
在库费用	○	○	○	○	×
通用性	○	△～○	△～○	△～○	×
着色成本	◎	○	○	×～○	×
稀释比/份	0.5～1	1～5	1～1.5	2～10	—
形状	粉末	砂状	液状	颗粒	颗粒
着色对象	PE PP PS ABS 其它	PVC 不饱和聚酯 聚氨酯 环氧树脂 其它	PET PVC 其它	PE PP PS ABS PVC 其它	PE PP PS ABS PVC 其它
用途	一般成型、管材、薄膜等	薄膜、片材、人造革等	一般成型等	电线、薄膜、复合薄膜、单丝、复丝	一般成型、工业部件等

注：◎—优异；○—优良；△—一般；×—差。

伴随着石化工业的迅猛发展，我国塑料产量逐年大幅增加，质量持续提高，新品种不断涌现。因此与塑料加工业密切相关的色母粒的需求潜力不言而喻。我国色母粒行业从 20 世纪 70 年代起步，发展很快，1994～2012 年我国色母粒市场平均年增长率高达 15%～25%。目前已达到年产 100 万吨规模，成为国民经济发展一个不可缺少的部门。

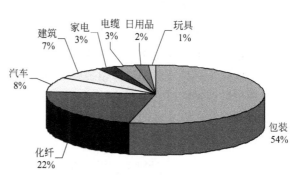

图 6-1 我国色母粒在各种应用领域的消费构成

我国色母粒在各个应用市场消费需求构成参见图 6-1。

本章将就塑料着色重要领域如包装薄膜、电缆、管道、注塑、化纤等用的色母粒品种和要求逐一介绍。以利读者在开发这些色母粒品种时参考。

6.2 薄膜制品用色母粒品种和要求

包装是色母粒的最主要市场，占色母粒市场半壁江山，见图 6-1。包装用塑料制品以薄膜为主，广泛用于商品包装。塑料薄膜生产方法主要有三种——挤出吹塑、挤出流延和挤出拉伸。

（1）挤出吹塑薄膜

随着食品等对塑料薄膜包装的要求越来越高，采用多层共挤复合薄膜以符合各种使用的要求。如：复合食品包装膜表层和内层必须具备良好的可封口能力和可印刷性能，中间层材质必须具备阻隔及抗穿刺能力等特性，才能满足食品包装使用要求。复合食品包装膜薄膜层数已经从 5 层、7 层、9 层，发展到 10～20 层，薄膜层数越来越多而厚度越来越薄。

（2）挤出流延薄膜

流延薄膜具有优越的热封性能和优良的透明性，是主要的包装复合基材之一，用于生产高温蒸煮膜、真空镀铝膜等，市场极为看好。流延膜与吹膜相比，其特点是生产速度快、产量高。薄膜的透明性、光泽性、厚度均匀性等都极为出色。

目前挤出流延薄膜朝着高速、高效（挤出的线速度越来越快，已达到了 450m/min）、增加效益方向发展。

（3）挤出拉伸薄膜

挤出拉伸薄膜（OPP、BOPP、BOPET）具有透明性好、光泽度高、挺度好、阻隔性好、耐热性优良、易于热封合等特点。该类薄膜可应用于热灌装、蒸煮袋、无菌包装等食品包装领域。其与食品接触安全，不会影响内装食品的风味。

双向拉伸薄膜设备正在朝着多层、高速和超宽的方向发展，双向拉伸薄膜速度已达到500m/min，宽度均已达到 10m。

上述三类塑料薄膜生产新技术的发展，对配套色母粒提出更高的质量要求，要求色母的颜料含量更高、流动性更好、分散性更佳。

下面将对一些重点色母粒品种和要求进行介绍。

6.2.1 配制吹塑液体包装膜色母粒的要求是什么？

塑料薄膜包装的鲜奶、豆奶及许多果汁饮、调味品等已琳琅满目地出现于市场中。所以对其各项指标要求尤为苛刻，对其感官指标，特别是对嗅觉、味觉及封口强度等等要求特别严格，特别是牛奶膜及各种液体包装膜等最为严格。

液体包装薄膜要求：薄膜表面光滑，适合自动灌装生产要求，应符合食品卫生性能要求，热封性能好，有一定的耐压性和耐冲击性。液体包装薄膜大部分为白色，配制液体包装膜的白色母原料规格和要求详见表 6-3。

表 6-3 配制液体包装膜的白色母原料规格和要求

名称	技术规格指标	数值	要求
钛白粉	金红石	—	钛白粉纯度高、杂质少、分散性好
分散剂	密度	≤0.93	润湿性能好
润滑剂	—	—	耐热性好，析出性不能太强

续表

名称	技术规格指标	数值	要　　求
抗氧剂	—	—	避免选用 BHT 一类抗氧剂
载体 1	MFR	≥50	尽量选用粉料
载体 2	MFR	≥7	尽量选用粉料

① 所选择钛白粉无毒、无重金属、无析出物、无荧光、无气味，并必须取得卫生部门的检测认可。

② 白色母颗粒均匀，分散后各项指标均需符合聚乙烯着色母粒行业指标。

③ 封口牢固，封口压力均需通过充气压重不低于 200kg/m²。

④ 经户外光照射后（最少不能低于 6 个月）无变色发黄现象。

⑤ 母粒的熔融指数要稍大于 3g/10min（190℃/2.16kg）。

高温蒸煮袋是一种能进行加热处理的复合塑料薄膜袋，通常在 85℃ 的温度下，一般的致病菌都会被杀死，其中危害最大的肉毒杆菌和孢子菌要在 135℃ 下 10min 也能被杀死，所以它是一种理想的销售包装容器，方便、卫生又实用，并能很好地保持食品原有的风味，较为消费者青睐。

高温蒸煮膜除了液体包装膜几大要求外，还需要耐高温（不能低于 121℃/20min）；耐油性、耐渗流、耐溶剂性要好；熔融指数要控制在 2g/10min（190℃/2.16kg）以内，封口牢固。

6.2.2　配制流延复合膜色母粒的要求是什么?

聚烯烃流延薄膜是将高分子聚合物熔融后通过 T 型模头直接在冷却辊上铺展成型为一定厚度、未取向的薄膜，流延成膜是塑料成型重要工艺之一。

以流延膜工艺为基础，成膜与其它衬底材料在线复合获得制成品的工艺在业内被称为流延复合膜，俗称"淋膜"。

流延复合膜比普通的薄膜具有更好的阻隔性、保香性、防潮性、耐油性、可蒸煮性、热封性能得到进一步提高，可广泛应用于肉类冷冻制品、蒸煮肉类食品、方便食品、水产品、水果等的固体包装。

配制流延复合膜的色母（以白色为主）的规格和要求见表 6-4。

表 6-4　配制流延复合膜的白色母主要原料规格和要求

名称	技术规格指标	数值	要　　求
钛白粉	—	—	钛白粉纯度高、分散性好、抗裂孔性好
分散剂	密度	≤0.93	润湿性能好
润滑剂	—	—	耐热性好，析出性不能太强
抗氧剂	—	—	避免选用 BHT 一类抗氧剂
载体 1	MFR	≥20	尽量选用粉料
载体 2	MFR	≥7	尽量选用粉料

① 外观光亮、洁白，颗粒均匀，分散良好。

② 耐热性必须达到 270℃ 以上。

③ 含水量不得超过 0.1%。

④ 成品的剥离强度必须大于 0.7N/15mm。

⑤ 耐迁移性达到 5 级。

⑥ 色母熔融指数要控制在 5～10g/10min（190℃/2.16kg）。

⑦ 无毒、无重金属、无析出物、无荧光，并必须取得卫生部门的检测认可。

⑧ 户外光照不低于 6 个月时无黄变现象。

⑨ 钛白粉的抗裂孔性要好。

由于流延膜成型温度高达 280℃以上，应选用分散性优异而且抗裂孔性较好的钛白粉。

流延复合母粒最好不加填料，特别是没有包覆或包覆较差的填料，包覆较差的填料不能经受长期高温，容易在口模处形成结焦。

配制流延复合膜的白色母载体必须选择适合的树脂，一般要求无开口性、熔融指数大于 7g/10min，润滑剂尽量少加，另外也可以适量添加一些 EVA 树脂或 EMA 树脂以增加其黏合度。

同时流延复合膜白色母料要控制含水量，以防止水分或低分子物的挥发。色母粒必须充分干燥。

6.2.3　配制 BOPP 双向拉伸膜色母粒的要求是什么？

BOPP（biaxially oriented polypropylene）是双向拉伸聚丙烯薄膜，是将高分子聚丙烯的熔体首先通过狭长 T 型模头制成片材或厚膜，然后在专用的拉伸机内，在一定的温度和设定的速度下，同时或分步在垂直的两个方向（纵向、横向）上进行拉伸，并经过适当的冷却或热处理或特殊的加工（如电晕、涂覆等）制成的薄膜。

配制双向拉伸聚丙烯薄膜（BOPP）的色母要求如下。

① 母粒分散性优异　如果色母粒中钛白粉分散性不好，会增加过滤网压力，也容易在薄膜当中形成晶点。

② 控制色母粒水分　色母粒水分含量高，在纵向和横向拉伸过程中会增加破裂的风险。需控制在 800mg/kg 以下，这样也有利于减少晶点的产生。

③ 控制色母粒熔融指数　制备 BOPP 消光膜和珠光膜选用的树脂的熔融指数一般在 2～3g/10min，母粒应当比树脂的熔融指数略高一点，在 6～8g/10min（210℃/2.16kg），这样有利于提高白色母粒的分散效果。

④ 色母粒中析出性的分散剂含量尽量低　特别要注意配方中润滑剂的选择和添加量，因为析出的脂肪酸油性物质会影响薄膜的热封和印刷性能。

⑤ 色母粒中颜料耐热性高　BOPP 薄膜加工成型温度比较高，一般要求母粒耐热性在 280℃保持稳定，特别需注意钛白粉包膜助剂的耐热性。

⑥ 耐光性、耐候性要好　经户外光照射最少不低于 6 个月时无变色发黄现象。

⑦ 安全性　由于双向拉伸聚丙烯薄膜（BOPP）具有质轻、无毒、无臭、防潮、机械强度高、尺寸稳定性好、印刷性能良好、透明性好等优点，广泛应用于食品、糖果、香烟、茶叶、果汁、牛奶、纺织品等的包装。

色母中所添加的化学物质控制符合 FDA 食品接触、RoHS 检测、GB 9685—2013 的要求。

 ## 6.3　管道制品用色母粒品种和要求

所谓塑料管材是指用于输送气体或液体的、具有一定长度的空心圆形塑料制品。塑料管材是高科技复合而成的化学建材，是继钢材、木材、水泥之后，当代新兴的第四大类新型建筑材料。塑料管材与传统的金属管和水泥管相比，质量轻，一般仅为金属管的质量的 1/6～1/10；有较好的耐腐蚀性、抗冲击和抗拉强度；塑料管内壁表面比铸铁管光滑得多，摩擦系数小，流体阻力小，因此可降低运输能耗 5％以上；同时产品的制造能耗比传统金属管降低 75％，且运输方便、安装简单；使用寿命长达 30～50 年，因此综合性能非常优越。塑料管材目前广泛应用于建筑给排水、城镇给排水以及燃气管道、工业输送和农业排灌等领域，已经成为新世纪城建管网的主力军。

塑料管材所用的主要树脂原料有：聚氯乙烯、聚乙烯、聚丙烯、ABS、尼龙、聚碳酸酯等，目前以聚烯烃为主。

塑料管材配套色母粒市场越来越大。下面将对一些重点色母粒品种的要求作以介绍。

6.3.1　配制 PP-R 给水管色母粒的要求是什么？

PP-R 管为无规共聚聚丙烯管，是目前家装工程中采用最多的一种供水管道。它是采用无规共聚聚丙烯经挤出成为管材或注塑成为管件，为新一代管道材料。PP-R 管具有质量轻、耐腐蚀、不结垢、没有有害有毒的元素存在、卫生许可、使用寿命长等特点。它具有较好的抗冲击性能和长期蠕变性能。PP-R 管的接口采用热熔技术，一旦安装打压测试通过，绝不会再漏水。它不仅可用于冷热水管道，还可用于纯净饮用水系统。从综合性能上来讲，PP-R 管是目前性价比较高的管材，所以已成为家装水管改造的首选材料。

无规共聚聚丙烯属于半结晶材料，它有一定的透光性，紫外光长期照射会引起管道管壁内生苔结垢，细菌滋生而引起水质变化。所以 PP-R 管必须添加一定量的钛白粉和彩色颜料加以屏蔽，市场上 PP-R 管主要以白色、灰色、橘红色、蓝色、绿色等颜色为主，以仿制国外颜色为主。

配制 PP-R 管色母要求如下。

① PP-R 管材的熔融指数比较低，所以熔体黏度比较高，会经历复杂的热历程，挤出时功率消耗和模头压力通常比较高，需颜料的耐热性好，具备优良的分散性，关键是要保证 PP-R 管材产品的力学性能不受到或少受到破坏，最好是能够有所提升。

② PP-R 是一种半结晶聚合物，其软化点与熔点很接近，熔程很窄。在结晶熔融温度下，它几乎没有高弹态，因而管材强度较高，难以热拉伸，而达到结晶熔融温度以上后，拉伸黏度又急剧下降，熔体强度又非常低，所以 PP-R 管色母必须选择流动性相对比本色料大的树脂作为基本载体。也就是说，色母粒的起始熔点要绝对早于本色料，色母粒的熔融指数（MFI）应当大于本色料。也可采用将 PP-R 树脂进行破碎，再加入部分经过接枝的乙烯共聚物作为基本树脂载体，主要是为了降低起始熔点，又能有一定的极性，能与 PP-R 树脂很好地相容，并且能增加 PP-R 管材的抗冲击强度。为了 PP-R 管材产品的力学性能不受到或少受到破坏，所配制色母一般熔融指数控制在比 PPR 原料稍高为好。

③ 聚丙烯是塑料中最易老化的一种，由于树脂中的催化剂残留物等在生产、加工过程中受光、热及机械力的作用，导致 C—C 分子键及 C—H 分子键的断裂，使得聚烯烃特别容易发生热氧化和光氧化，从而造成材料失去使用价值。为了延缓材料的光热氧化，加入适当的抗氧剂及光稳定剂是必要的，复配抗氧剂及光稳定剂一定要遵循抗短期氧化及抗长期氧化的原则，方能达到理想效果。

④ PP-R 管材主要用于各种冷热水系统及与人接触的输水管道，所以选取颜料、助剂必须按 GB 17219—1988 标准《生活饮用水输配水设备及防护材料的安全性评价》与 GB 9685—2008 标准《食品容器、包装材料用助剂使用卫生标准》执行。

⑤ 绝对禁止碳酸钙（$CaCO_3$）的加入，因为 $CaCO_3$ 的加入会急剧降解基础树脂。

⑥ 为了确保 PP-R 管母粒的分散性，从而保证 PP-R 管材无界面弱点，色母粒出厂检验必须进行过滤压滤升值测定（EN BS13900-5），以保证分散性

⑦ 众所周知，结晶聚合物在挤出离开模头时，如果拉伸速率太高，聚合物表面层能量变弱，很容易出现垂直于流动方向上的明纹与暗纹交替排列的畸形表面，俗语叫做虎皮纹或者叫鲨鱼皮。

PP-R 管挤出时会产生鲨鱼皮或出现表面无光。可以通过降低挤出速度和增加模头温度加以缓解，也可以加入一些帮助增加流动的助剂（如氟材料或含硅加工助剂）。

硅芯管是一种新型的塑料管，它是由三台挤出机同时将高密度聚乙烯和摩擦系数很低的聚硅氧烷母料同步复合共挤而成的一种内壁带有固体润滑层外表带彩色识别条纹的聚烯烃管材，简称硅芯管，它可广泛用作高速公路系统、邮电系统、军队专网系统的网络通信光纤电缆护套管。因为管材内壁均匀附着一层永久固体润滑剂的硅芯管，所以吹气敷缆技术由此应运而生，使光电缆管道化真正安全、经济得以实施。

配制硅芯管用色母要求和 PP-R 管基本相同，特别提请注意是硅芯管用色母用载体选用中密度聚乙烯为好。

6.3.2 配制 PE 压力输水输气管色母粒的要求是什么？

PE 压力管由于其质量轻、耐腐蚀、节约能源、可以制成大口径的薄壁管等优点，正越来越受到重视，可用来取代金属管，其质量可靠、运行安全、维护方便、费用经济，被用于饮用洁净水和燃气的输送。

近年来，国内外给水和燃气输送用高密度聚乙烯（HDPE）管材管件发展很快，主要是在材料性能上取得重大的进步。采用双峰技术生产 PE100 管材料是第三代压力管以其更高的承压能力（PE100 管材连续 50 年所能承受的最大环向应力值为 10MPa）、更薄的管壁（在同样的承压下，PE100 比 PE80 管壁厚度减少 33%，输送截面积增加 16%，输送能力增加 35%）和更强的耐候性，在世界上得到了越来越广泛的应用，见图 6-2。

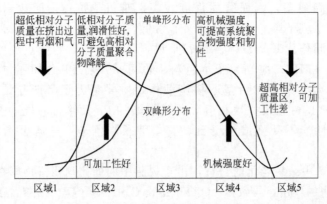

图 6-2　双峰技术生产 PE100 材料相对分子量分布和加工性能

根据欧洲共同体 EN 12201、NF114、EN 13244 标准和中国国家 GB/T 13663—2000 标准，PE 压力输水、输气塑料管的技术要求见表 6-5。

表 6-5　压力输水、输气塑料管技术要求

特性	要求	测试方法
炭黑颗粒大小/μm	≤25	炭黑制造商测定方法
炭黑含量/%	2.0～2.6	ISO 6964
炭黑分散度	≤3	ISO/FDIS 1855
密度/(kg/m³)	≥930	ISO 1183
MFI(190℃/5kg)/(g/10min)	0.2～1.1	ISO 1133
氧化时间(200℃)/min	>20	EN 728
水分含量/(mg/kg)	≤300	EN 12118
挥发分/(mg/kg)	≤350	EN 12099
饮用水质量		国家规定

根据压力输水、输气塑料管技术规格，配制 PE 压力输水、输气管黑色母要求如下。

① PE 压力管一般选用黑色，这是因为炭黑除了着色外，还是一个价廉物美的紫外线吸收剂，大量科学研究数据证明：具有一定粒径的炭黑在聚合物中添加量为 2.6% 并均匀分散在聚合物中时，聚合物寿命可达 50 年以上。

大部分有关压力管应用的国家和国际工业标准都承认炭黑颗粒大小对紫外稳定性至关重要。因此，这些标准（例如 BS6730、NFT54-072、ISO/FDIS8779）规定，炭黑的颗粒大小应小于 25nm，见图 6-3。

② 由于选择炭黑粒径较小，同时由于在聚合物中其加入量比较高，如果炭黑分散不好，除了形成不光滑外，存在于管壁内的未分散炭黑附聚体可能导致压力管道出现过早变坏现象。在压力管道上过早出现老化裂纹无疑也是一个重大的安全风险。无论从外观还是从液体流动性能方面说，管道内外壁的表面光滑度都是一项重要的性能指标。大部分有关压力管应用的国家和国际工业标准都认同这一重要性，并规定炭黑微观分散程度等级应≤3 (ISO 11420 以及 FDIS 18553)，见图 6-4。

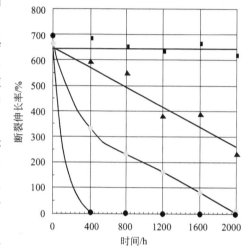

图 6-3　各种粒径炭黑的耐候性

●—无炭黑；■—XPB090；▲—低色素炉黑，原生粒径约 50nm；○—灯黑，原生粒径约 100nm

③ 炭黑由于其比表面积大，因此在空气中极易吸水。加入聚合物中，炭黑因其表面处理不好会吸水，导致黑色母在空气中吸水，在挤出管材时，表面会产生毛糙，而严重影响管材的焊接强度。应选择吸湿率低的炭黑来满足要求。

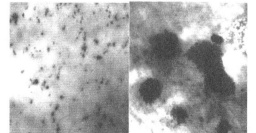

炭黑分散好　　　　炭黑分散差

图 6-4　炭黑在聚合物中分散性

④ 耐压输水管主要用于输送饮用水，对于制造饮用水压力管的专用混料，有极为严格的要求。这些对压力管的要求是按照业界对那些能够影响饮用水的口感和气味（即所谓的"感官性"特性）的要求来确定的。有关管理机构已按这些感官性要求确定炭黑要求为低硫含量、低灰分和低甲苯萃取物。P 型炭黑能够满足上述要求，详见表 6-6。

表 6-6　P 型炭黑的技术指标

名　称	测试方法	指　标	名　称	测试方法	指　标
粒径		20nm	总硫量	DIN 53584	600mg/kg
甲苯萃取物	DIN 53553	≤0.1%	325 目筛余物	ISO 787/14	5mg/kg

⑤ 由于 PE 压力管道的特殊要求，在色母树脂载体的选择上还必须考虑管材机械强度和韧性的指标，满足管材挤出对熔融指数的要求，即原料的分子量、结晶度、分子量的分布和短支链的支化度。因此，必须以不降低产品的上述指标为原则来选择制造母料的基础树脂，应选用熔融指数高的高密度聚乙烯为载体。

⑥ 采用国际标准 ISO 4427、国标 GB/T 18252—2000《塑料管道系统用外推法对热塑性塑料管材长期静液压强度的测定》，进行长期耐压 10000h 测试，以外推法证明管材可使用寿长达 50 年，因此 PE 压力管色母不能为了提高炭黑的分散性而加入低分子的分散剂。这样的母料的生产对混合设备的分散性提出了非常高的要求。而目前国产双螺杆配混料挤出机在生产黑母料时，为了保证分散性，常常需要加入大量的低分子润滑剂。

⑦ 为了达到炭黑的分散要求，设备剪切力强，产生大量摩擦热，加入适当的抗氧剂是必要的。

⑧ 由博禄、巴塞尔等 6 个成员成立 PE100＋高质量保证协会，为了区别于其它单位，特选择了黄色、橙色和蓝色管道色，其中黄色为颜料黄 180 加少量钛白粉配制，橙色为颜料橙 64 加少量钛白粉配制，蓝色为颜料蓝 15∶3 和钛白粉配制，当然在树脂中需加入老化稳定体系以保证压力管道 50 年使用期。

6.4　电缆制品用色母粒品种和要求

电线电缆最基本的性能是有效地传播电流或各种电信号。通常它包含一根或多根绝缘线芯、线芯各自具有的包覆层以及它的总保护层（电缆护套）。电线电缆是量大面广、用途遍及所有领域的一大类产品。电线电缆与国民经济的各个部门都密切相关，被称为国民经济的"动脉"与"神经"。

6.4.1　配制市话通信电缆用色母粒要注意什么？

市话通信电缆是将聚乙烯包覆的铜线制成通信线束，用于市内电话通信和长途电话网络通信。塑料作为绝缘层包在铜线外，一根市话通信电缆往往有高达千对以上线束，为了区别每一根线的功能必须对每根线的塑料包覆层进行着色。

配制市话通信电缆用色母粒的要求如下。

① 用于电线电缆绝缘层的着色必须符合相关线缆应用的特定质量要求。以国际公认的美国农业部农村电气化管理局 REA PE-200 标准为例，需符合蒙塞尔色标颜色，行业所规范的各种线缆的标准色和允许误差值是必须遵守的硬性标准。

② 通常电线绝缘层的厚度较薄（0.2～0.4mm），并且生产时挤出速度快，尤其是现今的高速线缆生产线的基础线速度高达 2000m/min。因此挤出层的质量要求非常高，以导电线缆为例：每 20km 长电缆线的火花击穿点≤3 个。如果颜料在挤出的绝缘层有不良分散点，将会引起火花击穿，致使产品不合格或严重影响生产的正常进行。因此电线电缆对颜料

分散性的要求是非常高的。

③ 色母用于电线电缆中时，首先必须耐受电缆高速挤出加工过程的高温，此外还需要通过制成品的一系列耐高温测试要求以及实际应用的环境温度的考验。色母中颜料应具有良好的耐热性。

④ 色母粒（颜料）在加工过程中可能会带入或残留一些杂质。一旦这些杂质混进线缆绝缘层，尤其是一些具有导电性的杂质，比如金属微粒、残留的盐类等，都有可能引起电线电缆的击穿率上升，并会影响介电常数和介质损耗指标。

⑤ 电缆中所有的线的功能是以规定的颜色区别的，如果所使用的颜料有迁移性的问题，可以想象，它们之间的颜色因迁移而相互沾污，会降低线缆的识别度，给安全留下隐患；另外，为了提高通话质量，在各色通讯电缆和护套层之间会填充石油膏，一旦有迁移发生，也会给安装使用造成麻烦。因此，颜料在电线电缆的应用上一定要强调具有良好耐迁移性。

⑥ 根据《电子电气设备中限制使用某些有害物质指令》（简称《RoHS 指令》），以及美国 H. R. 2420 法案《电器设备环保设计法案》，其均质材料中铅（Pb）、六价铬（Cr^{6+}）、汞（Hg）、多溴联苯（PBB）和多溴联苯醚（PBDE）的含量不得超过质量的 0.1%，镉（Cd）的含量不得超过质量的 0.01%。

6.4.2 配制光缆用色母粒要注意什么？

光缆是一定数量的光导纤维按照一定方式组成缆心、以光波为载波、以光导纤维（简称光纤）为传输介质的一种通信工具，用以实现光信号传输的一种通信线路。

人类社会现在已发展到了信息社会，声音、图像和数据等信息的交流量非常大。以前的通信手段已经不能满足现在的要求，而光纤通信以其信息容量大、保密性好、质量轻、体积小、无中继段、距离长等优点得到广泛应用。光缆是当今信息社会各种信息网的主要传输工具。如果把"互联网"称作"信息高速公路"的话，那么，光缆就是信息高速路的基石。

光缆一般由缆芯、加强钢丝、填充物和护套等几部分组成，另外根据需要还有防水层、缓冲层、绝缘金属导线等构件，见图 6-5。

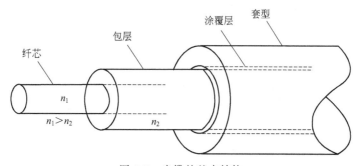

图 6-5 光缆的基本结构

光缆的制造过程一般分以下几个过程。

① 光导纤维的筛选：选择传输特性优良和张力合格的光纤。

② 光纤的染色：应用标准的全色谱来标识，要求高温不褪色不迁移。

③ 二次挤塑：选用高弹性模量、低线膨胀系数的塑料挤塑成一定尺寸的管子，将光纤纳入并填入防潮、防光、防水的凝胶，最后存放几天（不少于两天）。

④ 光缆绞合：将数根挤塑好的光纤与加强单元绞合在一起。

⑤ 挤光缆外护套：在绞合的光缆外加一层护套。

光缆的内护层只要对已成缆的光纤芯起保护作用，避免受外界机械力和环境损坏，使光纤能适应于各种敷设场合，因此要求内护层具有耐压力、耐热、防潮、质量轻、耐化学侵蚀和阻燃等特点。所以光缆的内护层一般采用 PVC、PE 及 PBT 等。由于光缆的品种很多，一般主光缆用在海底铺设，环境和使用条件较恶劣，所以通常采用 PBT 为材质。本节也以 PBT 用的光缆色母来讨论。

光缆的 PBT 内护层色母粒要求如下。

① PBT 即聚对苯二甲酸丁二醇酯，分子中没有侧链，结构对称，有高度的结晶性和高熔点，成型加工温度为 250～270℃。由于需要通过制成品的一系列耐温测试要求以及实际应用的环境温度的考验，所以要求颜料耐 270℃ 以上高温。

② 通常 PBT 内护层的厚度较薄（0.4mm），生产时挤出速度快，因此挤出层的质量要求非常高。由于不能选用溶剂染料，如果颜料在挤出的绝缘层有不良分散点，将会致使产品不合格或严重影响生产的正常进行。因此光缆对颜料分散性的要求非常高。

③ PBT 内层松套管的作用是通过填充阻水油膏，防止水和潮气产生的氢氧根对光纤产生破坏，同时减少光纤之间摩擦。尽管 PBT 玻璃化温度高，但应避免选用溶剂染料染色，应选用耐迁移性优异的颜料。如果所使用的颜料有迁移性的问题，可以想象，它们之间的颜色因迁移而相互沾污，会降低线缆的识别度，给安全留下隐患。

④ 无论色母粒中杂质是无机的（机械杂质）还是有机的（颜料生产中的金属盐），在造粒成型时均应选用高目数过滤网并注意及时更换新网。

⑤ 松套管同时对多芯光纤进行分组。电缆中所有的线的功能是以规定的颜色区别的，颜色需满足客户提出的要求。

⑥ 根据《电子电气设备中限制使用某些有害物质指令》（简称《RoHS 指令》），美国国会提出 H. R. 2420 法案《电器设备环保设计法案》，其它的一些国家或行业法规和指令也明确设定了相关的指标，限定了包括光缆在内的电子电器应用中，所使用的原材料对受限物质如特定的重金属限量控制。

6.5　化纤熔融纺丝用色母粒品种和要求

所谓化纤熔融纺丝是指化学纤维在纺丝时添加色母粒而纺出有色纤维的一种新工艺。虽然熔融纺丝生产出的有色纤维属于纺织工业的起始产品，但就加工工艺来说，还是属于塑料着色的大范畴。

传统的纺织行业中，纤维和织物的染整是最具污染性的一个环节，它不仅消耗了大量的水资源，产生出为数众多且 COD 含量极高的有色污水，对环境造成极大的污染；同时能耗大的染整过程排放出大量的二氧化碳气体，加剧了温室效应。反观原液着色工艺，它的优越之处恰恰在于革除了有色废水的污染，也有效地降低了生产能耗，同时也赋予纺丝制品更加优异的技术性能。从长远来看，未来社会对纺织业的要求除了产品质量这个永恒不变的主题之外，必定会更强调生态平衡和环境友好。"绿色纺织品"和"绿色加工技术"已经成为 21 世纪纤维纺丝行业发展的关键词，它已广泛被运用于时装、军用纺织品、汽车内饰、家居装饰、地毯以及床上用品等领域。

随着化纤纺丝工业的持续发展，纺丝的速度越来越快，纺丝纤维的纤度越来越细，各种新工艺层出不穷，由此而派生出的对色母粒耐热性、分散性的要求也越来越高。

6.5.1　配制涤纶原液着色纺丝用色母粒的要求是什么？

涤纶，学名聚酯纤维（聚对苯二甲酸二乙酯纤维），简称 PET，其性能优异，原料易得，用途广泛。经过半个多世纪的发展，已成为合成纤维中产量最大、品种齐全、应用范围最广的主力军。

涤纶纤维分子排列紧密，又少亲水性基团，因而染色性差。该问题一直困扰着人们。涤纶常规的染色方法是在高温、高压或加载体染色，反观涤纶原液着色工艺，它的优越之处恰恰在于革除了有色废水的污染，同时也赋予纺丝制品更加优异的应用性能——耐光耐候性能、耐迁移性能、耐水洗色牢度等。

配制涤纶原液着色纺丝用色母粒，要求符合化纤纺丝优良的耐热性和优异的分散、耐迁移性，满足化纤后加工中耐水性、耐碱性，以及在应用中耐光性、耐候性。

① 优异分散性　对于色母粒用于聚酯纤维原液着色的可纺性研究所涉及的面比较广，必须加以综合系统的考量。其可能性的问题有：纺丝过程中出现毛丝断丝、丝的满圈率低、过滤组件的使用周期缩短、导丝盘上出现沉积物、产能的实现等。很多的问题都集中在颜料的分散性方面，尤其对于超细纤维的生产，分散性的要求就更加高。所以色母粒应选择易润湿和易分散的颜料晶型，以保证色母的可纺性。除此之外还要求颜料中的添加剂越少越好，纯度越高越好。纯度还包含了机械杂质少，这些杂质也会影响过滤性能，颜料的机械杂质可以通过测试来控制。

聚酯的玻璃化温度高达 81℃，所以色母粒可选择溶剂染料。溶剂染料作为着色剂用于聚酯纤维看起来要比使用颜料来得简单，因为它似乎不需要分散的环节。然而，恰恰许多的问题都源于染料。

PET 纤维着色使用的母粒一般由溶剂染料与颜料组成，一般都以染料为主、颜料为辅，也有根据客户应用要求以颜料为主、染料为辅。母粒中染料的纯度直接影响母粒的着色强度、耐迁移性能和耐光性等，色母粒选择溶剂染料与颜料一样也希望纯度越高越好，高端应用场合染料纯度要求大于 97%，染料的纯度可用高效液相色谱（HPLC）测试。涤纶纺丝需要在组件中使用滤网以过滤杂质粒子，保持良好的可纺性。色母粒中分散不好的着色剂含有大量粒径较大的粒子，会迅速堵塞滤网，致使纺丝时需要频繁更换滤网，影响生产率，生产成本增加。用于聚酯纤维化纤纺丝颜料和色母粒的分散性能均能用过滤压力升测试方法进行，在本书第 1 章、第 7 章中有详细介绍。但特别提醒读者的是过滤压力升测试会因使用品种不同而不同，使用的过滤网规格、测试一次过滤的颜料量都需要与客户产品匹配而定。

② 优良耐热性　由于色母粒是在纺丝前就加入到聚合物熔体中的，必须经历 285～300℃高温下的熔融纺丝才能得得有色纤维，所用的着色剂无论是由颜料还是染料所组成的，都要求能耐受 285～300℃ 下 10～30min 不变色的考验。

③ 耐迁移性　虽然聚酯的玻璃化温度高达 81℃，但如果选用溶剂染料在纤维添加油剂时会引起迁移，需注意。

④ 耐碱性　为了消除涤纶纤维的极光，并增加织物交织点的空隙，使织物手感柔软、光泽柔和，改善其吸湿排汗性，利用浓碱液对涤纶织物中的大分子酯键进行水解、腐蚀，促使纤维织物组织松弛，减轻织物质量，从而形成织物真丝感。所以用于需碱减量工艺后处理涤纶纤维色母粒选择的着色剂需耐碱性好，把部分耐温不耐碱的溶剂染料排除在外。

⑤ 色牢度　色母粒的加工过程和使用时的纺丝过程都经过加热，所以所使用的着色剂

必须满足在加工温度下的耐热色牢度在 4 级以上。另外，一些高端的产品要求有比较好的耐水洗色牢度、耐光色牢度、耐摩擦色牢度等，在选定色母粒的材料配方时，必须考虑客户的要求来选择。

⑥ 载体的选用　色母粒载体树脂的选择对产品的性能也具有重要的影响。载体的熔体黏度适当，与颜（染）料及聚酯相容性好，则有利于颜（染）料的均匀分散和保证良好的可纺性，同时也能确保纤维制品应有的物理机械性能。如果载体选择不当，上述性能就有可能出现问题。考虑到相容性问题，一般色母粒采用聚酯系列作为载体，视着色剂组成和客户使用要求而定，可选用不同比例的 PET 与 PBT 组合载体。在色母粒制造过程中很难将 PET 粉的水分干燥到 50mg/kg 以下，PET 对水分非常敏感，单纯用 PET 作载体体系的特性黏度 η 下降得非常大，一般不单独采用，在低端产品中可选择性地使用单一载体 PET。

性能优异的聚酯类新型纤维 PTT 纺前着色时，由于 PTT 中丙烯醛等低分子物的析出，在喷丝板表面会有白色的沉积物，影响纺丝的正常进行。纺丝厂针对 PTT 的特性加有低分子抽吸装置，色母粒生产厂也应在配方设计中着力改善母粒熔体的流动性，使低分子物易析出、易清理，采用熔融黏度低些的 PBT 与 PTT 组合成复合载体。PTT 纤维综合了尼龙的柔韧性、腈纶的蓬松性、涤纶的抗污性，加上本身固有的弹性，是当前国际上最新开发的热门高分子新材料之一。

一些特殊的共聚酯载体可应用于着色剂含量高的聚酯纺丝母粒的配方中，共聚酯的种类很多，作为载体可由乙二醇、对苯二甲酸与间苯二甲酸三元共聚而成，实际应用中，会根据产品需要，提高间苯二甲酸的浓度。共聚酯的熔点随分子结构中对苯二甲酸和间苯二甲酸的比例不同而变化，间苯二甲酸的比例越高，共聚物的熔点就越低。选择合适熔点的共聚酯作载体对颜料润湿性好，载体的延展性好，包覆性能强，可生产高浓度的聚酯母粒。由于共聚酯中间苯二甲酸的引入，使原本的高分子链柔顺性降低，熔融黏度增加，克服分子间的引力需外界提供更多的能量，才能使它舒展，起到对着色剂的润湿分散作用，建议采用剪切力比较大、自洁性好的积木式同向双螺杆挤出机加工。

⑦ 黏度　色母粒是经过一个热加工过程的产物，在加工过程中，载体 PET 会发生一定的降解，如果降解太严重，会影响纺丝时的加工性。因此，一般要求 PET 色母粒的黏度能保持在 0.5 以上。

⑧ 水分　涤纶色母粒生产过程中经过水槽冷却，包装前带有一定的水分，即使经过干燥或预结晶，长时间暴露在空气中也很容易吸收水分，而少量的水分即可在纺丝过程中导致 PET 长链降解，严重影响可纺性。因此在使用涤纶色母粒纺丝前必须进行干燥，使水分含量在 30mg/kg 以内。

⑨ 加入量　色母粒是一种超常量着色剂的塑料粒子，在涤纶纤维中一般建议添加量为 2%~5%，添加量太少会使颜色分散不均匀，出现斑马丝的问题；太高会影响可纺性，容易断头，成品率低。

6.5.2　配制丙纶纺丝用色母粒的要求是什么？

聚丙烯由碳和氢构成，分子结构极为简单。由于丙烯的分子结构与石油相近，而且制造工艺流程短，所以它是资源、能源消耗极少的合成树脂品种。聚丙烯纤维不具备可染色性，90% 以上皆采用原液着色，所使用的着色剂均为颜料。我国色母粒开发就是起步于通过丙纶化纤色母粒开发来解决丙纶染色问题。

丙纶纤维相对密度为 0.91，是目前所有纤维中最轻的一种。由于它相对密度小，因而单位质量的丙纶纤维的覆盖面积最大。丙纶的织物体积是涤纶的 1.5 倍，是锦纶的 1.25 倍，是羊毛的 1.45 倍，是棉的 1.6 倍。丙纶是各类纤维中唯一相对密度小于水的纤维。由于它不吸水，所以能浮在水面上。

丙纶纤维主要有短丝、长丝、纺黏无纺布和熔喷无纺布等几种。配制丙纶纺丝用色母粒，要求符合化纤纺丝优良的耐热性和优异的分散性、耐迁移性以及满足化纤应用中的耐光性、耐候性。

① 耐热性　由于聚丙烯纤维的纺丝工艺不同，其纺丝温度为 230～300℃，因此，所选择的颜料必须具有优异的耐热性能。经典颜料红 48∶2 大量用于丙纶地毯丝，需关注其在纺丝高温时会失去结晶水而在存放时还会吸收水反复变色的现象。

另外，铜以及其它的金属离子能加速聚丙烯树脂的氧化分解，所以必须对这些金属离子的含量进行严格的控制。例如：用氯化亚铜作为主要生产原料之一的铜酞菁颜料，在丙纶纺丝上对铜离子的控制是一个十分重要的指标，必要时必须对其做精制处理以求去除多余的游离铜离子。

② 分散性　色母粒用于丙纶分散性，需考虑：喷丝孔断丝、拉伸变形/拉伸断丝、过滤组件的更换频率和使用寿命。特别超细旦丙纶是向仿真丝和织物薄型化发展的新品种，对颜料分散性提出了更高的要求，丙纶色母粒用过滤压力升来表征色母粒分散质量，其值称为 DF 值，一般要求丙纶色母粒的 DF 值小于 1.0。

颜料的分散可以通过添加聚乙烯蜡、EBS 等分散剂来实现，根据各种分散剂的类型和性能，其添加量可根据需要达到的分散效果来确定，但必须遵守尽量少的原则，因为太多的分散剂会导致纺丝时熔体黏度下降，容易飘丝、断头。

③ 迁移性　采用原液着色颜料已成为丙纶地毯固有的一部分，所以要特别注意颜料迁移性。由于丙纶地毯纺丝温度不太高，所以选用大量价廉物美的经典有机颜料，需注意的是高温使某些颜料部分分解而导致的迁移问题。丙纶长丝牵伸过程中需要上油，油剂会导致部分颜料迁移析出。

④ 耐候性　丙纶纤维是常见化学纤维中最轻的纤维。它几乎不吸湿，强度高，制成织物尺寸稳定，耐磨，弹性也不错，化学稳定性好。所以大量用于遮阳布上，因此需要有良好的耐候性。在选择有良好的耐候性颜料品种时，还需注意要选择粒径大的颜料，并加入适当的抗氧抗紫外线等防老化助剂。

⑤ 熔融指数　丙纶长丝用色母粒要求熔融指数为 15～50g/10min，纺黏无纺布用色母粒要求熔融指数为 40～60g/10min，熔喷无纺布用色母粒熔融指数为 800～1500g/10min。

⑥ 含水量　丙纶长丝如纺速为 600～800m/min，对于聚丙烯树脂和色母粒的水分要求不高。如一步法，纺速高达 2000～3000m/min，甚至更快。色母含水稍高常常引起纺丝异常。一般说来，要求色母粒含水控制在 500mg/kg 左右。

⑦ 安全性　随着人们环保意识的不断增强，要求丙纶色母粒中不能含有限制使用的多种重金属，因此，含铅、镉的各种颜料绝对不能使用。符合生态纺织品要求。

6.5.3　配制人造草坪用色母粒的要求是什么？

人造运动草坪起源于 20 世纪 60 年代美国的一个军工项目中的发明，至今已有 50 年历史，因其具有诸多天然草无法比拟的优点，被广泛应用于足球、网球、曲棍球、橄榄球、高尔夫球以及休闲场所等场地。据估计世界上人造运动草坪使用量已达 2 亿平方米以上。

人造运动草坪是以塑料为原料，流延成膜，切割成单丝，用专业设备编织的方法制作的草坪，其结构见图6-6。塑料聚合物为 PE、PP、PA。PP 的草丝材质硬度较高，PE 的耐磨性能优于 PP，PA 性能更优，这些聚合物均能够提供草坪丝的柔性和弹性。

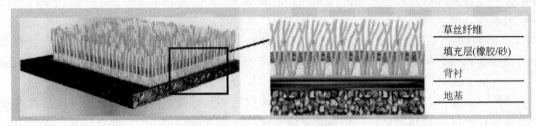

图6-6 人造运动草坪结构图

① 耐候性　由于人造运动草坪长期在户外使用，所以选择的颜料应具有非常优异的耐候性，所以可供选择的颜料不多，见表6-7。需要注意的是，有些颜料本色的耐候性不错，但加钛白后其性能大幅度下降，所以采用高遮盖力的无机颜料和有机颜料配色应是个不错的方案。如果配方中需钛白粉，应选择耐候性优良的氯化法金红石型钛白粉，其产品杂质要比硫酸法红石型钛白粉少，而且致密性包膜层厚，能防止钛白粉游离质子对聚合物的攻击，以保持草坪的耐候性；同时也能使钛白粉在紫外线照射下不发生黄变而保持草坪颜色稳定。

表6-7　可用于人造运动草坪颜料一览表

颜料索引号	耐热性/℃	耐光性/级	耐候性/级
颜料黄 42(包膜)	240	8	4～5
颜料 110	300	8	4～5
颜料黄 119	300	8	5
颜料兰 15:3	300	8	5
颜料蓝 15:1	300	8	5
颜料绿 7	300	8	5
颜料黑 7	300	8	5
颜料白 6	300	8	5

② 耐热性　由于人造运动草坪丝采用熔融纺丝成型工艺，所以色母粒中颜料的耐热性能达到250℃高温，同时要求所用的颜料必须具有良好的耐迁移性能。

③ 分散性　由于人造运动草坪丝采用熔融纺丝成型工艺，而且有不少异型丝，所以颜料应具有良好分散性，否则会引起毛丝、断丝，还要影响正常的织造生产，也可加氟一类功能母粒改善可纺性。

④ 耐老化　人造运动草坪是聚合物，要保持聚合物的耐候性，所以需要控制颜料中游离金属离子以延缓聚合物老化。聚合物在热、光等作用下，会发生断链，造成性能下降，所以需要加入老化稳定系统，应选择受阻酚类抗氧剂（白色除外），有效地抑制或降低塑料热氧化反应速率，延长塑料制品使用寿命。聚合物老化稳定系统还应选择加入二苯甲酮类紫外线吸收剂，提高人造运动草坪耐候性。人造草坪塑料体系中已加入阻燃体系以保证使用安全，因加入卤素的阻燃体系呈酸性，因此避免与具有强碱性官能团受阻胺一类光稳定剂（如944和622）配伍。

6.6　发泡塑料制品用色母粒品种和要求

泡沫塑料是一种大量气体微孔均匀分散在固体塑料中形成的一类高分子材料。它具有质量轻、隔热、吸声、减震等特性，用途十分广泛。几乎各种塑料树脂都能被制成泡沫塑料。泡沫塑料的制造工艺被称为发泡成型工艺，也叫做泡沫塑料成型。

泡沫塑料制品种类较多，可以有不同的分类方法。

① 一步法工艺：发泡倍率不高，一般在 3～15 倍。

② 两步法工艺：发泡倍率为 30 倍的 PE 泡沫塑料。

③ 注射发泡工艺：运动鞋底的制作就是典型的注射发泡。

由于发泡会成倍放大色母分散不良的缺点，所以色母应用于发泡成型工艺时需要特别注意分散性。

聚乙烯泡沫塑料（EVA 发泡）生产工艺是在室温下将物料混合，然后在两辊开炼机上进行混炼，控制混炼温度介于树脂熔点温度与交联剂及发泡剂的分解温度之间（约 110～120℃），混炼完成后按照模具大小出片，出片厚度为 1mm 左右，片材称量裁切后放入模具，加热至 160℃（发泡剂分解温度）以上，保持压力 7.12～10.78MPa 约 6～8min，确保交联反应完成，发泡剂分解完全后快速解除压力开模，使物料瞬间膨胀弹出，完成发泡。

两步法工艺是在一步法开炼完成的基础上，将塑炼好的片材在模具内进行模压，控制温度在 150℃，依据片材厚度设置发泡时间，通常为 30min 左右，去除压力开模，完成初发泡，此时材料密度约为 0.098g/cm^3，且尚有 70% 的发泡剂未分解；即刻趁热将初发泡料置于 165℃ 的油浴中加热并保持 20min，经二次发泡后，最终制品的泡孔细密均匀，制品密度约为 0.027g/cm^3。两步法可得发泡倍率为 30 倍的 PE 泡沫塑料。

配制 PE 发泡塑料管色母要求如下。

① 分散性　发泡塑料泡孔细密均匀，尤其是闭孔泡沫制品。配方中的固体颗粒物质如果分散效果不佳、有较粗大颗粒存在的话，就会引发产生异常大的泡孔而影响制品的质量。因此，用于泡沫塑料制品的颜料需要具有良好的分散性。

② 耐热性　就发泡工艺的温度而言，在所有的塑料加工中并不算很高，但是发泡环节耗时较长（高发泡需 160℃、30min），所以颜料所需要承受的高温时间也相应比较长，没有一定的耐热性能就不能完全符合加工工艺的要求。特别高发泡工艺，发泡时间较长，所以经典偶氮颜料不能使用。

③ 选择着色力高的颜料　泡沫塑料由于有着细密气泡的存在而具有极强的消色作用，这就是泡沫塑料制品尤其是高倍率发泡制品鲜见具有鲜艳色泽的深色制品的主要原因。因此，选择着色力高的颜料产品能够很好地帮助提升发泡制品的色彩性能。

④ 耐迁移性及溶剂性　泡沫塑料被广泛用于运动地垫/护垫、运动鞋以及沙滩拖鞋等具有鲜艳色彩需求的领域，而这些制品往往都有相拼色。因此，必须保持各个颜色的界限清晰，没有窜色和相互沾污的现象。这就要求所用的颜料必须具有良好的耐迁移性能。

发泡工艺中使用许多的化学添加剂。因此，需要保证颜料与这些添加剂不具有反应的可能；有些泡沫片材需要多层黏合，黏合前需用溶剂清洁黏合面；颜料也必须能够确保不与这些化学制剂发生反应。

⑤ 安全性　泡沫塑料制品中那些与人体接触的产品如鞋、运动地垫/护垫以及玩具等，其所有相关的原材料都应遵守各自相应的产品安全法规和指令。

6.7　注塑制品用色母粒品种和要求

注射成型（injection molding）就是将塑料添加色母粒由注射机的料斗送入料筒内，加热熔融塑化后，在柱塞或螺杆的加压作用下，物料被压缩并向前移动，通过机筒前的喷嘴，以很快的速度注入较低温度的闭合模具型腔内充实并保持压力，经一定时间冷却定型后，开启模具取出制品的加工过程。该方法适用于全部热塑性塑料和部分热固性塑料。

注射成型是目前塑料成型加工中被采用最多的成型工艺之一。它占塑料加工成型总量的 30%。

注射成型工艺经过许多年的发展，已逐步形成一个巨大的产业链，它的制品应用范围非常广，大到汽车船舶、航空航天、铁路建筑；小到电子电器、居家日用、医药卫生、餐饮娱乐等领域。有色制品占注射成型制件总量的 80% 以上，尤其电子产品、日常用品、餐饮娱乐和儿童玩具等几乎都是有色塑料制品的天下。

常规的注塑加工工艺能满足绝大部分的制作要求，但也存在一些不足之处。随着注塑技术的发展，许多新的注塑技术和工艺不断涌现，如微量注塑技术、共注塑（双色/多色注射）技术、气辅/水辅注射工艺等。

6.7.1　配制家用电器用色母粒的要求是什么？

塑料由于其刚性大、蠕变小、机械强度高、耐热性好、电绝缘性好等性能，广泛应用于家电行业。由于冰箱、洗衣机、饮水机、电饭煲、空气净化器等家电产品用于民生，家电外观越来越多样化、艺术化，对着色提出了更高要求。

家用电器基本上是采用注塑工艺生产的。根据家用电器用途和工艺配制家用电器用色母粒，要求参考其耐热性、耐迁移性、抗翘曲变形性、分散性、耐化学品性、安全性等。

① 耐热性　注塑加工时熔体的温度都比较高，且滞留在高温料筒中的时间也比较长，这就需要所使用的着色剂有较高的耐热性能，方能抵御高温对其的破坏作用。尤其是那些大型制件、复杂结构的制件以及具有热流道型腔的制件，其温度设置都比一般注塑设置要高。所以需充分考虑每一个制品不同的要求，选择具有相当耐热性能的着色剂产品。

还有一点也应该考虑，那就是注塑加工中的边角余料一般都会破碎后回用，这就形成反复多次成型的热加工过程。着色剂如果没有足够的耐热性就会有产生色变的可能。

② 抗翘曲变形性　所谓翘曲变形是指注塑制品的形状偏离了模具型腔固有的形状。它是塑料制品比较常见的缺陷之一。形成翘曲变形的成因多种多样，既有材料先天因素的原因所导致的；也有因工艺参数设置失当而造成的；也可能由于配方中添加组分的影响而引起的。

颜料对其的影响只是众多原因之一，有机颜料在塑料成型中可能充当成核剂而促进结晶化进程，如酞菁类结构颜料蓝 15:1、颜料蓝 15:3、颜料绿 7，异吲哚啉酮类结构颜料黄 110，缩合偶氮结构颜料红 144、颜料红 166，均会引起塑料制品收缩率加大，这些颜料的共同特点是具有分子结构对称性。无机颜料对塑料收缩影响小。

抗翘曲变形性还与颜料添加量有关。

③ 分散性和混合性　塑料注塑件对制品外观的基本要求就是色彩鲜艳、光泽度高、没有色点。对于光泽度而言，除了模具本身的因素之外，颜料的分散程度也是一个重要的因素，如果所使用的颜料分散性较差的话，制品表面就会产生很多色点，影响制品质量。

颜料经充分分散后均匀分布在塑料体系中，但需要注意的是充分的分散并不能等同于均匀混合，有时候颜料分散得很好，但因为混合不均匀，也会在塑料制品表面留下色纹和斑痕，例如家用电器注塑产品常常产生令人头痛的流痕。其主要原因是色母在塑料熔体流动性不够，这是由于色母的熔融指数偏低，或色母中加了过量不合适的润滑剂。当然也与注塑成型工艺有关，提高射压和保压，使塑料冷凝层得以紧压在模面上定型，减少流痕产生。而要解决流痕，适当提高塑料熔融温度，注塑喷嘴适度加热，模具温度恒定都是需关注的细节。

④ 色差　由于家电产品规模性生产是分别由几家配套厂生产后组装，所以对色差的要求比其它产品高。特别注意，需选择各项性能稳定的颜料品种。

⑤ 迁移性　注塑制件材质多样且应用面十分广泛，许多的应用涉及食品接触、儿童玩具、包装材料、多色拼装或与其它制品的直接接触等，一旦发生迁移问题，轻则造成颜色的交叉污染，重则引发制品使用安全问题，千万不可掉以轻心。应该依据制品实际应用需要，针对敏感性产品避免使用有潜在迁移可能的颜料产品。

⑥ 耐化学品性　对于生产容器类注塑件、使用过程中需要洗涤、消毒等处理的制品或需要与其它化学品接触的制品等，必须事先了解今后制品可能接触的具体化学品，并进行测试或判断所选择的颜料对它们的耐受程度，以避免潜在的威胁。

⑦ 安全性　注塑制品适用面广，不同的产品中使用的原材料包括颜料都必须符合相应的产品安全规范和指令。国内外对环保要求越来越严格，环保法规也逐渐增多，密切关注国内外法规的实施，如 RoHS 指令、REACH 法规、PAHs 多环芳香烃、食品级检测（FDA、LFGB、GB 食品级）、CQC 认证、UL 认证等。

6.7.2　配制汽车塑料用色母粒的要求是什么？

目前，我国汽车市场初步形成了四大集团（一汽集团、上汽集团、东风集团、长安集团）为第一梯队，十小集团（广汽集团、北汽集团、奇瑞汽车、比亚迪、华晨集团、江淮集团、吉利汽车、中国重汽、福汽集团、陕汽集团）为第二梯队的产业格局。自进入 2000 年后，我国汽车产业一直处于高速发展，见图 6-7。

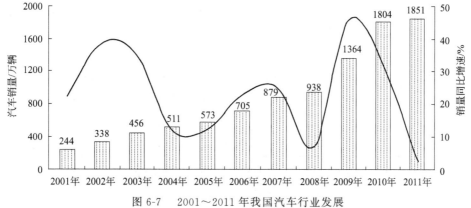

图 6-7　2001～2011 年我国汽车行业发展

作为汽车组成的重要部分，塑料越来越受到关注。据调查，车用塑料前七位塑料品种与所占比例大致为：聚丙烯21%，聚氨酯19.6%，聚氯乙烯12.2%，热固性复合材料10.4%，ABS 8%，尼龙7.8%，聚乙烯6%。为满足汽车各零部件性能要求，往往汽车内饰件塑料都会采取改性等手段来满足增强、增韧、耐磨等要求。

汽车内饰件塑料色母粒，因其特殊性，往往在满足色差要求的情况下，对VOC含量以及UV（抗老化）性能有较高要求，另外对抗静电、耐刮擦、低光泽度等要求也不可忽视。配制汽车塑料色母粒有如下几个要求。

① 色差 众所周知，一般汽车类颜色都是以米色、灰色、棕色、黑色等冷色调为主，不同的米色、灰色、黑色以其独特色号为命名，例如Y20（灰色）、95T（米色）、82V（黑色）、9B9（黑色），称之为标准色板，不同色号代表一组L、a、b值。一般汽车内饰件颜色判定都用分光测色仪与标准色板打色差比对（D65光源、F11光源），不同的色号色差范围也不尽相同，具体可参阅各个主机厂的汽车内饰颜色评定规范，例如大众的VW50190。

另外，颜色的数据化往往和模具皮纹、光泽度等紧密联系，表6-8为各种内饰材料光泽度在不同颜色下要求。

表6-8 各种内饰材料光泽度要求

原材料	黑色		灰色		米色	
	1	3	1	3	1	3
K31皮纹非结晶材料（ABS、PC、PC+ABS等）	3.4~4.4	4.4~5.4	3.4~4.4	4.4~5.4	3.4~4.4	4.4~5.4
涂料	1.2~1.8					
皮纹部分结晶材料（PP、PE、PBT、PET等）	2.0±0.2		2.2±0.2		2.8±0.3	

一般光泽度除了原材料本身的光泽特性，另外还由色母配方中分散剂类型、注塑工艺、模具温度、注塑件模具的表面光泽度所决定。

② 同色异谱 同色异谱是配制汽车塑料用色母粒最难的难题。它要求实现多种光源下不同塑料色样和同一颜色目标的匹配，任何一个物体颜色都有它特有的光谱反射率曲线，当这个物体在指定光源下反射出可见光谱给观察者就会产生光谱三刺激值。当光谱反射率曲线不同的两个物体的光谱三刺激值相等时，就认为这2个物体为条件等色。一旦光源改变，由于每个光源能量分布不同，产生的光谱三刺激值就不相同，这就产生了同色异谱现象。大多汽车主机厂都会选择D65、F11两组光源作为判定同色异谱的依据。

要规避同色异谱现象，应广泛收集颜料数据，建立电脑数据库，采用计算机辅助配色技术，见第8章。如采用人工配色需对汽车类颜料进行比对，进行反射光谱分析，对配色师要求较高。

③ VOC控制 VOC即挥发性有机化合物，对人体健康有巨大影响。特别是汽车内VOC，汽车内饰材料中VOC主要来源于地毯、皮革制品（座椅）、聚氨酯坐垫、塑料制品（控制台、门）。VOC对人体的危害及控制指标见表6-9。

表6-9 VOC对人体的危害及控制指标

控制物质	限值/(mg/m³)	危害
苯	0.11	致癌;可经呼吸道、皮肤和食物多种途径进入人体;对人体的损害不可逆转
甲苯	1.10	可疑动物致癌物;对皮肤和黏膜刺激性大,对神经系统作用强
二甲苯	1.50	可疑动物致癌物
乙苯	1.50	可疑人类致癌物;呼吸吸入、食物或饮水摄入,以苯化合物中刺激性最大著称

续表

控制物质	限值/(mg/m³)	危害
苯乙烯	0.26	可疑人类致癌物;对眼和上呼吸道黏膜有刺激和麻醉作用
甲醛	0.10	确认人类致癌物;具有刺激性和窒息性的气体,对人的眼、鼻等有刺激作用
乙醛	0.05	可疑人类致癌物;对眼、鼻及上呼吸道有刺激作用,高浓度吸入有麻醉作用
丙烯醛	0.05	可疑动物致癌物

　　汽车塑料色母粒中 VOC 主要来自于功能性助剂（抗静电剂、UV 剂等）与分散性助剂,所以选择合理的助剂就变得尤为重要。这一方面,目前国内外知名的聚合物添加剂供应商都已经对其产品进行了改进,推出了一系列和聚合物相容性更佳、低 VOC、不喷霜、高温不发黏的助剂。其中美国氰特公司、北京天罡 Tiantang tm T 系列都做了改善。

　　④ 抗老化　汽车常年处于室外环境中,风吹雨淋,阳光直照,所以聚合物的抗紫外性能就变得尤为突出。紫外线波长比可见光短,但比 X 射线的长。汽车内外饰老化周期见表 6-10。

表 6-10　汽车内外饰老化周期总成（PV 1303：2001-03）

构件	周期
后窗台板(倾斜的后窗玻璃,阶梯车尾)	10
货厢盖板变化组合/Avant	8
行李舱饰面	
变化组合/Avant(打开)	8
短尾部(后窗台板可拆卸的,例如 Golf)	2
行李舱,附件	
短尾部	8
变化	5
仪表盘(ZSB 和薄膜)	5
转向柱,开关和挡板	5
转向盘	5
车内后视镜	5
车门内衬,扶手	
直接辐射纺织物和薄膜	5
间接辐射纺织物和薄膜	3
立柱内衬	
直接辐射	5
间接辐射	3

注:一周期为 65h。

　　一般情况下,根据聚合物本身特性以及颜色方面的要求,会选择不同类型的光稳定剂类型复配,再加上抗氧剂,能达到 1+1＞2 的协同效果,既能达到性能实验要求也能将成本控制在最低。

6.7.3　免喷涂塑料配色要求是什么?

　　我们曾经习惯于通过喷涂来实现塑料产品更好的外观表现,以及对产品的保护。而喷涂制品从生产到回收存在着种种缺陷。

　　所谓免喷涂塑料就是在特定树脂中加入特殊的颜料、铝颜料、珠光颜料（包括色母粒）,通过特殊的相容技术改性而成,使制品实现各种炫彩或特殊的外观效果。颜色靓丽,高端大气的金属质感能显著提升塑料制品的档次。相比喷涂产品,成型容易、成品率高、制品可100％回收利用,不产生对环境有害的气体、粉体等污染物质,达到低碳环保。此外,色彩可帮助客户应对多样化、差别化的市场需求。免喷涂塑料产品的优点见表 6-11。免喷涂塑料种类可分为 PC/ABS、PC/ABS+GF、PC、PP、ABS、PMMA/ABS。

表 6-11　免喷涂塑料的优点

免喷涂塑料	喷涂塑料	免喷涂塑料优越性
低碳环保,无溶剂排放	VOC 排放超标,环境污染超标,国家限制产业	少了"喷漆",无 VOC,环保
成品和半成品可 100％回收利用	回收利用范围较小	循环利用
合格率高、一次成型、产品周期短、工艺流程简单	合格率低,产品周期长,加工工序复杂	综合成本降低 20％~50％
不褪色、不脱落、耐磨性好	使用后易掉漆,起皮或气泡,不耐磨,容易有刮痕	产品表面效果优异,不掉色,无刮痕

由于塑料树脂添加了珠光颜料和金属铝颜料等,特别在改性过程中,受温度和螺杆剪切力的作用下,金属颜料容易起催化剂的作用,引起材料降解,造成制品表面产生气孔、气痕或银丝及材料发黄降解等不良现象。金属颜料及珠光颜料在注塑成型过程中容易沿剪切方向排布,如注塑速度过高,使产品表面产生流痕或熔接线,影响外观,成为免喷涂塑料配色的难点。

因此,在实际生产过程中需要合理的模具设计和注塑工艺配合,才能制备出完美的制品。

免喷涂塑料色彩配方设计方案如下。

① 原材料和颜料的选择　尽可能选择高流动性的塑料材料,透明性好的颜料以及合适的珠光颜料、金属铝颜料。

规则的球形铝颜料对光线的反射较为均匀一致,主要发生镜面反射,表面具有高亮度及光泽度。片状和银元型铝颜料,由于形状不规则,颜料在材料中的分布形态各异,光线在铝颜料表面反射方向各不相同,导致目测观察时产生明暗差异,变换观察角度时,就会产生闪烁效果。一般而言,铝颜料的形状越不规则,粒径越大,其闪烁效果越明显,应根据客户需求进行配方设计。随着铝颜料含量的增加,色泽会逐渐加深,一般建议添加量范围1％~4％。

② 合理的助剂选择　采用相容性好,能够增加流动性的分散助剂,确保颜料和树脂充分混合及均匀分布。

③ 注塑成型前免喷涂塑料要烘燥　大多数树脂都含水分,在成型加工前必须进行烘燥,否则会导致制品表面银丝和水花,影响制品表面光泽。如 ABS 树脂,烘箱温度通常为 80~90℃,干燥 3~5h。

④ 注塑温度、工艺的调整　根据树脂的类别,合理地设定注塑温度、注塑速度、注塑压力等。注塑工艺主要考虑产品的外观,模具的结构、排气以及注塑机型腔内树脂流动的阻力。

⑤ 注塑模具温度的设定　模具的温度直接影响最终制品的表面光亮度、熔接线及外观。模具温度高可以增加材料的流动性,获得较高的结合 强度,并且能降低成型制品内应力,使其耐热性和耐化学性更好。同时提高熔胶对模具表面的复制性,提高制品光泽度和特殊色彩效果。为了达到理想的表面质量效果,在使用金属颜料时,应尽量采用较高模具温度,对于 PC/ABS 为基材的制品,模温通常为 80~110℃。

总之,合理的颜料配方组合、模具设计,适当的干燥温度、注塑温度、注塑速度,合理的模具温度等,是免喷涂材料制成外观靓丽的必不可少的条件。

免喷涂塑料是一种环保舒适、健康安全、高品质的新颖改性新材料,目前家电、汽车产品中越来越多地使用免喷涂塑料。尽管目前免喷涂塑料的应用还有种种问题,但是我们应该有理由乐观地相信这样的环保创新型材料最终会受到人们的认可和欢迎。

6.8　其它制品用色母粒品种和要求

6.8.1　滚塑用色母粒的要求是什么？

滚塑成型是一种热塑性塑料中空成型加工方法。其原理是：把塑料树脂加入到模具内，闭合模具，通过由外对模具加热，并同时利用两直角相交的转轴不间断转动，使模具作三维转动/滚动，塑料树脂借助自身的重力作用均匀地布满模具内腔并且逐步熔融，直至塑料树脂完全熔融并均匀黏附贴合于模腔内壁，然后停止加热转入冷却过程，待制品冷却固结后脱模而得到所需的无缝中空制品。

滚塑模具制作简单，造价低廉，一般仅为同等尺寸其它模具造价的 $1/4\sim1/3$；滚塑模具尤其适合于大型制品的制作，可以实现边缘增厚以保证大口径制品的边缘强度；此外，滚塑制件无飞边，材料浪费少。滚塑工艺的不足之处在于：生产周期比较长，物料需预先磨粉加工，人工操作多，劳动强度大等。

滚塑制品的应用面十分广泛，涵盖生活、娱乐、军用、民用、工业、农业等诸多领域。办公用品、游艇、冲锋舟、大型玩具、道路分割墩/防冲墩、工具箱、垃圾桶/箱、大径管、波纹管、水箱、化工储罐等都可采用滚塑工艺制造。

以聚乙烯粉料滚塑加工为例，整个工艺过程可分为加料、成型、冷却、脱模四个部分，见图 6-8。

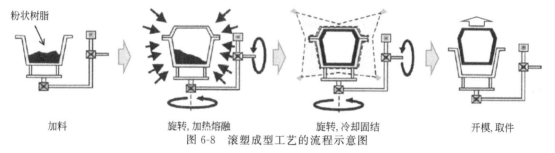

图 6-8　滚塑成型工艺的流程示意图

对于应用于滚塑成型制品中的色母粒，应高度关注其耐热性、分散性、耐光/候性、安全性等特性指标。

① 耐热性　滚塑成型是一个非外力强制的成型工艺，需要熔体具有非常好的流动性能；热传导形式对树脂来说是单方向自然传递的方式，不存在摩擦和剪切生热；熔体中含有的气泡需要足够的时间自然积聚破泡。因此，加工温度远高于同类树脂其它的成型工艺，同样在此高温下的操作时间也比其它工艺长得多。滚塑时模具腔体内如果不用氮气作保护，还必须考虑高温下氧化作用。凡此种种，都需要所选用的颜料产品必须具有优异的耐热性能，否则不能保证产品的质量！

由于滚塑成型加工温度远高于同类树脂，所以可用颜料品种不多，见表 6-12。

表 6-12　可用滚塑颜料一览表

颜料索引号	耐热性/℃	耐光性/级	耐候性/级
颜料白 6	300	8	5
颜料黄 34（包膜）	280	7	3～4

续表

颜料索引号	耐热性/℃	耐光性/级	耐候性/级
颜料黄 119	300	8	4～5
颜料橙 104（包膜）	280	7	3～4
颜料红 101	300	8	4
颜料黑 7	300	8	5
颜料 110	300	8	4～5
颜料黄 183（遮盖）	280	7	3～4
颜料黄 191	300	8	3
颜料红 149	280	8	3
颜料红 254	300	8	4
颜料紫 23	280	7～8	4～5
颜料兰 15：3	300	8	5
颜料蓝 15：1	300	8	5
颜料绿 7	300	8	5

② 分散性　由滚塑加工工艺可知，如果不对树脂体系进行预先的混合料加工方式处理，而只是作简单的干粉混合加工（目前有相当多的生产商采用此法），那么，颜料粉体颗粒在整个工艺过程中并没有经过有效的分散作用。对于粉体颗粒较粗大且不易分散的，就会造成色点等瑕疵，影响产品质量。

③ 耐光/候性　滚塑成型制品被大量用于户外，尤其像游艇、防冲墩、大型玩具等都需要鲜明的色彩。因此用于这些制品的颜料必须具有优异的耐光/候性能。

④ 安全性　滚塑制品中大量的民用制品和玩具等直接与人体接触，尤其是儿童玩具。所以，必须关注颜料产品的安全性。

6.8.2　聚乙烯粉末涂料

粉体浸塑工艺也是粉末涂料涂装的一种形式，它是基于传统流化床演变而来的一种古老的加工工艺。粉体浸塑工艺的不同之处在于：把作为涂覆层的热塑性树脂和添加组分按塑料混合料的方式加工并磨成粉状，粉料置于流化床内作"竖式流态化"运动，金属制件经表面处理后预热至粉体树脂的熔点温度以上，制件置于流化床中，流态化粉体均匀地附于金属制件表面并被热熔，待制件黏附一定厚度树脂粉末后，移除并加热，进一步熔化、流平，最终冷却固结成为涂覆层。见图 6-10。

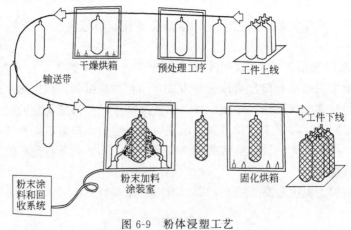

图 6-9　粉体浸塑工艺

对于用于粉体浸塑工艺的色母粒产品，应高度关注其耐热性、分散性、耐光/候性等特性指标。

① 耐热性　从图 6-9 可看到粉体浸塑工艺是将金属制件预热至粉体树脂的熔点温度以上，需要所选用的颜料产品必须具有优异的耐热性能。

② 分散性　粉末涂料的制造属于一个塑料着色加工的过程，它的主要工序如图 6-10 所示。

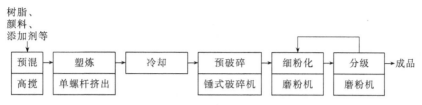

图 6-10　粉末涂料生产工艺示意图

由工艺示意图可知，颜料在粉末涂料加工过程中的润湿和分散仅依靠预混和单螺杆的作用，但从分散的角度看是不足以解决较有难度的分散任务的，这就需要选择具有良好分散性的颜料品种以达成质量要求。

③ 耐候性　有很多的粉末涂料涂装件会用于户外，如围栏、公路分割栏等。这些应用也必须考虑应有良好的耐候性能。

6.9　3D 打印塑料材料用色母粒品种和要求

1986 年，3D 打印技术正式现身，但直到 20 世纪 90 年代才被广泛关注，应用也主要局限在工程、建筑业和制造业等领域。

3D 打印能使产品在数小时内成型，它让产品实现了从平面到实体的飞跃。如今，从航空配件到玩具，几乎所有东西都离不开 3D 打印技术。由于它能打印出组装好的产品，因此它大大降低了组装成本。未来，它甚至可以挑战大规模生产方式。

美国学者里夫金的著作《第三次工业革命》和英国《经济学人》发表的《三 D 打印将改变世界》，都认为 3D 打印技术将带动第三次工业革命。

工信部、财政部等于 2015 年印发《国家增材制造产业发展推进计划》提出，到 2016 年，初步建立较为完善的增材制造产业体系，产业销售收入实现快速增长，年均增长速度 30% 以上，我国 3D 打印技术将有大的发展，3D 打印塑料材料市场空间巨大。

6.9.1　什么是 3D 打印技术？

3D 打印，就是 CAD（计算机辅助设计）模型直接驱动的，可以完成任意复杂结构的制造方法的总称。它的核心是数字化、智能化制造与材料科学的结合，主要特点是数字驱动制造和增材制造。

"增材制造"，是与传统制造业的"减材制造"对应的，这种技术依据物体的三维模型数据，通过成型设备以材料累加的方式，制成实物模型。"这就像盖房子，一层层往上垒砖砌墙，只不过用的不是方砖水泥，而是工程塑料、粉末、尼龙、光敏树脂甚至是金属、陶瓷等不同的材料。"

3D 打印的技术主要包括：立体光刻造型技术（SLA）、熔融沉积成型技术（FDM）、选择性激光烧结（SLS）三种主流工艺。SLA 的优点是精度高。SLS 的特点是比 SLA 要结实得多，通常可以用来制作结构功能件；材料多样且性能接近普通工程塑料材料。FDM 的特点是成型实物强度更高、可以彩色成型，但是成型后表面粗糙。三种工艺优缺点比较见表 6-13。

表 6-13　3D 打印的技术工艺比较

指标	SLA	SLS	FDM
成型速率	较快	较慢	较慢
精度	高	较低	较低
表面质量	优	一般	较差
运营成本	较高	较高	一般
生产成本	高	一般	较低
零件大小	中小件	中大件	中小件
常用材料	光敏树脂	塑料、石蜡、金属	ABS、PLA、尼龙
材料利用率	接近 100%	接近 100%	接近 100%
市场占有率	高	中	低

在 3D 打印领域，塑料是最常用的打印材料，常用的塑料种类有：ABS 塑料、PLA（聚乳酸）、尼龙、PC、玻璃纤维填充尼龙，通过不同比例的材料混合，可以产生出将近 120 种软硬不同的新材料。

目前 3D 打印的塑料材料主要应用在熔融沉积成型技术（FDM）上。

6.9.2　什么是 3D 打印熔融沉积成型（FDM）工艺？

FDM（Fused Deposition Modeling）工艺由美国学者 Scott Crump 于 1988 年研制成功。FDM 的材料一般是热塑性材料，以丝状供料。材料在喷头内被加热熔化。喷头沿零件截面轮廓和填充轨迹运动，同时将熔化的材料挤出，材料迅速凝固，并与周围的材料凝结，见图 6-11。

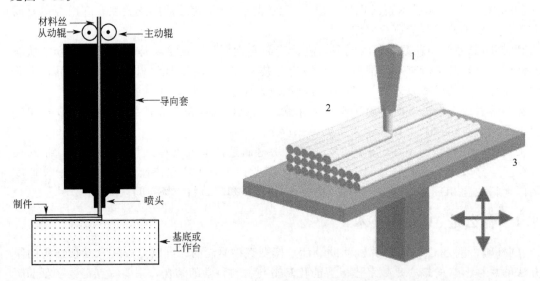

图 6-11　熔融沉积成型（FDM）工艺　　　　图 6-12　熔融沉积成型（FDM）工艺流程图
1—喷嘴；2—沉积材料；3—可以多方向移动的平台

丝状材料选择性熔覆的原理如下：加热喷头在计算机的控制下，根据产品零件的截面轮廓信息，作 X-Y 平面运动，热塑性丝状材料由供丝机构送至热熔喷头，并在喷头中加热和熔化成半液态，然后被挤压出来，有选择性地涂覆在工作台上，快速冷却后形成一层大约 0.127mm 厚的薄片轮廓。一层截面成型完成后工作台下降一定高度，再进行下一层的熔覆，好像一层层"画出"截面轮廓，如此循环，见图 6-12。

FDM 工艺干净，易于操作，不产生垃圾，并可安全地用于办公环境，没有产生毒气和化学污染的危险。

用于 FDM 工艺丝状塑料材料除了必需强度之外还要求如下几项。

（1）塑料材料熔融温度低　材料可以在较低的温度下挤出，有利于提高喷头和整个机械系统的寿命；可以减少材料在挤出前后的温差，减少热应力，从而提高原型的精度。

（2）塑料材料流动性好　如流动性差，需要很大的送丝压力才能挤出，增加喷头的启停响应时间，从而影响成型精度。

（3）塑料材料黏结性好　黏结性好坏决定了零件成型以后的强度。层与层之间往往是零件强度最薄弱的地方，黏结性过低，有时在成型过程中由于热应力就会造成层与层之间的开裂。

（4）塑料材料收缩率小　收缩率在很多方面影响零件的成型精度，一些塑料材料的熔融温度、拉伸强度、冲击强度见表 6-14。

表 6-14　塑料材料性能一览表

树脂名称	熔融温度/℃	拉伸强度/MPa	冲击强度/(J/m²)
ABS	240	33	106
尼龙	207	48	200
PLA	150	50	80
PC	280	68	53
PEI	415	81	41

FDM　3D 打印机现用的主流耗材有两种：ABS 和 PLA。将色母与树脂熔融，挤出一定直径（1.75mm）的均匀丝状，见图 6-13。

图 6-13　FDM 3D 打印耗材

ABS 和 PLA 两种耗材特点的比较见表 6-15。

表 6-15　FDM　3D 打印耗材 ABS 和 PLA 特点

PLA 特点	ABS 特点
晶体	非晶体
加热到 195℃，可以顺畅挤出	加热到 220℃，可以顺畅挤出
打印熔融时为棉花糖气味	打印熔融时有刺鼻气味
材料刚度好，打印出来的模型硬度好、强度好	无定形聚合物，无明显熔点，对温度、剪切速率都比较敏感
熔点较低，流动较快，不易堵喷嘴	熔体黏度较高，流动性差
微黄乳白色，配色效果饱和度低	本身是透明材料，配色的效果鲜艳，富有光泽
有吸湿倾向	—

6.9.3 配制 3D 打印 PLA 耗材色母粒的要求是什么?

PLA 是生物降解塑料聚乳酸的英文简写,全名为 polylactic acid。聚乳酸也称为聚丙交酯,属于聚酯家族。聚乳酸(PLA)是一种新型的生物降解材料,使用可再生的植物资源(如玉米)所提炼出的淀粉原料制成。使用后聚乳酸塑料可掩埋在土壤里降解,产生的二氧化碳直接进入土壤有机质或被植物吸收,不会排入空气中,不会造成温室效应,实现在自然界中的循环,因此是理想的绿色高分子材料,详见图 6-14。而普通塑料的处理方法依然是焚烧火化,造成大量温室气体。

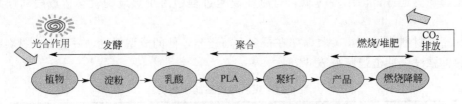

图 6-14 环境友好材料 PLA 在自然界循环图

聚乳酸(PLA)力学性能及物理性能良好,具有良好的拉伸强度及延展度,见表 6-16。聚乳酸(PLA)与目前所广泛使用的聚合物有类似的成型条件,如熔化挤出成型、注射成型、吹膜成型、发泡成型及真空成型,应用十分广泛。PLA 除可以生物降解外,还具备多种其它性能,如材料相容性、外表光泽度、透明性、手感柔滑性,因此用途十分广泛。美国 NatureWorks 公司,已经有产能 7 万吨,是目前世界上最大的 PLA 供应商。

表 6-16 PLA 产品技术指标和性能

玻璃化温度/℃	50～60
熔点/℃	170～180
密度/(g/cm³)	1.25
拉伸强度/MPa	50
冲击强度(悬臂梁式切口冲击)/(J/m²)	80
光泽性和透明度	良好

聚乳酸的加工温度为 170～230℃,所以无论是经典颜料,还是酞菁颜料和高性能颜料,能选择的颜料很多,需注意颜料分散性、迁移性、安全性。由于 PLA 结构上有酯基、羟基、羧基,应选择相对应表面性能颜料。可用改性 PLA 来提高它的物理性能。

6.9.4 配制 3D 打印 ABS 耗材色母粒的要求是什么?

ABS 树脂是五大合成树脂之一,其抗冲击特性、耐热性、耐低温性、耐化学品性及电气性能优良,还具有易加工、制品尺寸稳定、表面光泽性好等特点,广泛应用于机械、汽车、电子电器、仪器仪表、纺织和建筑等工业领域,是一种用途极广的热塑性工程塑料。

ABS 树脂是由丙烯腈、丁二烯和苯乙烯组成的三元共聚物,简称 ABS。丙烯腈赋予 ABS 树脂化学稳定性、耐油性、一定的刚度和硬度;丁二烯使其韧性、抗冲击特性和耐寒性有所提高;苯乙烯使其具有良好的介电性能,并呈现良好的加工性,使得 ABS 具有优良的综合物理和力学性能。

配制 3D 打印 ABS 耗材 ABS 需注意颜料耐热性、分散性、安全性。可选择颜料见第 4 章 4.4。

第 7 章
色母粒应用技术——问题的产生和排除方法

塑料的英文名称"plastic"来自希腊语"plastikos"，是"成型"和"具有可塑性"的意思。那么"塑料"也就有了具有可塑性的材料之意。塑料行业发展之快，与其有着多样性的成型工艺密切相关，塑料成型工艺包括挤出成型、注塑成型、压延成型和模塑成型等。仅仅就挤出成型来说，改变不一样的成型模口就可以演化成诸如薄膜、管材、片材、板材、线材、异型材等各不相同的成型方法。

几乎所有塑料制品都离不开着色剂的相伴，塑料着色是塑料树脂添加色母粒伴随塑料成型实现的，正如本书在第 1 章所叙述塑料配色是个系统工程，色母粒中的颜料及其它成分需满足对最终色彩的要求外，还要满足色母粒在加工时的要求和应用的要求。

色母粒在应用时难免会出现一些问题，轻则影响生产，重则导致产品收回，造成严重损失。本章重点叙述色母粒应用时产生问题的原因和排除的方法。

7.1 色母粒在薄膜制品上的应用

塑料薄膜具有质轻、柔软、透明的特点，制成的包装材料美观大方、适用范围广，与传统包装材料相比，塑料薄膜能弥补金属和纸包装材料一些不足。塑料薄膜成型简单、能耗低、可再生、价格低廉，是一种环保型可持续发展的包装材料。有鉴于此，塑料包装材料的发展增长速度远高于其它类别包装材料，已成为包装领域一支不可或缺的主力军。

7.1.1 色母粒在吹膜制品着色中问题产生原因和排除方法

吹塑薄膜是将塑料原料用挤出机挤出，通过口模把熔融体树脂塑形成薄管，然后趁热用压缩空气将它吹胀，经冷却定型后即得到环形薄膜制品。在吹塑薄膜成型过程中，使用直角机头，即机头出料方向与挤出机垂直，挤出泡管向上，牵引至一定距离后，由人字板夹拢，所挤管状料由底部引入的压缩空气将它吹胀成泡管，并以压缩空气气量多少来控制它的横向吹胀尺寸，以牵引速度控制纵向拉伸尺寸，泡管经冷却定型就可以得到环状吹塑薄膜，见图7-1。

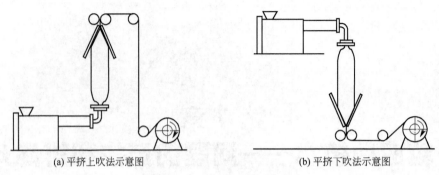

(a) 平挤上吹法示意图 (b) 平挤下吹法示意图

图 7-1 吹塑薄膜成型过程

吹塑薄膜成型的主要设备有挤出机、机头（口模）、冷却风环、空压和吹胀系统、人字板收拢以及牵引卷取机组等。塑料薄膜挤出温度根据所用树脂材料不同而各异，见表7-1。

表7-1 各种薄膜挤出温度

薄膜种类		机身/℃	连接器/℃	机头/℃
聚乙烯		130～160	160～170	150～160
聚丙烯		100～250	240～250	230～240
复合薄膜	聚乙烯	120～170	210～220	200
	聚丙烯	180～210	210～220	200

色母应用于塑料薄膜应特别关注颜料的分散性、耐热性、耐迁移性、使用安全性等，见表7-2。

表7-2 用于塑料薄膜色母粒的技术要求

分散性	(1)颜料的分散性不佳而显现的颗粒色点会影响制品的外观 (2)分散颗粒存留于薄膜中，对薄膜包装袋制品的封口性能产生不良后果，也会在包装液体物质时产生渗漏等问题 (3)过大颗粒可能直接导致吹膜过程中产生破泡现象，影响正常生产
耐热性	根据不同的树脂和吹膜要求，一般的操作温度都会在180～240℃，使用的着色剂必须能够在此温度下经过数分钟的操作时间
耐迁移性	迁移出的颜色会迁移至与之相接触的物品上造成沾污，更有甚者，会污染所包装的内容物，尤其对食品包装而言，更将引发食品安全问题
安全性	作为食品的包装材料必须符合一些公认的国际或国内的食品接触安全规定和指令，例如 FDA、AP-89-1 和中国国家标准 GB 9685—2009 等，这已经成为一个普遍的共识。用于塑料包装的着色剂同样必须遵守这个规范

下面将分析色母粒在吹膜制品中出现的一些共性问题的原因，并提出排除方法。

（1）食品级液体包装膜有异味如何解决？如何鉴别？

随着工业化的发展和居民生活水平的提高，越来越多的牛奶和饮料走进居民家庭，为保证人民的身体健康，对牛奶和饮料的塑料膜（三层膜、五层膜）包装材料的卫生要求也日显重要。

作为食品级塑料包装膜，应符合我国在 2009 年颁布的 GB 9685—2008《食品容器、包装材料用助剂使用卫生标准》，色母粒所选原料应符合标准要求。

感官检验是目前用于食品级液体包装膜用色母粒异味的主要手段。液体包装膜气味的来源主要是色母粒中钛白粉和分散剂。

① 钛白粉气味来源于钛白的包膜，详见第 2 章 2.2，应选用低味或无气味的钛白，可选择国外著名公司亨斯迈、杜邦及国内龙蟒公司的钛白粉。

② 分散剂聚乙烯蜡可选用高效无味的产品（如日本三井公司），最好选用聚合法工艺生产的产品，或谨慎选用惰性气体保护的高温裂解工艺生产产品。

分散剂在配方中添加量需控制，尽可能少加或不加，以免造成异味和影响封口牢度。除了异味外，分散剂加入量多会使产品在生产时发生问题的概率也高，黏合强度、气泡、可印刷性和不明气体的挥发等都会影响产品质量，所以也可选择高熔融指数树脂代替聚乙烯蜡来润湿颜料，其效果也十分显著，是个明智的选择。

③ 尽量减少润滑剂的用量，特别是 N,N'-亚乙基双硬脂酰胺一类外润滑剂、硬脂酸盐一类助剂，可用无味 EBS 接枝改性剂代替，但用量需控制，否则会影响液体包装膜封口性能。

④ 另外可选择添加微量的气味吸收剂，但一定要无重金属、无毒的，如德国生产的吸收型去味剂，一般添加量为 0.2% 左右。

⑤ 尽可能少加或不加其它功能性助剂以免造成异味进入。目前食品级液体包装膜的异味没有国家标准，一般工厂实用方法是将色母粒或吹膜样放置 70℃ 烘箱里 30min，请没有不良嗜好的人味觉鉴别。

（2）白色制品为什么会变黄、变红？可用什么方法测试？

钛白粉着色产品如聚乙烯、ABS 等暴露在室外的自然环境下，受到阳光、湿度条件的侵蚀，有的甚至放在仓库里也会发生黄变情况，这些往往成为令人头痛的问题。钛白的化学结构是非常稳定的，是什么原因导致发生上述情况？

塑料作为高分子材料在热加工成型中易发生氧化反应。添加抗氧剂以确保其良好的加工稳定性和长期热稳定性。酚类抗氧剂的氢原子以及酚形成的苯氧基，可以有效地抑制自由基的形成，从而在聚合物的寿命周期中有力地保护聚合物。BHT（2,6-二叔丁基对甲酚）是聚烯烃常用的抗氧剂。

钛白的化学结构是非常稳定的，因此其具有优异耐热性、耐酸碱性，但由于钛白的光化学活性不稳定，特别在有水分的情况下经日光照射（特别近紫外光谱域），其晶格上的氧离子会失去两个电子变为氧原子。这种新生态氧原子具有极强的活性，聚合物中添加剂（酚类抗氧剂）在钛白新生态氧原子攻击下，就极有可能被氧化形成了有色物质，一般为黄色。但在其它辅助助剂存在时，黄色可以转化为粉红，成为泛黄和泛粉红。

除此之外添加过量荧光增白剂也会发生黄变。防止白色制品变黄、变红可以采用如下办法。

① 选择致密包膜氯化法钛白粉以克服二氧化钛固有的缺陷。

② 选择在聚烯烃稳定体系添加非酚类抗氧剂树脂。

在 ABS 树脂中苯乙烯组分受紫外照射特别容易氧化，所以添加抗氧剂和紫外线吸收剂稳定体系或光稳定剂和紫外线吸收剂稳定体系能有效地抑制由小于 380nm 的短波辐照导致的 ABS 变黄。

③ 一些酸性化合物也具有促进或抑制色变的功能。目前已经证实添加高纯度酸性锌类物质（硬脂酸锌）具有抑制色变的功能。

④ 荧光增白剂是一种无色或浅黄色的有机化合物，可被看作是白色染料，它能吸收人肉眼看不见的近紫外光，再反射出肉眼可见的蓝紫色荧光，从而有效地提高塑料基体的白度。但需控制用量，防止迁移。有些荧光增白剂结构容易发生黄变，所以应选用纯度高苯并

唑唑基类的增白剂。

⑤ 需预防客户在着色时添加防老化母料,可以向客户解释清楚酚类抗氧剂导致白色制品变黄的原因。

白色制品黄变测试方法见本章7.6。

(3) 如何解决干法复合膜黏合强度和固化后有白色的斑点的问题?

干法复合薄膜,主要是将聚乙烯、聚丙烯等塑料薄膜复合到其它树脂膜、铝箔、玻璃纸、木纹板等基质上,以求得漂亮的外观。

对于干法复合薄膜,最主要的是薄膜的表面处理,基膜表面必须清洁、干燥、平整、无尘、无油污。由于聚烯烃材料属于非极性材料,必须对薄膜表面进行处理,使其表面状态发生变化,提高其表面张力到40mN/m(至少要达到38mN/m以上)。只有这样,薄膜表面与胶水才能有一定的附着力,薄膜才能牢固地黏合在其它基膜上。

聚乙烯、聚丙烯膜表面致密光洁,表面能很低,是十分惰性的高分子物质,电晕处理是对其最有效的提高表面张力的可行方式。所谓电晕处理,即当薄膜刚刚吹制出来就让其经过一个高频的高压放电的电场,使其表面被破坏,张力提高。经过这样的处理,薄膜表面张力可由原来的3mN/m左右提高到38mN/m以上,满足薄膜复合的牢度。薄膜吹好电晕完成后,很可能不会立即进行复合,而会有一个流转贮存的过程,而经过一段时间后,薄膜表面张力会下降,导致黏合力强度差。所以薄膜表面张力与其贮存的时间也有一定关系,薄膜最好是能在一星期内使用完毕。

表面张力下降还有很多因素,如薄膜吹制过程中,经过电晕处理后,薄膜有可能会经过很多过渡性的金属辊,而金属辊导电会严重导致薄膜表面张力的下降。建议薄膜尽量少与金属辊接触,而改用胶辊为好。

影响干法复合薄膜黏合强度的另一原因是色母粒配方中添加润滑剂质量不匹配或过量添加。解决方法:更换润滑剂,特别要尽量少加金属盐类等易析出的助剂。

除了上述原因外,挤出复合膜的粘接强度下降还有以下原因。

① 其它基材表面张力低,表面处理效果差,表面张力不均匀,影响熔融挤出树脂在表面的黏结性,造成剥离强度低,剥离强度不均匀。

② 树脂中的助剂(特别是爽滑剂)会对挤出复合膜的剥离强度产生不利影响。

③ 挤出机的机筒温度和模头温度太低,树脂塑化不良,从模口流延下来的熔融树脂不能很好地与被涂布基材复合,使剥离强度下降。

干法复合薄膜有少数白点的主要原因如下。

① 色母粒钛白粉分散不好　色母中钛白粉、填料在色母制造中未很好润湿和分散,吹膜后有未分散细小的颗粒,虽然肉眼难以看出,但是经复合涂胶固化后,存在的微小颗粒在两层膜面中形成了小的鼓点,鼓点的四周形成了大于鼓点的突出点,所以看起来是一个较大的斑点。

解决方法是采用分散性能较好的钛白粉与填料,滤网目数相应提高,树脂采用低灰分的、黏度略大的,分散剂选用分子量分布均匀的聚合型分散剂,双螺杆造粒时设定温度稍微低一点。

钛白色母的分散性可用国内标准HG/T 4768.5—2014中的过滤压力升法测试。

② 色母粒钛白粉杂质太多　主要是色母生产场地空气中有灰尘,解决方法是做好环境空气净化工作。在造粒成型时选用高目数过滤网并注意及时更换新网。

③ 色母粒含水量太高　色母粒成型时需控制水分,色母使用前需干燥。也可用卡

尔·费休微量水分测定仪测试控制。

（4）黑色地膜在户外短时间使用会发生破裂，如何解决？

黑色地膜是在树脂中加入 2％～3％ 的炭黑，经挤出吹塑加工而成，地膜厚度 0.01～0.03mm。黑色地膜透光率只有 1％～3％，热辐射只有 30％～40％。由于它几乎不透光，阳光大部分被膜吸收，膜下杂草不能发芽和进行光合作用，因缺光黄化而死，覆盖后灭草率可达 100％，除草、保湿、护根效果稳定可靠。黑色地膜在阳光照射下，本身增温快、湿度高，黑色地膜一般可使土温升高 1～3℃，但自身也较易因高温而老化。黑色地膜在甜菜等蔬菜、棉花、西瓜、花生等作物上均可应用。若黑色地膜在铺设后不久发生地膜破裂，会给使用带来很大不便。

黑色地膜发生破裂的主要原因如下。

① 选择炭黑粒径过大，影响紫外线屏蔽，薄膜容易老化。炭黑粒径大小与炭黑的性质有很大的关系，见表 7-3。

表 7-3 炭黑粒径大小与性能关系

炭黑的粒径	大	小
炭黑的比表面积	小	大
抗光老化能力	低	高
着色强度	弱	强
分散性	好	差
填充量	高	低
吸湿性	低	高
色相	蓝	红

② 抗氧剂选择不当。炭黑与抗氧剂并用体系存在协同和对抗两种作用。大量的试验数据和实践证实：受阻酚和受阻胺类抗氧剂与炭黑并用会出现对抗作用，大大降低聚合物的稳定效能。这是因为炭黑对常用的酚类或胺类抗氧剂（抗氧剂 1010）有催化氧化作用和吸附作用所致；而含硫受阻酚（抗氧剂 300）被炭黑表面吸附很少，可用于炭黑，有协同作用。

③ 炭黑是紫外线屏蔽剂，黑色地膜在阳光照射下，本身增温快会引起塑料加速老化，见图 7-2。

④ 有些线型树脂未加抗氧剂，加工中引起热氧老化导致强度迅速下降。

⑤ 树脂晶点太多，薄膜往往从晶点处破裂。

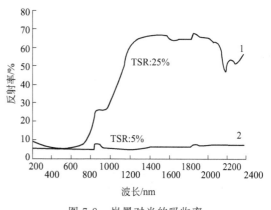

图 7-2 炭黑对光的吸收率
1—Black 10C909；2—普通黑色颜料

⑥ 炭黑在薄膜中分散不好也会引起破裂。

⑦ 薄膜中炭黑添加太多，为降低成本薄膜吹塑越来越薄，引起强度不够而破裂。

⑧ 黑色母中添加低分子物质过多，也可能导致地膜被太阳暴晒后容易产生小孔而破裂。

7.1.2 色母粒在流延膜制品着色中问题产生原因和排除方法

流延膜是由熔体流延骤冷而生产的一种无拉伸、非定向的平挤薄膜。膜的流延和定型过程是一个连续的过程：热塑性树脂熔融并通过狭缝 T 型模头挤出在骤冷辊上，急速冷却固化成膜，最后流延膜从辊上分离，经卷取装置成卷，见图 7-3。

图 7-3　流延膜 T 型模头

以流延膜工艺为基础，成膜与其它衬底材料在线复合获得制成品的工艺称复合膜，业内俗称"淋膜"。淋膜的衬底材料有多种，纸、无纺布、纺织品、塑料编织布等都可以作为淋膜制品的底材，见图 7-4。

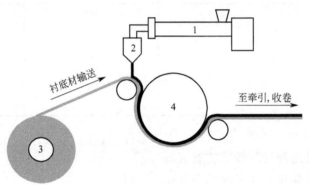

图 7-4　淋膜复合过程示意图

1—挤出机；2—扁平模头；3—衬底材；4—骤冷辊

就市场应用的层面而言，彩色流延膜的生产和应用并不是很多。然而，从应用要求的角度来说，无论是从技术难度还是安全性级别都是非常高的。因此，颜料应用流延膜必须要注意的性能有：耐热性、分散性、耐迁移性、安全性等，见表 7-4。

表 7-4　用于流延膜色母粒的技术要求

耐热性	流延工艺需要良好的流动性，通常加工温度比较高,最高的温度点可高达 300℃ 左右。如果是淋膜工艺与棉布复合，则操作温度将更高
分散性	流延膜的厚度都比较薄,尤其对于多层共挤流延膜的着色层就更薄。在如此薄的着色层要体现一定的色泽深度和鲜艳度，就只有增加颜料添加量。这就一定要确保颜料具有良好的分散性，从而保证加工的顺畅和良好的产品质量
耐迁移性	颜料无迁移是为了确保产品间以及制品与设备间没有相互的沾污 对于食品包装而言，没有被包装物污染可能是基本的要求，迁移就代表了不安全
含水量	水分在高温条件下会形成挥发性气体，使塑料制品难以成型,特别是高温流延膜,所以色母必须严格控制含水量，一般色母须控制含水量<0.2%，而流延膜等超高温加工母粒含水量必须<0.05%
耐光/候性	如果流延膜/淋膜制品是户外使用的(篷布、遮阳伞、围栏彩条布等)，颜料的耐光/候性必须要根据制品的实际使用要求而选择
安全性	流延膜/淋膜制品被用于食品、饮料、乳制品的包装，因此，必须符合由卫生部、国家标准化管理委员会于2009年发布的《GB 9685 食品容器、包装材料用助剂使用卫生标准》的规定；用于出口的食品包装制品需遵循美国 FDA、欧盟 AP89-1 及中国 GB 9685—2009 的要求

下面将分析一些色母粒在流延膜制品中出现的问题的原因，并提出排除方法。

(1) 挤出涂覆复合膜黏合强度不够是什么原因？如何解决？

挤出涂覆薄膜是一种利用多种不同性能的塑料基材相互黏合在一起的薄膜，被涂覆的主要材料是 PP、PE、BOPP、BOPET、坯布等。它可以具有一般单层薄膜无可比拟的效果与特性，能增加其密封、阻气、隔光性，能耐油、耐腐蚀，能增加耐磨性，具有很好的保香性，还能有很好的增强、增韧性等多种优点。

涂覆薄膜主要用于各种食品和药品包装、化妆品及各种洗涤用品包装，也可以用于一些特殊的工业产品包装，是一种价廉物美的包装材料。涂覆编织布在旅游品市场发展迅速。

导致涂覆黏合强度不够的因素如下。

① 挤出成型温度控制不当　成型温度偏低不仅会引起塑化不良，而且使产品表面光泽度下降，使薄膜表面形成似树木年轮或云雾状及鱼眼等凝胶点，还会造成黏合强度下降。

成型温度过高则会造成颜色变暗，产品发硬变脆，薄膜收缩率增加，严重的还会引起树脂降解，带来后加工热封困难等问题。

因此应严格控制工艺温度，过高过低都会影响涂覆黏合强度。

② 涂覆线速度过快　涂覆线速度越快，要求涂覆料熔融指数越高，涂覆层就越薄，薄膜熔体向下流动的热损失就越大，黏合力下降也就越大。

③ 涂覆树脂的熔融指数和密度　一般来说树脂的熔融指数越高流动性越好，但黏合强度低；而熔融指数越低，流动性低，黏合强度高，但需挤出温度更高。

低密度聚乙烯树脂密度小，支链含量多，表面活性大，所以黏合力也就越大。

涂覆的专用树脂，一般要求无开口剂、熔融指数大于 7g/10min。尽量避免几种不同熔融指数涂覆料混用共挤。

④ 色母粒配方中添加过多润滑剂　色母粒中的润滑剂，特别是容易迁移的助剂（如 EBS），也会引起黏合强度不够。润滑剂含量过高，在高温条件下，就会在膜面之间形成油膜状隔离层，会严重影响涂覆的黏合力。

⑤ 色母粒含水量太高　色母粒在生产、运输或贮存过程中会吸收一定程度的水分，如含水量超标，就会引起水蒸气挥发，膜面不成型，会影响黏合强度，严重时会连续出现渔网状破膜，造成质量事故。另外色母中一些低分子物的添加也会在高温条件下引起气体挥发而造成严重的残次品。含水量必须控制在 500mg/kg 以下。

⑥ 气隙距离太大引发薄膜的热损失　气隙是指从 T 型模唇到冷却辊、压力辊接触线之间的距离。气隙大，薄膜的热损失就大，在接触点薄膜温度低，涂覆牢度就差。气隙一般建议控制在 50～100mm。

在注意上述六项事项外，还可以采用如下方法。可以适量添加一些 EVA 树脂或 EMA 树脂以增加其黏合度。如用 PP 料涂覆可适当加少量聚乙烯涂覆料（IC7A）增加黏合强度。

(2) 流延涂覆产生竖条状漆刷形条纹是什么原因？如何解决？

流延涂覆选用色母和树脂混合后成膜，在一定时间后会产生竖条状漆刷形条纹，严重影响产品外规，如再继续发展会引起破膜，影响生产正常进行。

流延涂覆产生竖条状漆刷形条纹的主要原因及解决方法如下。

① 色母粒中颜料耐热性不够，在高温下溶解性增大，粘在模头上，模口积炭太多，如未及时清除，就引起条纹。

② 选用分散剂不耐高温，一些低分子量分散剂在模口分解后积聚模口上也会引起条纹。

③ 如色母中杂质太多，会使模具内有脏物，也会引发条纹。

④ 填料多会影响物料流动性，使物料不能顺利挤出尽量不用或少用填料。

⑤ 工艺挤出温度偏低，树脂塑化不良；树脂受潮，水分含量过高也会引起条纹，可采用提高挤出温度来解决。

⑥ 可增加抗氧剂用量或适当添加含氟的高效润滑剂。

⑦ 停机后流延涂覆机头膜唇清理不彻底而结垢，开车后会产生深浅的条纹，所以每次必须彻底清理模头以保证产品质量。

（3）流延涂覆时经常会产生渔网状破洞是什么原因？如何解决？

以流延膜工艺为基础，成膜与其它衬底材料在线复合获得制成品的工艺在业内称为涂覆，俗称"淋膜"。

流延工艺需要树脂熔体具有良好的流动性，通常加工温度比较高，根据挤出树脂和设备大小，尤其是流延幅宽的不同，最高的温度点可高达 300℃ 左右。如果是淋膜工艺与棉布复合，则操作温度将更高。所以流延涂覆时经常会产生渔网状破洞，见图 7-5。

图 7-5　流延涂覆时产生的渔网状破洞

① 无机包膜剂不耐高温。无机颜料在化学结构上存在一定的缺陷，所以需要对无机粉体钛粒子表面包覆一层或多层无机物或有机物的包膜层，以克服缺陷或改变其颗粒的表面性质（如钛白粉和铬系颜料）。但这些无机处理剂（硅和铝）在塑料加工高温挤出时会成为挥发物析出，从而在成品中引起起泡和小孔。因此应选用抗裂孔性较好的钛白粉，如杜邦的 R-350 型。

② 色母粒水分含量过高，也会产生网状破洞，所以流延膜用色母在挤出时采用双真空抽气装置，色母要充分干燥，含水量不得超过 0.1%。

③ 色母粒分散剂（聚乙烯蜡）尽量选用分子量高、分子量分布窄的品种，其用量尽量少，以防分解。

④ 色母粒储存在干燥通风环境下，如储存时间过长，使用前需干燥。

（4）BOPP 薄膜经常会产生不透明膜"晶点"是什么原因？如何解决？

BOPP 薄膜包括平膜、热封膜、消光膜、烟膜、珠光膜、合成纸、镀铝基材膜、防雾膜（抗菌、透气）、电容器薄膜等，此类包装广泛地应用于肥皂、烟草、酒类、服装、鞋类、香水、化妆品、药品等方面。

BOPP 专用白色母粒常常应用于珠光膜和白色消光膜上，珠光膜是双向拉伸多层共挤复合膜，多为 3 层共挤拉伸膜，其芯层为均聚聚丙烯，并添加有珠光母料；表面热封层为共聚聚丙烯。珠光膜芯层中添加的珠光母料主要为超细无机填料（如超细碳酸钙），微粒状的碳酸钙均匀分散在均聚 PP 中，在薄膜进行双向拉伸时会在薄膜中间层形成细密、均匀的空隙，当光线照射薄膜时产生多重反射效果，在薄膜表面呈现珍珠般的光泽。同时也降低了材料的密度。在珠光膜生产过程中，在中间层一般会添加白色母粒来提高薄膜的白度和遮盖力。

消光膜是一种低光泽、高雾度、成漫反射消光效果的包装用膜，其表面反射光弱而柔和，表面光泽度低于 15%，而雾度一般在 70% 以上。使用消光膜后，能够使包装物获得纸制品的效果，给人一种奢华的感觉。消光膜一般为 ABC 三层结构复合膜，A 层是消光层，对应表面称为消光面,消光功能由消光料提供,一般厚 $3\mu m$ 左右,消光层的厚度对消光效果影响很大,越厚消光效果越好;B 层为支撑层,通常是普通 BOPP,提供薄膜的力学性能;C 层看实际需要,可以是热封层、防粘层,对应表面称为光面。消光膜可通过 HDPE 和 PP 共混,利用两者不同的折射率,形成海岛结构,从而达到消光效果;也可通过添加白色母粒达到白色消光效果。

BOPP 白色不透明膜"晶点"问题是最常见的,晶点产生的原因和解决办法见表 7-5。

表 7-5　BOPP 白色不透明膜"晶点"产生原因和解决办法

原因	措施
原料受潮	使用之前,将所有母粒进行预干燥(80~100℃,1~2h)
PP 均聚物采用旧式淤浆法工艺	更换其它工艺制备的原料
物料夹杂空气	进行预干燥及改进排气
挤出机首段温度设定不当	如果可能,将挤出机的首两段的温度降低
过滤器更换前后反压较高	开始生产时,使用新的过滤器
抗静电母粒水分高	更换最新批的抗静电母粒
过滤网过滤效果不良	更换目数更高的过滤网
珠光、白色母粒分散效果不好	选用分散效果好的白色母粒和珠光母粒

7.2　色母粒在管道制品上的应用

塑料管材的挤出是指挤出物料经口模成型后冷却、定型、切割(硬管)或卷绕(软管)等工序。生产流程配置见图 7-6。

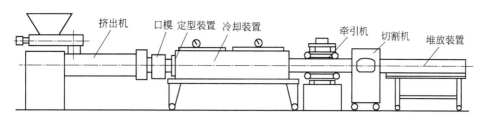

图 7-6　塑料管材挤出设备配置图

塑料管材挤出温度因所使用材料不同而不同,挤出管材温度控制范围见表 7-6。

表 7-6　各种塑料挤出管材温度控制范围

塑料种类	供料段/℃	压缩段/℃	计量段/℃	分流器/℃	模口/℃	主要用途
硬质聚氯乙烯	100~140	150~180	160~180	170~185	170~185	建筑排水,化工穿线,农业排灌
聚乙烯	120~140	140~160	160~180	180~190	180~190	建筑物给水,城市煤气管
无规聚丙烯 PPR	150~170	170~190	190~210	210~230	210~230	住宅冷热供水
ABS	160~170	170~180	170~175	175~180	180~185	空调调节管
聚甲醛	200~205	200~205	200~205	200~205	200~205	油田管线,化工管线
尼龙 1010	250~260	260~270	260~280	220~240	200~210	机床液压输油管
聚碳酸酯	180~210	240~270	240~270	200~220	200~220	输油管,耐高温管
聚砜	295~300	305~320	280~290	250~270	220~230	电绝缘管,耐高温管

应用于塑料管材着色的颜料应该注意分散性、耐热性、耐迁移性、安全性等特性指标,见表 7-7。

表 7-7　用于管材色母粒的技术要求

分散性	耐压塑料管道须经过严格的耐压测试,比如 GB/T 6111—2003《流体输送用热塑性塑料管材耐内压试验方法》等。如果分散不好,大颗粒点存在的位置上会产生应力集中,极易产生破管和爆裂
耐热性	承受挤出成型的加工温度 颜料在塑料管道熔接过程中,保持原有的颜色和特性就需要具备至少 220℃、30min 以上长时间的耐热性能
安全性	对于生活用水的给水管而言,需符合 GB/T 17219—1998《生活饮用水输配水设备及防务材料安全性评价标准》。另外还要考虑使用的原材料不带异味或不因高温分解而产生异味,以确保饮水管放出的水没有气味
耐光/候性	建筑用塑料管材会安装在户外,且一般的使用年限要求数年至十数年不等。因此,相关产品中使用的颜料也必须具有同等的耐光/候特性

下面将分析一些色母粒经常在管材中出现的问题的原因,并给出排除方法。

7.2.1　PP-R 灰色管挤出时表面反绿光是什么原因?如何解决?

PP-R 管为无规共聚聚丙烯管,是目前家装工程中采用最多的一种供水管道。市场上 PP-R 管颜色主要以白色、灰色、橘红色、蓝色、绿色等颜色为主,以仿制国外颜色为主。但是黄灰色 PP-R 管在挤管时经常会发生微绿光现象,客户不满意,令人头痛。

黄灰色 PP-R 管配色一般用大量钛白粉加少量炭黑配制,有时还需加入少量黄色或橙色颜料调整色光。

① 选用有机颜料调色,因用量太少,红相变少,与炭黑相混后变成绿相。由于有机颜料着色力高,特别黄色有机颜料(如颜料黄 191、颜料黄 191:1、颜料黄 183、颜料黄 110、颜料橙 64)耐热、耐光性优异,所以深受配色人员喜爱。但是不少有机颜料在树脂里是微溶的,在添加量很少的情况下溶解的比例就大了很多,导致颜色偏移,颜料的红光明显消失,会感觉发绿。另外溶解的部分颜色与炭黑的蓝光会组成绿光。所以特别注意有机颜料在大量钛白粉存在下性能会下降很多。

另外颜料黄 191、颜料黄 191:1、颜料黄 183 在热水中有水渗现象,挤出水槽中水会变黄。但颜料黄 191 比颜料黄 191:1 要好,颜料黄 183 比颜料黄 191 好。

② 最好的选择是无机颜料,因为无机颜料着色力低,各项耐性好,所以复合无机颜料(颜料棕 24)红光黄用于黄灰色 PP-R 管是最好的选择。

③ 颜料黄 119(锌铁黄)是一类混合金属氧化铁黄颜料,锌铁黄化学性质稳定,遮盖力好,而且具有极佳的耐热性,耐热温度可达 300℃以上。锌铁黄的色相偏红相,用它调一些黄灰颜色时几乎可以除掉炭黑和钛白一步到位,也可提高着色的稳定性,还可以改善成本结构。

颜料黄 119(锌铁黄)是高温焙烧金属氧化物系列颜料,有些锌铁黄厂家合成的时候会考虑到色相要绿黄相,显得鲜亮一些,不是很严格按照摩尔比来生产,做出来的产品会晶型不稳定,用以调色也会发生偏绿光,建议选用红相颜料黄 119 为佳。

④ 炭黑的粒径大小导致色光有蓝光与黄光之分,粒径越细,色光越黄。所以需注意 PP-R 灰色管应选用带黄光(粒径偏小)为好,可避免发绿。

⑤ 由于 PP-R 材料的特殊性,在挤管时很容易引起管壁空洞,这是熔程狭窄及材料相容性差所致,一般最好选用 PP-R 粉料及通用性好的弹性体生产,最好接枝后再用,严格控制低分子物加入,并尽量保持低含水量。

PP-R 管在高速挤出时经常出现管材离开模具发生膨胀现象,这是色母粒熔融指数过高、管材固化时间过短造成的,也可能是为了提高产量、挤出机温度设定偏高。建议适当降低温度,挤出成型固化段可适当加长,让产品有充分的时间冷却。一味地提高产量会严重降低产品合格率。

⑥ 由于 PP-R 料具有熔融指数低、黏度高的特性，所以母粒在生产管材时没问题，但用于注塑管件时有时会出现流痕、分散不好等现象。这是由于色母在挤管时，挤出机长径比大，没有复杂的型腔变化，所以母粒熔融指数可适当低点，而注塑管件大都用小型注塑机，长径比较短，型腔复杂，厚薄不一，所以造成流痕等分散问题，可适当提高熔融指数以提高流动性，并提高注塑模具温度，延长注塑预塑时间，降低压力等。

7.2.2　PE 压力管挤管后快速短期静液压强度不合格是什么原因？如何解决？

PE 压力管由于质量轻、耐腐蚀、节约能源、可以制成大口径的薄壁管等优点，正越来越受到重视，用来取代金属管，质量可靠、运行安全、维护方便、费用经济，被用于饮用水的输送、燃气的输送等诸多场合。

聚乙烯树脂。作为一种聚烯烃材料，其在光、热、氧气及辐照等环境下，会逐渐老化，性能下降。因此，需要在乙烯单体聚合后，加入必要的热稳定剂、光稳定剂、抗氧剂等。炭黑作为一种光稳定剂加入到 PE 树脂中生产成混配料，然后挤出管材制品。炭黑起到光稳定剂（防止紫外线）的作用，可以使 PE 压力管达到 50 年使用寿命。

PE 压力管用黑色母的关键点：炭黑含量高（炭黑和树脂占了 99%，其余就是极少量的抗氧剂和外润滑剂），分散要求高，还不能添加任何低分子物。要保证 50 年使用期，静压测试要通过 10000h 测试。这种产品如没有强剪切的设备是不可能完成的。最关键的是高的剪切要在较短时间内完成分散，而不能长期或反复受热以免降低材质。

由于 PE 压力管用黑色母选择炭黑粒径较小，同时由于在聚合物中加入量比较大，如炭黑分散不好，除了形成表面不光滑外，存在于管壁内的未分散炭黑附聚体可能导致压力管道出现过早变坏现象。在压力管道上过早出现老化裂纹无疑是一个重大的安全风险。

国内色母粒加工工艺有高速混合加双螺杆、密炼机和连续式密炼机（法雷尔机）。比较以下三种工艺来研制 PE 压力管黑色母。

① 双螺杆工艺达不到炭黑分散要求。

② 密炼机受热时间过长会破坏材质。

③ 连续式密炼机能在短时间内达到很高的剪切力，从而使炭黑均匀地分散于树脂之中，从而能最大程度地减小对材质的破坏。

目前多选用双螺杆工艺，为了提高分散性会加入低分子分散剂，加入这些分散剂，将会影响水管的材料性能，也是导致 PE 压力管挤管后快速短期静液压强度不合格的原因。

高产量低能耗地做高含量炭黑理想设备是连续密炼机。在一个循环流动过程中，双转子中的炭黑和树脂熔融体的运动速度和方向至少会发生 8 次变化。在一个混炼段内其流动的速度与方向将改变约 5000 次，促使炭黑分散良好。

连续密炼机的两段式混炼转子构型有利于降低混炼温度，见图 7-7，这对不添加低分子物质的配方非常有利。双转子是两个混炼段的构型，一般要把料控制在转子的第二个混炼段熔化。为了降低混炼温度可选用 7 号和 15 号构型转子组合，或者两个 7 号转子构型组合，见图 7-8，两个 7 号转子的组合混炼温度更低。其中，7 号转子适用于温度敏感和剪切敏感的材料；15 号转子适用于所有密炼机型号的混炼和化合，是集中和高填充料的标准转子。

如果连续密炼机采取电磁感应加热方式，可以降低工艺温度，提高分散效果。

PE 压力管载体必须选用高密度聚乙烯。为了保证炭黑分散性，应选择高熔融指数

图 7-7　连续密炼机的两段式混炼转子构型

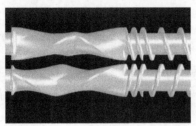

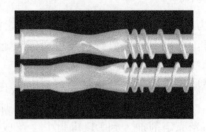

(a) 7号转子　　　　　　　　　　　(b) 15号转子

图 7-8　7 号转子和 15 号转子构型

HDPE 为载体，载体树脂最好为粉料，这样有利于对炭黑润湿和分散。

对炭黑实施高剪切后会引起剪切热，为了防止聚合物在加工或使用过程中发生热氧老化，需加入适量抗氧剂。当然，加强设备冷却系统，保持熔体有足够的剪切力以达到炭黑分散性，这一点也非常重要。

7.3　色母粒在电缆制品上的应用

市话通信电缆挤出成型工艺在挤出阶段与其它挤出成型大同小异，仅在挤出口模处不一样：所附加的放线输入定位装置帮助金属线芯准确加入，并与塑料绝缘层共同挤出成为一体。其生产工艺如图 7-9 所示。

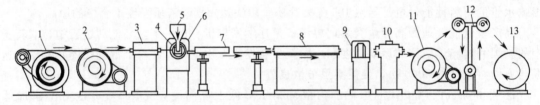

图 7-9　电线挤出生产装置配套

1—放线输入转筒；2—输入卷筒；3—预热；4—电线包覆机头；5—料斗；6—挤出机；7—冷却水槽；
8—击穿检测；9—直径检测；10—偏心度检测；11—输出卷筒；12—张力控制；13—卷绕输出转筒

电线电缆所用绝缘层和护套层的主要树脂有：低密度聚乙烯、高密度聚乙烯、聚丙烯、聚氯乙烯等；特殊线缆可使用聚酰胺、氟塑料（聚四氟乙烯、聚全氟乙丙烯）聚酰亚胺等。

电线电缆用主要树脂的挤出加工温度见表 7-8。

表 7-8　部分树脂的线缆挤出温度设定范围

塑料树脂	加料段/℃	熔融段/℃	均化段/℃	机头/℃	口模/℃
PVC	130～160	150～170	155～180	160～175	170～180
HDPE	140～150	180～190	210～220	190～200	200～210
LDPE	130～140	160～170	175～185	170～175	170～180
F-46（FEP）	260	310～320	380～400	350	250

颜料应用于电线电缆上，除了对色彩的要求以外，需要特别关注分散性、耐热性、纯净度（杂质含量）、耐迁移性、安全性等，见表 7-9。

表 7-9　用于电线电缆色母粒的技术要求

分散性	通常电线绝缘层的厚度较薄(0.2～0.4mm)，挤出速度快，尤其是现今的高速线缆生产线的基础线速度高达 2000m/min。挤出层的质量要求非常高，每 20km 长电缆线的火花击穿点≤3 个。如果颜料在挤出的绝缘层有不良分散点，将会引起火花击穿，致使产品不合格
耐热性	用于电线电缆时，首先必须耐受加工温度
纯净度 （杂质含量）	颜料在生产和加工过程中可能会带入或残留一些杂质。一旦这些杂质随颜料混进线缆绝缘层，尤其是一些具有导电性的杂质，都有可能引起电线电缆的击穿率上升
耐迁移性	为了提高通话质量，在各色通信电缆和护套层之间会充填石油膏，一旦有迁移发生，也会给安装使用造成麻烦。因此，颜料在电线电缆上应用一定要强调耐迁移性
安全性	欧盟《RoHS指令》、美国 H. R. 2420 法案：均质材料中铅(Pb)、六价铬(Cr^{6+})、汞(Hg)、多溴联苯(PBB)和多溴联苯醚(PBDE)的含量不得超过质量的 0.1%，镉(Cd)的含量不得超过质量的 0.01%

当电话机将声信号转换成电信号后经线路传输到交换机，再由交换机经线路将电信号直接传至另一个话机上接听，传输这一通话过程的线路就是电缆。

一根市话通信电缆往往有高达千对以上线束，为了区别每一根线的功能必须对每根线的塑料包覆层进行着色。全色谱的含义是指电缆中任何一对芯线，都可以通过各级单位的扎带颜色以及线对的颜色来识别。

颜色两两组合成的全色谱线对如下。

领示色 a 线：白色（W）、红色（R）、黑色（B）、黄色（Y）、紫色（V）。

领示色 b 线：蓝色（B）、橘色（O）、绿色（G）、棕色（Br）、灰色（S）。

通常电线绝缘层的厚度较薄（0.2～0.4mm），挤出速度快，尤其是现今的高速线缆生产线的基础线速度高达 2000m/min。挤出层的质量要求非常高，以导电线缆为例：每 20km 长电缆线的火花击穿点≤3 个。

火花耐压试验是一种快速和连续进行的耐电压试验方法。此试验的目的主要是发现工艺中的缺陷或试样材料中是否混有杂质，以保证产品的基本电气性能。

市话通信电缆挤出时火花数太多，原因如下。

① 如果色母粒中颜料在挤出的绝缘层有不良分散点，将会引起火花击穿，致使产品不合格或严重影响生产的正常进行。因此电线电缆对颜料分散性的要求是非常高的。由于电缆挤出速度快，所以严格意义上其分散性要求与纤维纺丝一样，选择分散好的颜料、润湿性能好的分散剂和合适的加工工艺。

② 色母粒中含有杂质太高　色母生产场地空气中有灰尘，沾污色母粒后也会在应用中火花数太多。解决方法是做好环境空气净化工作。在造粒成型时选用高目数过滤网并注意及时更换新网。

用于通信电缆着色颜料品种有些是金属色淀颜料或金属络合颜料，颜料在生产过程中可能会残留一些金属杂质。一旦这些杂质混进线缆绝缘层，尤其是一些具有导电性的杂质，就有可能引起电线电缆的火花击穿。解决办法是严格控制颜料中残留的一些金属杂质，可以用颜料电导率技术指标测试来鉴别颜料的金属杂质。

③ 色母粒中含水量太高　水分也会引起应用中火花数过多，色母粒生产后需干燥，控制含水量在 300mg/kg 以下。

7.4　色母粒在注塑制品上的应用

注射成型一个周期包括：加料、预塑、充模、保压、冷却时间以及开模、脱模、闭模及辅助作业等时间。连续的注射操作就成为一个循环过程，过程步骤见图 7-10。

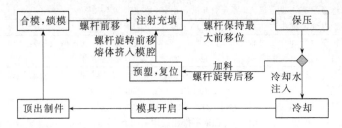

图 7-10　注射成型过程示意图

与其它塑料成型工艺一样，注射成型也是在树脂熔融状态条件下进行的，因此，设定理想的操作温度是保证注射成型工艺正常进行的重要前提。温度的设置依据因树脂类型、制件大小和结构等条件而异，见表 7-10。

表 7-10　不同塑料树脂注射成型加工温度设定范围

塑料树脂	机筒温度/℃			喷嘴温度/℃
	后段	中断	前段	
LDPE	160～170	180～190	200～220	220～240
HDPE	200～220	220～240	240～280	240～280
PP	150～210	170～230	190～250	240～250
PS、ABS、SAN	150～180	180～230	210～240	220～240
PVC(硬)	125～150	140～170	160～180	150～180
PVC(软)	140～160	160～180	180～200	180～200
PMMA	150～180	170～200	190～220	200～220
POM	150～180	180～205	195～215	190～215
PC	220～230	240～250	260～270	260～270
PA6	210	220	230	230
PA66	220	240	250	240
PUR	175～200	180～210	205～240	205～240
PPO	260～280	300～310	320～340	320～340

注塑制品的应用非常广泛，制品的性能质量要求各不相同。因此，着色剂的使用应根据特定产品的要求而定。总体来说，颜料在注塑加工和应用时要关注的特性指标有：分散性、耐热性、耐迁移性、抗翘曲变形性、安全性等，见表 7-11。

表 7-11　用于注塑色母粒的技术要求

耐热性	注塑加工时熔体的温度都比较高,且滞留在高温料筒中的时间也比较长,这就需要所使用的着色剂要有较高的耐热性能
抗翘曲变形性	酞菁、异吲哚啉/异吲哚啉酮、茈系、DPP 以及部分缩合类颜料等导致翘曲变形
分散性	所使用的颜料分散性较差的话,制品表面就会产生很多色点,影响制品质量
耐迁移性	涉及食品接触、儿童玩具、与其它制品的直接接触等,一旦发生迁移问题,轻则造成颜色的交叉污染,重则引发制品使用安全问题
安全性	食品接触有:FDA(美国)、AP89-1(欧盟)、GB 9685—2009(中国)等法规;针对儿童玩具有:EN-71-3(欧洲玩具指令)、EN 2009-48(欧盟新规)等;而对于电子电器,更有 RoHS(电子电器产品有害物质限止指令)

下面将分析一些色母粒在注塑中经常出现的问题的原因,并给出排除方法。

7.4.1　为什么注塑温度低于耐热性指标,还会发生褪色现象?

目前许多着色剂供应商按欧盟标准 EN BS 12877-2 的方法检测每个颜料在不同品种塑料中耐热性,以提供客户参考使用。该方法规定:以 200℃为基准,采用注塑机注射着色剂某个浓度的标准色板,以后每次间隔升温 20℃,停留时间 5min。经注射后留取色板,将两色板的色差 $\Delta E=3$ 时的温度作为该着色剂在该浓度下的耐热性。用图表达一个着色剂的耐热性测试曲线,它在 260℃时注射色板与 200℃为基准标准色板色差为 3,所以它的耐热性是 260℃,见图 7-11。

① 耐热性测试方法中,将停留时间定为 5min,比正常的塑料加工时间长,因此经验表明,只要停留时间很短,着色剂在稍高于颜料耐热性的指标温度下进行加工是安全的。在注塑成型工艺中,一般而言每台注射机,其结构都需要一个最小尺寸和螺杆体积,但在加工一些质量极小的产品时,不可避免地会使用与制品尺寸相比大得多的注射机。技术上和经济上的原因使得塑料加工设备不能任意地减小,因此塑料熔体在注塑机中的停留时间可能会超过 5min,着色剂在低于样本给出的温度下的褪色就发生了。

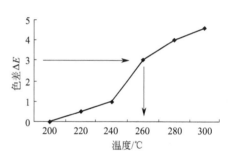

图 7-11　颜料的耐热性测试曲线

② 在注射成型中通常有反复使用注塑料头回料的习惯,需特别加以注意,因为每次加热都会引起颜料热损伤的增加。多次反复使用后,应密切注意会有颜料褪色情况发生。

③ 注意注塑成型工艺时热流道的使用。在热流道中的停留时间应该加到在注塑机中的停留时间中去。通常总的停留时间要短到足以避免任何褪色的发生。因此应该对这个参数进行详细考虑。

热流道结构中的不良设计也是引起褪色的主要原因,例如热流道的喷嘴或其它部分的尺寸很小,由此引起的摩擦热较难以计算和控制,过高的温度会导致着色剂和塑料的热损伤等。

7.4.2　使用金属颜料注塑时常常发生模口流出线是什么原因?如何解决?

金属颜料是颜料中的一个特殊种类,是指金属或金属合金经物理加工而成的颜料。常见的有铝粉、铜锌粉。与其它颜料相比较,金属颜料以金属或合金组成,故有明亮的金属光泽和颜色。

由于铜金粉和银粉均呈片状结构，因此在注塑加工中较易产生模口流出线，主要原因是熔接处金属颜料少及焊接线处的金属颜料排列差异。所以只要是片状颜料，不管铝颜料、铜金颜料还是珠光颜料，都会产生流痕。注塑件流出线的出现影响了塑料产品外观。

对于金属颜料流痕，尚无有效解决方案。行业内有人做过多方努力，比如动态模温、脉冲进胶、顺序阀、3D铝颜料或球状铝颜料，仍然没有解决，只能稍稍减少。减少流痕方案包括：改进产品或模具设计；使用粒径大颜料；使用尽量高的添加量；使用3D片状颜料。

产品或模具从设计时就要考虑到做金属色，优化设计，才能有效避免流痕，特别是复杂多孔的部件。

可以采用下列方法来减少流痕。

① 提高注入速度和压力，注塑时提高背压，以提高螺杆的混炼性，从而提高金属颜料的分散性。注塑时的加工温度一般选在树脂推荐的使用温度范围的上限处，在成型的过程中，熔体的流动带动了金属颜料片晶的自动定向，取得良好的效果。

② 模具浇口的设计也非常重要。选择单一浇口比多个浇口可以减少模口流出线，浇口的位置通常应选择在远离流动障碍的厚实处，浇口末端与流道系统之间距离应尽可能小，以减少由于流体阻力的差异而引起的颜料分布不均匀和杂乱无章的排列现象。加大注塑孔径也是有效的。

③ 提高金属颜料的添加量，选择大颗粒金属颜料及透明性颜料着色，为了配制特殊金属效果，可适当加入少量透明性较好、色光相似的有机颜料。

④ 选用黏度高的聚合物树脂，能有效减少流痕。

7.4.3　为什么有些尼龙制品在水煮时颜色不稳定？

常用的尼龙是尼龙6（PA6）、尼龙66（PA66），是一种结晶型热塑性材料。由于含有亲水基（酰氨基），所以尼龙材料容易吸水。

对结晶型聚合物而言，在注塑加工时，很迅速的冷却使得材料无法自然结晶定型，从而使材料内部存在较强的内应力。没有经过"回火"处理的尼龙料，在定型后，其内部大分子仍然会趋向于自然取向、结晶的运动，这会导致材料内应力进一步加剧。因此，没有经过水煮工序的尼龙件脆性非常大，在受到外力时，很容易崩掉或者是断裂。

为了使已经成型的尼龙大分子自然取向、结晶，消除内应力，可以将尼龙注塑件放在一定的水温浸泡，因为尼龙含亲水基因——酰氨基团，导致尼龙容易吸水，当尼龙吸收一定的水分后，其内部的大分子趋于自然取向和达到内部的结晶与解晶的平衡，从而消除其内应力。表现在外面就是：尼龙件的韧性大大增强，脆性基本消除。水煮工序其实跟金属"回火"处理工序的设置有异曲同工之妙。

尼龙注塑件水煮的最佳温度和时间：90～100℃，2～3h，低于90℃效果不好，超过3h也不会再有更好的结果。

一般尼龙着色后还需要蒸煮，所以用于尼龙的颜料也需要耐蒸煮不褪色。

① 无机颜料　无机颜料特别适合用在成型温度高、使用条件苛刻的尼龙塑料，见表7-12。

表7-12　可用于耐煮尼龙着色的无机颜料品种

索引号	化学组成	牢度性能		
		着色浓度/%	耐光性/级	耐热性/℃
颜料黄24	$(Ti,Cr,Sb)O_2$	0.5	8	400
颜料黄35	$CdS \cdot nZnS$	0.5	7	400

续表

索引号	化学组成	牢度性能		
		着色浓度/%	耐光性/级	耐热性/℃
颜料黄 53	Ni/Sb/Ti 氧化物	0.5	8	320
颜料黄 119	Zn/Fe 氧化物	0.5	7	260～320
颜料黄 164	Mn/Sb/Ti 氧化物	0.5	8	320
颜料黄 184	Bi/V	0.5	8	300
颜料橙 20	CdS·nCdSe	0.5	7	400
颜料红 101	Fe_2O_3	0.5	7～8	400
颜料红 108	CdS·nCdSe	0.5	7	400
颜料蓝 28	Co/Al 氧化物	0.5	8	>300
颜料蓝 29	$Na_{6\sim8}AlSi_4O_{24}S_{2\sim4}$	0.5	7～8	400
颜料紫 15	$Na_5Al_4Si_6O_{23}S_4$	0.5	7～8	280
颜料紫 16	$NH_4MnP_2O_7$	0.5	7～8	250
颜料绿 50	Co/Ti/Fe/Mn 氧化物	0.5	8	>300
颜料棕 24	Cr/Sb/Ti 氧化物	0.5	8	320
颜料黑 7	C	0.5	8	300
颜料白 6	TiO_2	0.5	8	300

其中，镉系颜料由于重金属问题现在受到很多限制。另无机颜料着色力低也影响其在尼龙上使用。

② 溶剂染料经过水煮后多数颜色不稳定、变色，所以不推荐。勉强能用的有溶剂黄 21、溶剂黄 98、溶剂黄 104、溶剂橙 60、溶剂橙 63、荧光橙 FFG、溶剂红 135、溶剂红 179、溶剂蓝 97、溶剂蓝 132 等。其中溶剂黄 104 尚可。

溶剂黑 7 又称苯胺黑（进口），极限温度可以达到 330℃，可以用于尼龙着色。可以采用炭黑和苯胺黑混合的方法来降低成本。需注意国产的溶剂黑 7 在 250～260℃就会出现分解发红的现象。

③ 由于尼龙含酰氨基，有还原性，所以很多有机颜料着色不适合。耐煮尼龙比较适合使用的有机颜料（苝系颜料、还原型稠环酮类颜料、酞菁类颜料、新型金属络合颜料）见表 7-13。

表 7-13　耐煮尼龙比较适合使用有机颜料

颜料索引号	化学结构	牢度性能			
		着色浓度		耐光性/级	耐热性/℃
		颜料/%	TiO_2/%		
颜料橙 68	偶氮络合	0.2	0.5	8	300
颜料红 122	喹吖啶酮	0.2	0.5	8	300
颜料红 149	苝系	0.2	0.5	8	300
颜料红 177	蒽醌	0.2	0.5	6～7	260
颜料红 202	喹吖啶酮	0.2	0.5	7	260
颜料红 264	吡咯并吡咯二酮	0.2	0.5	7～8	260
颜料蓝 15:1	酞菁	0.103	1	8	300
颜料绿 7	酞菁	0.2	1	8	290
颜料绿 36	酞菁	0.2	1	8	290

7.4.4　塑料注塑制品发生严重收缩如何解决？

所谓翘曲变形是指注塑制品的形状偏离了模具型腔固有的形状。它是塑料制品比较常见的缺陷之一。形成翘曲变形的原因多种多样，既有材料先天因素的原因所导致的；也有因工艺参数设置失当而造成的，也可能是由于颜料组分的影响而引起的。

注射成型是把黏流态的高聚物挤压到模腔中成型的一种方法，所以不可避免的在成型制件内部残留有内部应力，此应力也将引起制件的变形。此外还有一些原因也往往引起变形。注射成型时塑料的成型收缩率随流动方向的不同而不同，就是说流动方向的收缩率远比垂直方向大（收缩率各向异性），有时收缩率在方向上的差值达1%以上；成型收缩率还受成型制件壁厚和温度的影响，由于收缩率的不同，致使制件产生变形。

一般来说塑料树脂结晶大且呈球晶的树脂成型收缩小，反之结晶小、非球晶，则成型收缩大。热塑性塑料中结晶型塑料分子链排列整齐、稳定、紧密，结晶型塑料在凝固时，有晶核到晶粒的生成过程，形成一定的体态。常用的聚乙烯、聚丙烯和聚酰胺（尼龙）等属于结晶型塑料。而无定形塑料分子链排序过程中杂乱无章，无定形塑料在凝固时，没有晶核与晶粒的生长过程，只是自由的大分子链的"冻结"。常用的聚苯乙烯、聚氯乙烯和ABS等属于无定形塑料。所以结晶型塑料树脂如聚烯烃在注射成型后收缩率往往要比非结晶塑料聚苯乙烯、AS、ABS大。热固性塑料收缩更小，聚合物结晶现象见图7-12。

非晶相　　　　　　　　结晶相　　　　　　　　半结晶相

图 7-12　聚合物结晶现象

一般来说，颜料结晶呈各向异性，当其结晶状态为针、棒状时，塑料成型时，长度方向容易沿树脂流动方向排列，因而产生较大的收缩；球状结晶不存在方向排列，因而收缩小。无机颜料通常具有球状结晶，有机颜料如酞菁蓝15：3的透射电子显微镜像显示其结构呈棒状。

酞菁类结构颜料如颜料蓝15：1、颜料蓝15：3、颜料绿7，异吲哚啉酮类结构颜料如颜料黄110，缩合偶氮结构颜料如颜料红144、颜料红166，均会引起塑料制品收缩率加大，这些颜料的共同特点是具有分子结构对称性。从实际使用结果来分的话，对于颜料能够导致翘曲变形的程度可分为翘曲、低翘曲和不翘曲三类，应该根据实际需要进行选择。

酞菁蓝对聚烯烃会产生翘曲作用。如果能在颜料表面包覆一层蜡，且保持这层蜡在加工过程中不被剪切作用所破坏，那么就不会发生翘曲。对部分结晶聚合物进行着色的市售商品中就有包覆级颜料蓝以及其它包覆级颜料。

颜料对翘曲变形的影响只是众多原因之一，除了颜料会影响之外，还需注意以下几点。

① 收缩/翘曲与塑料加工温度有关　加工温度会影响收缩性。颜料棕23、颜料红149在加工温度220℃会明显地影响HDPE注塑制品的收缩性，但温度升高影响反而降低；颜料黄13在HDPE中应用时，如加工温度太低，对注塑制品的收缩性影响增大。

② 浇注系统设置不当　模具的浇口位置、浇口形式和数量都会直接影响熔体在模具型腔内的流动速度、方向、距离以及注射压力等的综合填充参数和状态。熔体流动距离长，则由冻结层和中心流动层之间的流动和补缩所引起的内应力就大，翘曲变形也就大，反之则小；熔体流速的快慢、压力的大小等也会影响树脂取向程度的不同；再如，单一浇口对应较大平面的注塑就有可能致使径向收缩率大于其它方向的收缩率，从而产生翘曲。

③ 冷却不充分或不均匀　如制件未完全硬化就顶出会导致变形，还有顶杆推力也会造成变形。由于上述原因，将成型制件从模腔顶出后，就达不到内部应变最小的理想形状，而

出现翘曲、弯曲和扭曲等现象。可采用辅助工具来矫正冷却变形。即把从模腔内顶出的且内部尚柔软的成型制件放在辅助工具中，随着辅助工具一起冷却，从原始状态限定变形。

在未完全冷却时顶出，顶杆的顶推力往往使成型制件变形，加剧抵抗分子取向的收缩程度；或是制件各部位冷却速度不等，造成收缩的不均；冷却速度过快且树脂导热差，制件芯部热量外传变软，造成翘曲变形，所以未充分冷却就勉强脱模会产生变形。对策是在模腔内充分冷却，等完全硬化后方可顶出。也可以降低模具温度，延长冷却时间。有的模具的局部冷却不充分，在通常成型条件下有时还不能防止变形。这种情况应考虑变更冷却水的路径、冷却水道的位置或追加冷却梢孔，尤其应考虑不用水冷，采用空气冷却等方式。

④ 顶出不当　顶出温度过高、制件太软、制件壁厚过薄强度不够、顶杆接触截面太小、顶杆数量不足或位置不当等因素都有可能导致制品变形。

有的制件的脱模性不良，采用顶杆强行脱模会造成变形。其消除方法是改善模具的抛光、使其易于脱模，有时使用脱模剂也可改善脱模。最根本的改进方法是研磨型芯、减小脱模阻力，或增大拔模斜度，在不易顶出部位增设顶杆等，而变更顶出方式则更重要。

⑤ 成型收缩在方向上的差异、壁厚的变化　提高模具温度、提高熔料温度、降低注射压力、改善浇注系统的流动条件等均可减小收缩率在方向上的差值。

⑥ 其它因素　例如嵌件注塑时，嵌件（尤其是金属嵌件）与主体树脂温度差异过大，收缩速度和程度不均等，导致变形乃至开裂。

7.5　色母粒在化纤纺丝应用问题的解决

熔融纺丝是指将高分子聚合物加热熔融至具有特定黏度的纺丝熔体后，经纺丝泵连续均匀地泵送到喷丝头，通过喷丝孔压出成为熔体细丝流，然后在空气或水中降温并凝固，再通过牵伸而成丝的加工过程。该工艺流程短、无化学反应、设备简单、生产能耗低，可实现高速生产。因此，其综合效益非常好，已成为纺丝行业不可替代的主要加工工艺，见图 7-13。

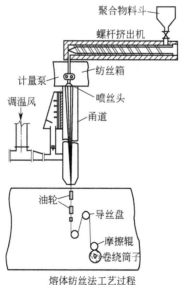

熔体纺丝法工艺过程

图 7-13　常规熔融纺丝工艺配置图

传统的纤维织布流程必须经过清花、梳棉、并条、粗纱、细纱、络筒、整经、浆纱、穿筘、织造等工艺流程后方能成布，近年来迅速发展的化纤无纺布工艺彻底摈弃了上述复杂的过程，使之简化成只有纺丝、铺网和成布一步完成工艺流程。

以纺黏无纺布为例，树脂熔融挤出经计量注入纺丝箱喷出成丝，再经牵伸定型后由气流分丝铺网，最后热压定型成布（流程见图7-14）。纺黏无纺布的基材以聚丙烯为多，其次是聚酯无纺布。纺黏无纺布被广泛用作工程及农用、包装材料、装饰材料和服装衬里材料等。

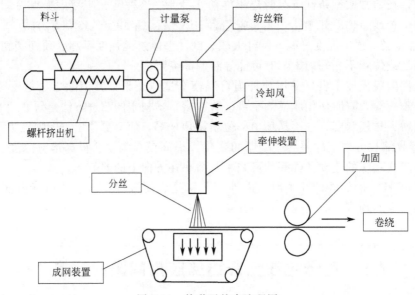

图 7-14　纺黏无纺布流程图

近年来发展非常迅速的熔喷（melt blowing）无纺布则从原材料性能的改变入手，以超高熔融指数（MFI 为数百至一千多）的树脂熔融喷出，经喷丝口侧边喷出的高温高速气流的拉伸成为非连续性的微细纤维，然后铺网热压成布，见图7-15。目前熔喷工艺适用的树脂为聚丙烯和聚酯树脂，所制成的微细纤维（0.2～0.4μm）组成的无纺材料具有极好的过滤特性，被制成各类过滤材料，如过滤纸、滤布、滤芯以及过滤絮棉等，广泛用于工业过滤、水处理、气体过滤、医卫用材以及隔声材料等领域。熔喷法具有工艺流程短、生产速度快、产品性能优良的特点。

另外，从应用的角度来说，采用不同工艺生产的无纺布之间的复合或与其它膜的组合，可以获得性能的叠加而拓展新的应用特性。例如：以纺黏层（S）和熔喷层（M）复合制成S/M/S复合无纺布（见图7-16），它以纺黏层作为整体的骨架以确保制品的应用强度，又体现了熔喷层所赋予的优异的过滤性能，因此，它普遍被用于口罩，手术衣等医卫领域。

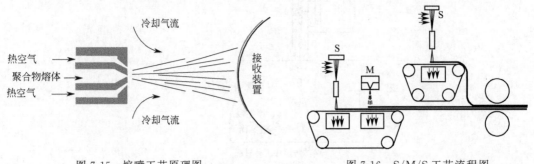

图 7-15　熔喷工艺原理图　　　　　图 7-16　S/M/S工艺流程图

学术上把无纺布统称为非织造布。

色母粒应用于化纤纺丝应注意其分散性、耐热性、耐光/候性、耐水性、耐油性、耐化学品性、耐迁移性和安全性等，见表 7-14。

表 7-14　用于化纤色母粒的技术要求

分散性	一般丝的细度在 $20\sim30\mu m$，异形丝乃至超细丝的直径更加细小。而在纤维丝中颜料的理想颗粒粒径为纤维丝直径的 10% 以保证制品的物理机械性能
耐热性	熔融纺丝是在非常高的加工温度条件下进行的，因此，所选择使用的颜料产品也必须能够承受相应的耐热要求
耐光/候性	窗帘、篷布、遮阳伞等制品更需要具有良好的耐光、耐候性能
耐油性	熔融纺丝纺出的丝上会加上纺丝油剂。这些油剂将伴随后续加工的整个过程
耐迁移性	必须确保织物在使用中不因着色剂选择的不当而造成对其它织物或接触物体的沾污
耐化学品性	织物在后整理过程中会接触相关的化学制剂，在使用过程中也会接触各类洗涤机、干洗剂等。因此，必须保证所使用的着色剂不会与这些化学物质产生反应或被溶解抽出等现象
安全性	《Oeko-Tex Standard 100 通用及特别技术条件》以及中国 GB/T 18885—2002《生态纺织品技术要求》的规定

丙纶熔体纺工艺有长丝、BCF 纺、短程纺、纺黏法、熔喷法。也就是将聚丙烯高分子聚合物加热熔融成为一定黏度的纺丝熔体，利用纺丝泵连续均匀地挤压到喷丝头，通过喷丝头的细孔压出成为细丝流，然后在空气使其降温凝固。丙纶熔体纺丝设备简单，工艺流程短，熔点低于分解温度。

丙纶纺丝在长丝纺丝出现断丝，在纺黏法、熔喷法出现浆斑等不正常现象的原因是什么？

（1）颜料分散不理想，细度未达到要求，造成过滤网压力增高，喷丝孔堵塞，会产生浆斑和断丝。特别是 SMS 熔喷工艺，其纺丝纤度是 0.5den（1den＝1/9tex），也就是说 9000m 长的纤维只有 0.5g 重，所以需特别关注颜料分散细度，需达 $0.5\mu m$ 以下。

所以需选择易分散颜料和分散剂载体及合适加工工艺，以保证颜料分散性达到要求。

（2）颜料耐热性差，在高温下分解。无论采用哪个工艺，丙纶纺丝温度均高达 250～280℃，特别 SMS 熔喷的纺丝温度最高，有些经典颜料，耐热性达不到要求，在高温下分解，造成断丝。应选择耐热性高的颜料品种。

（3）色母粒聚乙烯蜡太多或质量不合格。色母粒中聚乙烯蜡含量太高，会在喷丝头积聚，影响纺丝。特别有的聚乙烯蜡供应商为了降低成本，掺入石蜡。石蜡分解温度低，其对纺丝影响更劣。应选择聚合法生产聚乙烯蜡为佳。

（4）色母粒含水量过高，特别在高速纺时会造成断丝。

（5）载体选择错误。虽然聚乙烯与聚丙烯同属聚烯烃，但聚乙烯与聚丙烯相容性不太好，所以选用聚乙烯会造成可纺性差，同样理由如选择粉料注塑级聚丙烯为载体，因注塑级聚丙烯分子量分布较宽，也会影响可纺性，应选择熔融指数高的纤维级聚丙烯。

（6）熔体黏度太低，纺丝温度设置偏高，熔体温度太高，熔体黏度太低，造成飘丝。

（7）采用回料级聚丙烯，或添加太多填充料引起熔体黏度太低，造成断丝。

（8）纺丝组件温度设置不合理，也会造成可纺性不佳。

7.6　色母粒的检验

本章前五节是讲述色母粒在应用中问题的产生和排除方法。实际上当问题产生时，已有损失产生，仅告之解决问题的思路还不够，本节将重点介绍一些色母粒应用性能检验。所有的应用性能指标的测试都是按照（或模拟）塑料制品加工的实际情况和使用条件来进行。这些检验方法能帮助配色人员尽早找到产品缺陷，避免损失。

另外本节把一些特殊的检验方法附上，用于色母粒开发及色母粒应用出现问题时的原因定性。

所有的测试数据都是相对数据，结合经验利用相对数据来解读数据也是一件非常有意义的事。

7.6.1　颜料分散性测试——过滤压力升

测试标准：HG/T 4768.2—2014、EN BS 13900-5。

色母粒对塑料着色的作用除了配色以外，其最主要的功能还是解决颜料的分散问题。根据不同塑料制品的技术要求，对颜料在制品中的分散性要求也不一样，而其中以化纤纺丝行业对颜料分散的要求最为苛刻。

过滤压力升试验能够比较直观地反映色母粒中颜料的分散性能在实际应用中的体现，其测试结果的再现性和与实际加工的关联性都很高，因而它越来越普遍地被国内行业同仁所认知和接受。

7.6.1.1　测试原理

由于颜料通过挤出机过滤网时堵塞滤网引起的挤出机的内部熔体压力升高是对颜料分散性的一个量度。利用这一特性可以认为，含定量颜料熔体的挤出所造成的压力升高值是对颜料分散性的一个非常直观的量度。

FPV（过滤压力升值）定义：每克颜料在挤出时增加的压力值。

7.6.1.2　测试物料准备

在与主体树脂具有很好匹配性的热塑性聚合物中加入着色剂，制成均匀的颜料制备物。

（1）测试用树脂

颜料测试：选用聚丙烯（选用前可做树脂空白试验，以得到稳定的初始压力。如果得不到，需检查齿轮泵及传感器是否正常）。

溶剂染料测试：选用 PET、PBT。

（2）测试配方

测试配方 1：颜料和树脂混合物 200g（内含 100％颜料 5g）。该配方一般用于彩色颜料。

测试配方 2：颜料和树脂混合物 1000g（内含 100％颜料 80g）。该配方一般用于黑色和白色颜料。

（3）测试设备

单螺杆挤出机：$\varphi = 19 \sim 30\text{mm}$，$L/d = 20 \sim 30$，压缩比为 1∶3.5（螺杆不含有混炼高剪切组件，为普通的输送螺杆，不能用突变螺杆），见图 7-17。

① 熔体泵　定量泵送元件，要求泵出量：$50 \sim 60\text{cm}^3/\text{min}$。

② 压力传感器　要求压力测量值范围：$0 \sim 100\text{bar}$（$1\text{bar} = 0.1\text{MPa}$，下同）；分辨率：0.1bar。

③ 分配板。

④ 滤网　检测和控制颜料分散效果最重要的部件。

针对颜料在塑料中不同的应用实际（如薄膜、纺丝等），常见有三种不同规格的滤网组

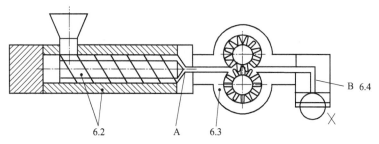

图 7-17　压力升检测设备示意图
A—熔体前熔体力传感器；B—滤网前熔体力传感器

合可供选择，见表 7-15。

表 7-15　常见的三种不同规格的滤网组合

过滤网组合		编网形式	[（经线数/纬线数）/in²]/根（支撑网用孔隙宽度表示）	经线直径/mm	纬线直径/mm
组合 1 双层构架	主网	平纹荷兰网	615/108	0.042	0.14
	支撑网格	平纹方孔网	孔隙宽：0.63mm	0.40	0.40
组合 2 双层构架	主网	平纹荷兰网	615/132	0.042	0.13
	支撑网格	平纹方孔网	孔隙宽：0.63mm	0.40	0.40
组合 3 三层构架	主网	斜纹荷兰网	165/1400	0.071	0.04
	支撑网格（1）	平纹方孔网	孔隙宽：0.25mm	0.16	0.16
	支撑网格（2）	平纹方孔网	孔隙宽：0.63mm	0.40	0.40

7.6.1.3　测试步骤

挤出机升温至工艺要求温度，清洁挤出机内部及螺杆，安装过滤网；启动挤出机，先加入基础聚合物树脂，在各点熔融温度稳定的情况下，当压力保持不变的时候，记录此时的压力值（P_s 值）；在基础树脂加完瞬间，也就是加料斗清空刚好能看清螺杆时，迅速加入被测试样品的均匀混合物共计 200g，注意观察挤出状态的稳定性；在被测试样品加完的瞬间，迅速再次加入基础树脂 100g，直至挤出机将全部物料挤出，完成测试。测试全程密切关注挤出过程中压力值的变化，记录观察到的最大压力值（P_{max}）。

7.6.1.4　评判

过滤值（FPV 值）采用下列方程计算：

$$FPV = (P_{max} - P_s)/m_c$$

式中，FPV 为过滤值，bar/g；P_s 为初始压力值，bar；P_{max} 为最大压力值，bar；m_c 为用于测试的着色剂用量，g。

一个典型的颜料过滤压力升测试示例见图 7-18。

7.6.1.5　应用

过滤压力升法一般作为分散性要求较高产品如超薄薄膜、化纤纺丝色母粒成品的检验，以保证产品质量。可以用于涤纶纤维、丙纶纤维、流延膜、PP-R 管道等色母粒分散性的测试。还可以用于颜料干粉的易分散性的测试，这是国内外选用或采购的重要指标。

7.6.2　光黄变和酚黄变测试

黄变，又称"黄化"，是指白色或浅色物质在外界条件如光、化学品等作用下，表面泛

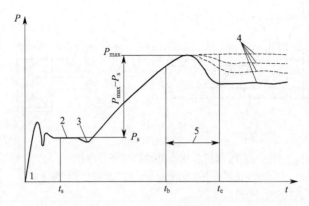

图 7-18 颜料过滤压力升测试-压力变化图谱

1—开始时间；2—初始压力 P_s；3—树脂流变特性引起的压力下降；

4—不同颜料测试引起的压力差异；5—用 100g 基础树脂冲洗螺杆；

P—压力；P_s—初始压力；P_{max}—最大压力；t—时间

t_s—基础树脂挤出，测试初始压力；t_b—完成测试混合物的挤出；

t_e—以获得最大压力值 P_{max}，压力监控结束

黄的现象，常见于塑料、鞋材、纺织品等产品质量的考核中。塑料制品在贮存、运输、使用过程中产生黄变而导致经济损失的事件频频发生。

常见的黄变主要有光黄变和酚黄变两种。前者是指由太阳光或紫外线照射而引起的制品表面颜色泛黄；后者是指由氮氧化合物或酚类化合物所引起的制品表面泛黄。

7.6.2.1 光黄变牢度测试

测试标准：HG/T 3689—2001《鞋类耐黄变试验方法》，参考 ASTMD 1148—1995 标准。

（1）测试原理 模拟根据浅色或者白色制品在自然太阳光长时间照射下容易发生颜色变黄的现象。

（2）测试仪器：耐黄变试验箱

光源：选用功率为 300W、电压为 220V 的螺旋灯口的灯泡，灯泡紫外线的波长为280～400mm，并且有部分可见光。灯泡紫外线的强度为（25±0.4）W/m²。箱内温度可以在一定范围内自由控制，并具有使温度在±2℃范围内的调节装置。

试样架是由托盘、托盘支撑杆组成，并且可以调整试样装置的高度，试样架下部安装有旋转盘，带动托盘旋转以保证试样被均匀照射。试样托盘转速为（3±1）r/min。

（3）试样制备 试样为（62±2）mm×（12±2）mm 的长方体，试片厚度不超过（50±2）mm。特殊试样可以根据实际情况确定形状规格，每项每次检测的有效试样不少于三个。

（4）测试步骤 试样表面与灯泡表面平行，距离为（250±2）mm。

用遮光片盖住首尾两端各 20mm 处，放置在直径为 75mm 和 300mm 的两个同心圆之间的区域。试样的照射面朝向光源。将托盘送进试验箱，启动开关，托盘以规定的转速旋转，让试片在灯光下不间断照射一定的时间，例如 6h、12h、18h、24h、36h 等。在规定的时间到达后，从试验箱中取出试片，取下试片上的遮光片。

（5）评判 待样品冷却后，把样品放入标准光源箱中，采用 D65 光源，观察样品与未试验的原始样品的变化情况，用 GB/T 250 变色卡进行评级。精确到 0.5 级，评级需在 24h

内完成。

7.6.2.2　酚黄变牢度测试

测试标准：ISO 105 × 18：2007 纺织品酚黄变色牢度试验方法。

（1）测试原理　聚乙烯塑料薄膜里中有抗老化剂（BHT），加热加压使它从塑料薄膜里加速逸出，从而导致凡是与塑料薄膜相接触的地方会产生变黄现象。

（2）测试仪器　汗渍牢度测试器、恒温烘箱、玻璃片、测试纸、评定沾色用灰色样卡（GB 250—2008）。

（3）试验步骤　将被测试样分别用含有 BHT 的测试纸包裹之后夹在玻璃片中间，用三层不含 BHT 的聚乙烯片牢牢地包住，并用胶纸密封以形成组合试样，将这个组合放进汗渍测试器中，然后加重 5kg，将汗渍测试器放入烘箱中，在（50±3）℃条件下维持 16h。

（4）评定　将测试样板与它的原板比较，然后用沾色灰卡来评定样板变黄的程度。

注：酚黄变快速检测方法是在（50±3）℃条件下维持 4h，打开这个组合，然后用沾色灰卡来评定样品变黄的程度。

7.6.3　薄膜表面张力测试

表面张力问题大部分原因是色母粒中原料和助剂选用不慎或薄膜厂选择载体有误。薄膜表面张力看起来是个小问题，造成的损失是巨大的，特别是采用多种载体共挤复合膜，一旦表面张力不够就什么也不能做，有时甚至做回收料都没人要。

（1）测试原理　通常油墨表面张力一般要在 38～42dyn/cm（1dyn/cm＝10^{-3}N/m，下同）左右。塑料表面张力不能小于油墨的表面张力，这样才能达到润湿，如图 7-19 所示。

图中 θ 是润湿角。显然，当 $\theta>90°$ 则因润湿张力小而不润湿；$\theta<90°$ 时则润湿；而在 $\theta=0°$ 时，可以完全润湿。可以看出，薄膜的表面张力最少要在 38 dyn/cm 以上，才能让其与油墨的润湿角小于 90°，做到润湿，这样印刷效果才比较好。

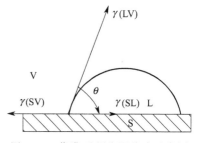

图 7-19　薄膜-油墨润湿张力示意图

（2）测试准备　对多数薄膜来说，在印刷前测试薄膜的表面张力，要求在 36～40dyn/cm。而尼龙要求 52dyn/cm 左右，PET 要求 48dyn/cm 左右。按各薄膜要求配备达因笔。

（3）试验步骤　使达因笔垂直于薄膜平面，加上适当的压力，轻轻在薄膜表面上画一条线，见图 7-19。一般需要 3 支相邻型达因数的达因笔。

（4）评判

① 画线很平均地分布，不起任何珠点，则说明该薄膜表面张力高于达因笔上所标出的指数。

② 画线慢慢地收缩，则说明该薄膜表面张力稍低于达因笔上所标出的指数。

③ 画线立即收缩，并且形成珠点，则说明该薄膜表面张力大大低于达因笔所标出的指数，见图 7-20。

7.6.4　白色母中钛白粉含量测试

色母中包装薄膜用色母占了半壁江山，目前包装薄膜用母粒中白色母用量是最大的，现在一般白色母中都有碳酸钙，所以特列上白色母中钛白粉和碳酸钙含量的测试方法。

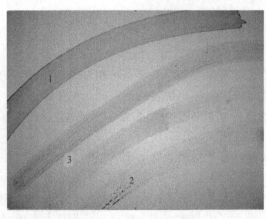

图 7-20　达因笔测试图例

（1）测试原理　若母粒中含有碳酸钙，则在 550℃时，树脂和有机物已全部分解，灰分中只有钛白粉和碳酸钙；在 850℃时，碳酸钙分解成 CaO 和 CO_2，灰分中只有 TiO_2 和 CaO，根据化学方程式 $CaCO_3 \longrightarrow CO_2 + CaO$ 可计算出 $CaCO_3$ 含量，而后得到 TiO_2 含量。

（2）测试程序　称取坩埚净重 W_0；称取加入色母后的坩埚总重 W_1；将马弗炉升温至 600℃，放入坩埚，恒温 1h；取出坩埚，冷却半小时左右至常温，称重 W_2（若树脂只含 TiO_2，则结束试验；若还含 $CaCO_3$，继续试验）；马弗炉继续升温至 850℃，再次放入坩埚，恒温 1h；取出坩埚，冷却半小时左右至常温，称重 W_3。

（3）计算公式

① 没有碳酸钙（600℃）：

$$TiO_2\% = [(W_2 - W_0)/(W_1 - W_0)] \times 100\% \tag{7-1}$$

② 含有钛白粉和碳酸钙（850℃）：

$$CaCO_3\% = \{[100 \times (W_2 - W_3)]/[44 \times (W_1 - W_0)]\} \times 100\% \tag{7-2}$$

$$TiO_2\% = [(W_2 - W_0)/(W_1 - W_0)] \times 100\% - \{[100 \times (W_2 - W_3)]/[44 \times (W_1 - W_0)]\} \times 100\%$$
$$\tag{7-3}$$

7.6.5　聚乙烯压力管材的安全性评价方法

聚乙烯管材因具有耐低温、韧性好、抗震、易修复等优良特性，成为近 20 年来发展最快的塑料管材。随着聚乙烯压力管在国内的广泛应用，聚乙烯压力管材的安全性及评价方法越来越受到重视。

输送燃气或输水的塑料管材安全使用性能是第一重要的。

7.6.5.1　流体输送用热塑性塑料管材耐快速裂纹扩展（RCP）的测定（GB/T 19280—2003）

聚乙烯压力管材在低温下会发生沿管轴快速开裂的现象，而且这种破坏带有突发性的特点，难以预防，从而引发一系列的灾难事故。

（1）测试原理　保持在规定的试验温度下，管内充满流体并施加规定的试验压力，在接近管材一端实施一次冲击，以引发一个快速扩展的纵向裂纹。通过一系列不同压力、温度恒定的试验，就可以确定 RCP 的临界压力或临界应力。

（2）测试设备　RCP 管材耐快速裂纹扩展试验机。

（3）测试步骤

① 按照标准要求根据管材不同厚度在（0±2）℃的低温柜中处理相应时间。

② 给管材样品充满流体（空气或水，一般是空气）；给定试验温度和压力。

③ 在管材一端进行冲击，引发一个快速传播的纵向开裂，见图 7-21。

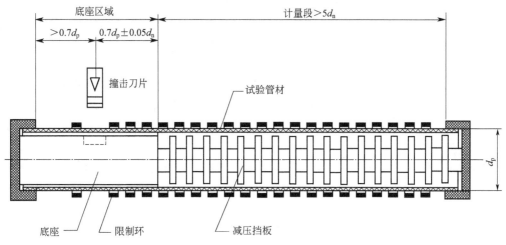

图 7-21　引发开裂试验装置

④ 采用试验装置内部挡板和外部定位圈限制样品开裂后的边缘膨胀和扩展前（未开裂部分）的快速减压。

⑤ 保持温度恒定，变换压力找到止裂和开裂的临界点（4.7 倍外径长度）P_{cs}。

评定：临界压力（P_{cs}）越大说明其材料抗裂纹扩展能力越强。

7.6.5.2　流体输送用热塑性塑料管材耐内压试验方法（GB/T 6111—2003）

根据管材的不同温度、压力和环应力，在介质恒温箱内的试样中，进行管材的长时间静液压试验，直到试样破坏。

（1）测试原理　试样经状态调节后，在规定的恒定静液压下保持一个规定时间或直到试样破坏。在整个试验过程中，试样应保持在规定的恒温环境中，这个恒温环境可以是水（水-水试验）、其它液体（水-液体试验）或者是空气（水-空气试验）。

（2）测试设备　静液压试验机。

（3）测试步骤

① 试样管材选择密封接头与其连接起来，并向试样中注满接近试验温度的水，水温不能超过试验温度 5℃。

② 把注满水的试样，放入恒温水箱中并在水下与加压设备管道连接（避免空气进入试样）。将试样悬放在水箱中，并保持试样之间及试样与水箱四周不相接触。

③ 当达到规定时间或试样发生破坏、渗漏时，停止试验，记录时间。

7.6.6　色母粒微量水分测定——卡尔·费休法

如本章前几节所述，色母粒中水分的含量异常会严重地影响产品的质量和使用效果，如流延膜成型工艺和聚乙烯压力管挤管工艺的产品。所以对某些色母粒产品中的水分进行检查并控制其限度非常重要。

色母粒中水分含量的常规检验采用的是直接干燥法，但它需要的时间长，加上干燥箱的升温、恒温过程，样品的检测结果要5～6h才能得出。还有一个缺点就是干燥后的残余水分含量会受实验室的相对湿度和温度的影响，存在检测结果的不准确性。虽然目前市场推出红外快速测定仪，能在短时间测定水分，但是测试误差还是不能解决。

1935年德国人卡尔·费休（Karl Fischer）发明了一种测定水分的新方法：利用碘和二氧化硫的氧化还原反应，在有机碱和甲醇的环境下，与水发生定量反应。

卡尔·费休法简称费休法，是测定物质水分的各类化学方法中，对水最为专一、最为准确的方法，已被很多国际标准（如ISO、ASTM、DIN、BS和JIS等）公认为准确性最高的方法。

卡尔·费休法优点：仪器价格中等；耗材少；可以测定至10^{-6}级；时间短，一般物质在掌握好进样量的前提下60s内即可完成测定，是过程控制和仲裁判定的最佳方法。缺点：由于精确度高、过于敏感，对有些具有副反应的物质如酮类、醛类测定较困难，需要一定的经验控制反应方向。

（1）测试原理   一旦所有的水都与碘进行了反应，滴定杯内的混合液中就会有游离态的碘，此游离碘将促使离子导电并且降低电压，以使极化电流稳定，当电压降至某一设定值时，滴定终止。

（2）测试设备   卡尔·费休水分测定仪。

（3）主要试剂   卡尔·费休试剂（无吡啶安全型），无水甲醇。

（4）测试操作   启动仪器，将色母放入一个加热炉里，加热到110℃（聚烯烃母粒）/180℃（PS、ABS母粒），再用干燥的氮气将挥发出的气体送入测试瓶，用碘氏滴定剂滴定。

7.6.7   汽车内饰塑料材料 VOC 测试

VOCs是挥发性有机化合物（volatile organic compounds）的英文缩写，是指在常温状态下容易挥发的有机化合物。目前世界上有多样化的VOCs定义，见表7-16。

表7-16   世界对VOCs定义

机构或标准	定义
世界卫生组织 WHO	除农药外的，所有沸点在50～260℃的有机化合物
美国国家环保局 ASTM D3960-98	参与大气光化学反应的所有含碳化合物
欧盟	20℃下，蒸气压大于0.01kPa的所有有机化合物
国家环保标准	标准状态下初沸点小于或等于250℃的有机化合物

VOCs的主要成分有烃类、卤代烃、氧烃和氮烃，它包括苯系物、有机氯化物、氟里昂系列、有机酮、胺、醇、醚、酯、酸和石油烃化合物等。VOCs对人体健康有巨大影响。当VOCs达到一定浓度时，短时间内人们会感到头痛、恶心、呕吐、乏力等，严重时会出现抽搐、昏迷，并会伤害到人的肝脏、肾脏、大脑、造血系统和神经系统，造成记忆力减退等严重后果，危害特别严重的会导致白血病、胎儿畸形等。

汽车塑料内饰件产生VOCs的原因是塑料原料中残留单体或生产过程中的溶剂；聚合物老化降解所产生的短的碳链，它被氧化后会产生醛酮类的易挥发性物质；塑料改性加入相容剂、润滑剂及塑料着色剂（颜料化过程中溶剂未处理干净以及添加改变颜料性能的表面活性助剂）。另外，色母粒加工中清洗螺杆的有机溶剂和注塑机在注塑过程中喷脱模剂、防锈剂等过多也都会产生VOCs。

为了保证整车的VOCs符合要求，必须对汽车塑料内饰件的原材料质量检验，这将有助于从源头上控制车内空气污染。主要进行气味、雾度/冷凝组分、甲醛、总碳易挥发物质测试。

7.6.7.1　气味（odor test）

参考标准：德国 VDA270 和大众的 PV3900 等气味测试方法。

测试方法：在经过一定的温度和时效处理后，从烘箱中取出称量瓶冷却至 65℃后，迅速打开瓶盖进行嗅辨，用单项打分的算术平均值来表示嗅辨法的等级评定。

评定：六级制。

1 级　感觉不到。

2 级　感觉得到，无干扰性。

3 级　明显感觉到，但无干扰性。

4 级　干扰性气味。

5 级　强烈干扰性气味。

6 级　难以忍受。

7.6.7.2　雾度测试/冷凝组分（fogging test）

参考标准：DIN 75201A、DIN 75201B、SAE J1756、大众 PV3015。

测试方法：把试样装到烧杯底部，用一块铝箔盖住烧杯，把烧杯放到试验温度为（100±0.3）℃的液槽恒温箱中 16h。通过对进行雾化-试验前后的铝箔称重从而得到雾化-冷凝结物的质量。

7.6.7.3　甲醛含量（formaldehyde release test）

参考标准：VDA 275、大众 PV3925。

测试方法：取一定尺寸和质量的样品 ，悬挂于 1L 的瓶盖带钩的聚乙烯瓶内，加入 50mL 蒸馏水，旋紧瓶盖，放入一定温度的恒温箱里保温一定的时间，然后取出，放置在室温下冷却 1h。取出样品加入乙酰丙酮显色剂，摇匀，在恒温水槽中保温一定的时间，然后取出放置在室温下避光冷却 1h。用紫外分光光度计在 412nm 波长下测定试管中溶液的吸光度，计算出甲醛含量。同时并列做空白试验。

7.6.7.4　总碳易挥发物质测试方法

总碳易挥发物质测试方法详见表 7-17。

表 7-17　总碳易挥发物质测试方法

测试仪器	参考标准	方　　　法
气相色谱	VDA-277	称取样品 2g 于 20mL 顶空瓶内（每个样品至少 3 瓶）。但具体称样量以保证顶空瓶上层所剩空间为 5mL 为准。测试条件为 120℃下保持 5h。然后通过质谱仪对气体分子进行量化分析
气相色谱质谱法	VDA-278	将样品裁剪成 2mm×2mm 方块，放入到热脱附收样管。对每个样本在规定温度 90℃下加热 30min 后，以气相色谱-质谱联用仪方法分析其中挥发物质含量

7.6.8　红外分析质量控制和失效分析

红外光谱是一种分子振动转动光谱，当样品受到频率连续变化的红外光照射时，分子吸收某些频率的辐射，并由其振动运动或转动运动引起偶极矩的净变化，产生的分子振动和转动能级从基态到激发态的跃迁，从而形成分子吸收光谱。不同物质的红外光谱具有唯一可识别性，红外光谱也被称为分子的化学"指纹"，这也是红外可用于物质定性分析的关键。

在色母生产上，红外分析可分为质量控制和失效分析两方面。为了在合理的生产成本下获得高质量的产品，可靠的质量控制是必不可少的。

7.6.8.1 质量分析

Bruker 公司的 ALPHA 型红外光谱仪配置纯金刚石 ATR 附件，专门用于工业生产的质量控制，而且分析过程快速、可靠、重复性强。红外可用于不同塑料、填充剂、添加剂等原材料种类核查，只需要将样品放在 ATR 附件上扫描红外谱图，再通过快速比较的功能，即可判断原材料种类是否正确，也可以判断是否达到使用标准。如果需要控制产品中各种填充剂、添加剂的用量，红外也可用于定量分析。

7.6.8.2 失效分析

色母生产时会遇到产品缺陷问题，例如起霜、起泡、污染物、内含物等，有效的失效分析可以帮助生产者了解故障的根源，显微红外光谱仪是失效分析的强有力工具，它可以帮助分析微米级异物的化学组成。例如，Bruker 公司显微红外 LUMOS 具有独特的显微 ATR 技术，无需取出异物，$100\mu m$ 大小的 ATR 晶体，直接精确定位到指定的测量点，实现原位测量，且根据异物大小设置合适的光阑，最小可测量 $5\mu m \times 5\mu m$ 大小的异物。

7.6.9 在 Q-SUN 氙灯试验箱或 QUV 老化试验仪中暴晒多长时间相当于在户外暴晒一年？

颜料在塑料耐候性技术指标总会在客户的需求不是能够得到完全满足而发生争论。这是因为气候反复无常，再加上全天候耐光（候）试验需要很长的周期，然而客户不愿意等待这么长的时间。

为此开发了在实验室中采用人工光源和加速条件下测定耐光（候）性的方法。任何加速试验的基础都是要用实验装置充分模拟不同的气候条件，并且还要考虑到两个试验原理之间的相关性。利用快速老化测试迅速得出结果，保证产品满足客户需求，也就是户外使用期限，如三年、五年等。因此确立评价系统至关重要。

经常有人问，在 Q-SUN 氙灯试验箱或 QUV 老化试验仪中暴晒多长时间相当于在户外暴晒一年？这个问题看上去非常简单，但解答起来却相当困难。理论上不可能找出一个简单的数值与老化测试仪暴晒时数相乘来计算户外暴晒的年限。配色人员所面临的是户外暴晒环境固有的变动特性和复杂性。测试仪暴晒和户外暴晒的关系取决于多种变化因素。

① 暴晒场的地理纬度（距赤道越近，紫外线越强）。

② 海拔（海拔越高，紫外线越强）。

③ 当地地理特征，例如风力风干测试样品或临近水源容易形成露水。

④ 逐年的天气无常变化，连续几年在同一地点造成的老化程度也会有 2∶1 的变化。

⑤ 季节变化（冬季暴晒损坏程度可能仅为夏季暴晒的 1/7）。

⑥ 样品放置角度（5°偏南，还是正北）。

⑦ 样品架绝缘（通常，采用绝缘样品架的户外样品老化速率比非绝缘样品快 50%）。

显然，讨论加速老化测试时数和户外暴晒月数之间的转换因子是没有逻辑意义的。因为这两个因素一个恒定不变、一个变化不定。寻找两者之间的转换因子会导致数据没有意义。

换而言之，测试数据是相对数据。虽然，配色人员仍能使用加速老化测试仪得出精确的耐久性数据，但是必须认识到所得的数据为相对数据，而非绝对数据。实验室老化测试得出的最多是相对于其它材料，该材料耐久性相对排序的可靠预测。实际上，佛罗里达暴晒测试也是这种情况。户外测试得出的也不过是实际使用年限的相对预测。

在下列确定的条件下，利用已知的结果，将未知的试验进行"经验法则"转换因子是有效的。

① 测试材料特定。

② 实验室测试仪时间周期和温度组合特定。

③ 户外暴晒基地和样品安装程序特定。

因为这些经验法则是从实验室内部加速测试和户外暴晒经验对比中得出的。这样可大大缩短户外的试验条件，大大加快速度，大大降低测试成本。

第 8 章
计算机辅助配色技术

在当今信息时代，颜色的数字化管理已呈必然趋势。在先进的工业发达国家中，与着色有关的行业如纺织印染、涂料、塑料着色加工及油墨等行业普遍采用计算机辅助配色技术作为产品开发、生产、质量控制、销售的有力工具，普及率很高。它给使用者带来了生产科学化、高效率和经济效益。

计算机辅助配色技术是基于仪器测量由计算机进行配方推算的方法。该技术基于材料的反射率（或者透射率）进行配方计算，所以可以实现所需配色产品的反射率的准确匹配。众所周知，反射率是颜色的本质属性，是颜色的"指纹"，基于颜色数据化和科学的计算，使得配色产品有效避免同色异谱现象的产生。计算机辅助配色技术见图 8-1。

但是目前在中国除了极少数跨国企业外，绝大多数企业的塑料配色还完全依赖人工配色，所谓人工配色就是长期使用的一种传统配色法，配色人员基于目视和自己的经验来推算颜色配方，见图 8-2。本书第 4 章花了很大篇幅来介绍此方法，但是人工配色以配色人员从实践中积累的经验作为指导工作的依据，常常受到配色者生理、心理因素及其它客观条件的影响，产品质量难以保持稳定。另外，依靠经验和感觉配色，只能定性，无法定量，技术的传播与交流比较困难。

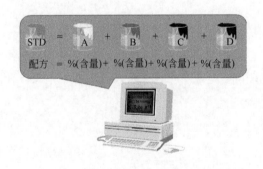

图 8-1　计算机辅助配色技术示意图

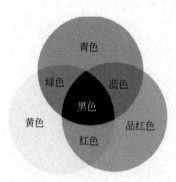

图 8-2　人工配色色料减色示意图

所以塑料配色一直是色母粒和改性塑料行业的一大痛点。优秀配色师人员少，培养周期长，人员流动大，更是塑料配色痛点中的痛点。而且这一痛点将在今后若干年还会继续干扰行业进步。

计算机辅助配色技术与人工配色相比较有如下优点，见表 8-1。

（1）操作简便，可以减少配色时间，将以往所有配过的颜色存入数据库，需要时可立即调出使用。能在较短的时间内计算出修正配方，提高配色效率，降低配色人员劳动强度和材料成本。

（2）计算机辅助配色系统可以连接 ERP 管理系统（如 SAP），将其整合在一起，通过一些应用程序接口，将 SAP 的采购和物流仓储模块和配色软件中的原料价格数据库动态地连接在一起。这样来自采购部门的最新原料价格变化、重要原料出现供应问题等都可以实时地更新进入系统，计算机辅助配色系统也可以用报表的方式反馈回 SAP 系统，自动检测库存情况或是提醒采购和物流部门及时跟进处理。总之，使用现代化的数据交互和信息管理系统，能够将传统的配色工作提升到更加高效的水平上来，对配色人员和公司管理人员都是强有力的工具。

（3）解决同色异谱现象。由于人眼只能基于颜色的三个属性进行颜色分辨，很难避免同色异谱现象的产生。同色异谱是塑料配色领域常见的现象。同样的颜色经常会出现某种光源下相似、但其它光源下不匹配的情况，这些是同色异谱带给塑料配色的难点，尤其在汽车行业相关的塑料制品配色领域更为常见。经验丰富的配色人员，往往很容易实现某个光源下的颜色匹配，但是要做到三种光源下都足够相似，要求配色人员对所有能实现这种颜色的颜料组合都有充分的考虑，在实际操作中很难做到，更多时候靠的是运气或是大量的试错，一点点比对摸索。而计算机辅助配色技术在同色异谱的计算和预测方面，提供了无可比拟的优势。

（4）塑料配色是个复杂的系统工程。在塑料配色中常用的有机、无机颜料、溶剂染料等不下 200 余种。对着色剂性能和各种应用建立关联对配色人员是很大的挑战，这也是塑料配色行业培养一个优秀人才需要五年甚至更长的时间的原因。计算机辅助配色技术对着色剂性能数据库创建可以提供快速查询和比对，还提供配色任务指令单模板管理工作，对不同类型的配色工作提供帮助。所以计算机辅助配色技术最大优点是配色人员经短时间培训就可以开始工作，并在工作中快速积累经验和技能，提升整体效率。

表 8-1　人工配色和计算机辅助配色特性比较

比较项目	电脑配色	人工配色(中等经验)
配色效率	高(平均 2～3 次)	一般(平均 5～6 次)
休息时间	可持续运行	疲劳
人员经验	一般经验	中等经验
配色结果	数据化	目视
结果存储	电脑存储,随时可查询	可存储,查询困难
过程存储	可存储	不存储
参考历史配方	可在历史配方上直接修色	可以,但操作困难
提前预知配方	可以	不可以
同色异谱判断	可以	取决于是否有对色灯箱
与其他系统连接	可以	不可以
培训时间	一星期	2～3 年

计算机辅助配色技术优点很多，特别是在配色人员效率提升方面大有裨益，对解决行业痛点有帮助，将成为推动行业进步的动力。当然计算机辅助配色技术需一笔不菲投资用于硬件和软件的建立，特别是核心数据库的建立。

8.1 计算机辅助配色技术的原理

8.1.1 计算机配色原理

颜色是材料对光的吸收和散射产生的，每种材料对于光的吸收和散射是有规律可循的。材料的混合对于颜色的表现可以通过每种材料的特性进行计算。

就像配色人员首先要对所用的材料的颜色表现有足够的认识，才能选择合适的材料进行配色，计算机辅助配色首先要对每种材料的颜色特性进行测量，建成有足够信息的数据库，然后才能依据这些数据库，配制目标颜色。

8.1.2 计算机配色计算模型

图 8-3 材料的吸收和反射示意图

计算机配色基本原理是根据颜色是由材料的吸收和反射产生的，见图 8-3。

Kubelka-Munk 理论是配色的重要理论基础，于 1931 年由 Paul Kubelka 和 Franz Munk 提出。由于颜色可以由其反射率光谱表示，为了研究物体颜色混合配色的原理，两位科学家进行深入研究发表了 Kubelka-Munk 理论。简单来说，Kubelka-Munk 理论表明了物体的反射率基于颜料的散射和吸收系数，物体的厚度和基材的反射的影响。并提出 K/S 概念，指出其具有加和性，见图 8-4。

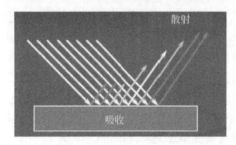

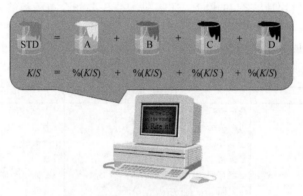

图 8-4 基于 K/S 的电脑配色系统

$$\frac{K(\text{光吸收})}{S(\text{光散射})}=\frac{(1-R)^2}{2R} \tag{8-1}$$

式中，K 为吸收系数；S 为散射系数；R 为反射系数。

Kubelka-Munk 理论虽然早在 1931 年就已提出，但是直到 1958 年才开始成功地用于纺织印染行业，印刷行业应用该理论则始于 20 世纪 70 年代。目前美国、日本等国家开发的计算机配色系统，基本上仍采用这个理论。

8.1.2.1 单项常数模型

该模型适合全透明产品配色应用，色料会吸收光，但是不会散射光，K 吸收系数主要来源于色料的影响。S 散射系数大部分来源于基材的影响，如纺织品、木材、透明油墨配色。

$$K/S_{\text{mixture}}=\frac{C_aK_a+C_bK_b+C_cK_c+\cdots+K_s}{C_aS_a+C_bS_b+C_cS_c+\cdots+S_s} \tag{8-2}$$

式中　C_a，C_b，C_c，$\cdots\cdots$——浓度；a，b，c，$\cdots\cdots$——各个色料；

$\quad\quad K_a$，K_b，K_c，$\cdots\cdots$——吸收系数；

$\quad\quad S_a$，S_b，S_c，$\cdots\cdots$——散射系数；

$\quad\quad K_s$——基材的吸收系数；

$\quad\quad S_s$——基材的散射系数。

在单常数理论中，K 影响因素是色料，S 影响因素是基材。所以 S_a，S_b，S_c 等各个色料的散射系数可以为 0，那上述公式即为：

$$K/S_{\text{mixture}}=C_aK_a/S_s+C_bK_b/S_s+C_cK_c/S_s+\cdots+K_s/S_s \tag{8-3}$$

8.1.2.2 双项常数模型

该模型适用于不透明或者半透明的产品配色应用，色料有选择性地吸收和散射入射光。塑料产品配色过程中会含有不同量的白料，S 散射系数会受白料、色料、基材三者的影响。K 吸收系数和 S 散射系数需要从色料中分别计算得到。

$$K/S_{\text{mixture}}=\frac{C_aK_a+C_bK_b+C_cK_c+\cdots+C_wK_w}{C_aS_a+C_bS_b+C_cS_c+\cdots+C_wS_w} \tag{8-4}$$

式中　C_a，C_b，C_c，$\cdots\cdots$——各个色料浓度，a，b，c$\cdots$——各个色料；

$\quad\quad K_a$，K_b，K_c，$\cdots\cdots$——色料的吸收系数；

$\quad\quad S_a$，S_b，S_c，$\cdots\cdots$——色料的散射系数；

$\quad\quad C_w$，K_w，S_w——白料的浓度、吸收和散射系数。

为了了解各个色料的吸收和散射系数，需要研究白料、黑料与各个色料组合之后的计算方式。

白料：假设其 $S_w=1$，所以 $K_w=(K/S)_w$。

黑料以及色料：

$$S_b=\frac{C_w[(K/S)_r-(K/S)_w]}{C_b[(K/S)_m-(K/S)_r]} \tag{8-5}$$

$$K_b=S_b(K/S)_m \tag{8-6}$$

式中　r——白浆的减少量，随着白浆量减少，$(K/S)r$ 会越来越大；

$\quad\quad$m——主色；

$\quad\quad$b——黑料或者各个色料。

由以上公式可以算出白料、黑料以及各个色料之间随着白料和色料浓度变化，K/S 的变化。该算法特别适合不透明塑料配色。对于半透明的产品需要使用绝对双常数配色原理，需要考虑树脂、白料影响到遮盖率的变化。

8.1.2.3 多项常数模型

在实际应用中配色结果受到多种因素的影响，远比单项常数和双项常数复杂，所以在有些应用中实际配色结果与模型计算结果相差很大，特别是对于半透明的产品。

有些公司和专家对此有深入的研究，采用更复杂的数学模型进行计算，从而获得更精准的配色。比如爱色丽公司拥有专利的多项常数模型，基本原理如下：

$$f(K,S,BC,MC)+R_{\text{surface}}=R_{\text{color}} \tag{8-7}$$

式中　K——吸收系数；

　　　S——散射系数；

　BC——颜色层的两个分界面状态；

　MC——仪器测量条件。

基于多项常数模型的计算，可以对于从不透明到全透明之间的颜色进行更精确的计算。

8.1.3　计算机辅助配色系统的软、硬件配置

计算机辅助配色系统配置需要有计算机、计算机配色软件、分光光度仪。其辅助配置包括打样设备、称量设备等。计算机用来安装配色软件，配色软件用来收集颜色数据和计算新颜色配方，分光光度仪（如爱色丽 Ci7800 型）用来测量样品颜色数据，见图 8-5。

计算机　　　　　　　　　　配色软件　　　　　　分光光度仪(爱色丽 Ci7800型)

图 8-5　计算机辅助配色技术系统配置

8.2　计算机辅助配色技术的核心数据库创建

计算机辅助配色技术的整个操作步骤如下。

（1）建立核心数据库　电脑配色系统需要读取配色材料的颜色信息，特别是基本树脂、颜料信息等。所有这些信息最后组成材料数据库，形成颜色配制的原始信息。

（2）配色　采集需要配制的目标色，通过材料数据库计算出原始配方。

（3）修色　若原始配方颜色经验证后无法满足要求，通过电脑自动更正原始配方，提供更优配方。

其中建立核心数据库是整个技术的第一步，也是计算机辅助配色技术的核心。

8.2.1　核心数据库制作准备工作

核心数据库（以下简称数据库）是指为了实现计算机辅助配色而事先输入的所有原材料的特性信息。原材料包括树脂、助剂、颜料等。特性信息包括反射和吸收特性等信息。

数据库制作的优劣对于配色系统的性能尤其重要，没有好的数据库就无法得到准确的配方。数据库制作受到多个因素的影响，比如设备的稳定性、材料的稳定性、人员的稳定性、工艺的稳定性，任何一个因素的变化都会影响数据库的质量。最好是由经过培训的专门团队来完成。

8.2.1.1　数据库制作设备要求

"工欲善其事，必先利其器"。稳定的设备对于数据库尤其重要。为保证数据库的质量，建议指定专门的设备进行数据库制作，这样可以避免由于不同设备间的误差而造成数据库偏差。比如注塑机作为关键设备，最好指定一台稳定的注塑机专门用来制作数据库色板。数据库制作设备如下。

（1）电子秤。称量精度是整个系统的关键。一般称量精度要达到目标精度的 100 倍。比如要精确称量到 0.01g，电子秤的精度要达到 0.0001g。

（2）混匀机——用于塑料树脂、助剂、颜料均匀混合。

（3）造粒机——用于塑料树脂、助剂、颜料均匀混合造粒，得到均匀分散体。

（4）注塑机。

（5）分光光度仪。

8.2.1.2　数据库制作材料要求

稳定的原料是配色成败与否的关键因素。现实中我们经常碰到由于原材料的偏差造成最终产品报废的情况。为了得到最好的数据库，设计人员应当选择同一批次的原材料进行数据库制作，最好的方法之一是事先准备足够量的同一批原材料，用于数据库的制作和测试。这些材料包括：塑料树脂、助剂、颜料（色母）。

8.2.1.3　数据库制作人员要求

人存在着很大差异化，即使按照相同的标准和设备进行操作，结果也会有所不同。比如用同一台电子秤称量同一种物料，两个人得到的结果很可能有所不同。为了减少由于个人因素造成的误差，最好指定专门的人员经过培训后，进行有关数据库建立的操作。由于制作数据库需要制作大量色板，操作人员需要专心、细心、耐心、有良好的心理素质。

8.2.1.4　数据库制作工艺要求

塑料色样对于工艺很敏感，比如温度的差异会造成注塑样品的差异。为了避免工艺变化造成数据库的误差，制定合理和严格的工艺标准尤其重要。这些工艺参数包括：设备的清洗标准、注塑机各区温度、注塑压力及注塑量。

8.2.2　数据库色板设计

8.2.2.1　基础塑料树脂的选择

很多工厂的塑料树脂数量庞大，若全部制作成数据库工作量巨大、可行性很差。那么选择合理数量的塑料树脂来建立数据库对于实现准确配色、减少库存、减少浪费非常重要。

（1）塑料树脂——选择常用的典型树脂来制作数据库色板，同型号的选择浅色。

（2）着色剂——配色常用的颜料（包含同一品种不同厂商、不同商品型号）。

8.2.2.2　颜色梯度设计

数据库包含了着色剂的反射和吸收特性信息，是通过树脂和颜料以不同比例混合后制作相关色板测量来得到的。每种颜料色板都要形成一系列颜色梯度，颜色梯度的设计基本相似，但根据颜料着色强度可以不同。不同的配色模型、不同的配色系统计算机辅助配色软件的要求也会有所不同，一般可根据专业人士的指导完成。基本信息如下。

（1）塑料树脂名称。

（2）最高含量：颜料或色母在树脂中的最高添加量。

（3）最小含量：颜料或色母在树脂中的最小添加量。

（4）数据库色样梯度：色料与树脂混合色样。数据库色样梯度就是不同浓度颜料以及不同浓度颜料与白色和黑色混合后色样数据，见图 8-6。

Sample Preparation Guide - White/Black/Resin Mixes

grams	g	ABS Amount	Actual	TiO2 Amount	Actual	Black Amount	Actual	Total
Mix #	1	300.000		6.000		-------	-------	306.000
Mix #	2	300.000		2.994		0.006		303.000
Mix #	3	300.000		2.985		0.015		303.000
Mix #	4	300.000		2.850		0.150		303.000
Mix #	5	300.000		2.700		0.300		303.000
Mix #	6	300.000		1.800		1.200		303.000
Mix #	7	300.000		0.600		2.400		303.000
Mix #	8	300.000		-------	-------	3.000		303.000
Mix #	9	300.000		-------	-------	1.200		301.200
Mix #	10	300.000		-------	-------	0.300		300.300
Mix #	11	300.000		-------	-------	0.150		300.150
Mix #	12	300.000		-------	-------	0.015		300.015

Sample Preparation Guide - Colorant/White/Black/Resin Mixes

grams	g	ABS Amount	Actual	TiO2 Amount	Actual	Black Amount	Actual	Red Amount	Actual	Total
Mix #	13	300.000		3.000		-------	-------	12.000		315.000
Mix #	14	300.000		9.000		-------	-------	6.000		315.000
Mix #	15	300.000		13.500		-------	-------	1.500		315.000
Mix #	16	300.000		14.250		-------	-------	0.750		315.000
Mix #	17	300.000		14.925		-------	-------	0.075		315.000
Mix #	18	300.000		14.970		-------	-------	0.030		315.000
Mix #	19	300.000		-------	-------	0.060		11.400		311.460
Mix #	20	300.000		-------	-------	0.030		11.760		311.790
Mix #	21	300.000		-------	-------	-------	-------	14.250		314.250
Mix #	22	300.000		-------	-------	-------	-------	12.000		312.000

图 8-6　爱色丽 Color iMatch 配色软件梯度设计表格

8.2.3　数据库建立

8.2.3.1　塑料树脂信息输入

为了在配色时有更多选择信息，在软件中创建树脂数据库，建议至少输入如下信息：树脂名称；价格；密度；配方中最少含量；配方中最高含量。具体实例见图 8-7。

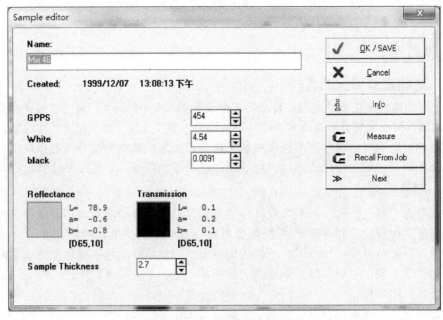

图 8-7　塑料树脂信息输入页面

8.2.3.2　白色和黑色颜料信息输入

黑色、白色颜料是配色的最基础颜料，两者与上面的塑料树脂不同比例的混合产生不同的吸收和散射效果。通过这些不同浓度色板的信息输入和测量，构成计算机辅助配色技术软件计算配方的基础。

黑色和白色除了需要输入上面类似基础的信息外，还要输入色板配方的精确信息，见图8-8。

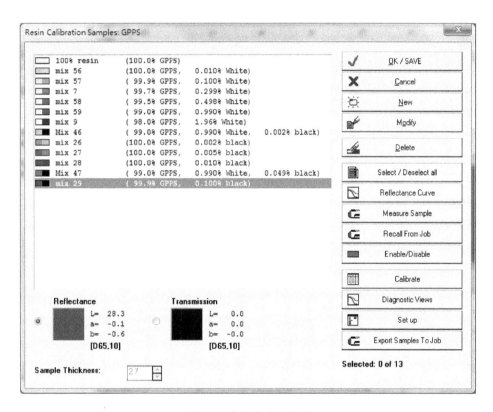

图 8-8　数据库建立界面

8.2.3.3　彩色颜料

彩色颜料基础信息是通过彩色颜料与塑料树脂、黑色颜料、白色颜料不同比例互混获得的，通过输入相关信息和测量样板完成彩色颜料数据库的建立，见图8-9。

8.2.4　数据库评估和验证

8.2.4.1　软件自评

一般软件都有数据库自评功能，通过此功能软件将实测样板数据与理论计算数据进行比较，相差越小则代表数据库性能越好，见图8-10。若自评数据较差，软件还会给予相关改正建议。

8.2.4.2　实际测试

一旦软件自评通过，建议用户挑选一些有代表的颜色进行实际操作验证。

塑料配色——理论与实践

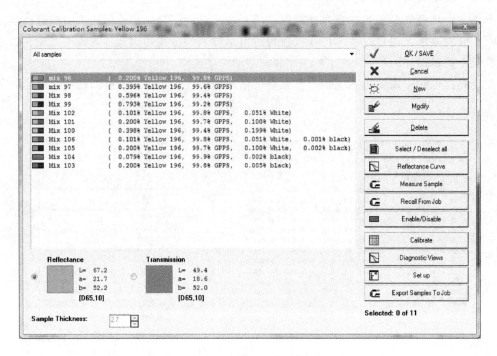

图 8-9   Color iMatch 数据库建立界面

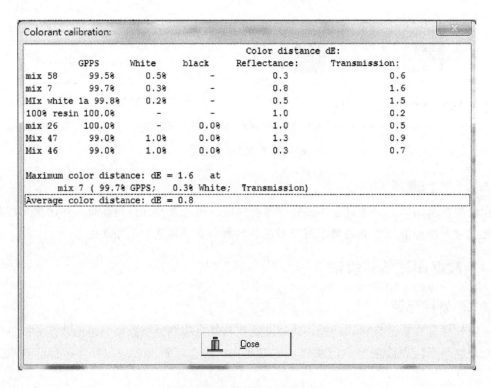

图 8-10   数据库综合评估界面

8.3　计算机辅助配色技术的系统创建

计算机辅助配色技术除了需创建核心数据库外，还需创建配色软件的辅助系统，辅助系统包含了大量相互关联的信息和管理模块。辅助系统需创建着色剂性能数据库、配色任务指令单模板、数字化色板库、黑白卡基底。为了提高工作效率还需管理原料成本和用量限定，防止出错和数据保存备查，以及用户权限管理等设置工作。本节以瑞士 matchmycolor LLC 公司 Colibri® 3.8.6（原瑞士汽巴可立配®升级版）软件为例加以阐述说明。

8.3.1　着色剂性能数据库创建

一名优秀的配色人员，必须非常熟悉着色剂的各种性能如耐热性、耐光（候）性、耐迁移性及法律法规安全性等，正如本书第 1 章标题及书中反复强调的，塑料配色是个复杂系统工程。在塑料配色中常用的有机、无机颜料、溶剂染料等不下 200 余种。对着色剂性能和各种应用建立关联对配色人员是很大的挑战，这也是塑料着色行业培养一个优秀人才需要五年甚至更长时间的原因。而且着色剂行业依然在不断发展中，即使是同样颜色索引号、同一化学结构，但因着色剂粒径区别及不同厂家的后处理工艺不同，其应用性能差异也很大。

借助于计算机技术的飞速发展，各种灵活易用的数据库及搜索技术已非常成熟，可以帮助配色人员整理储存在其脑海中（或书本上）的大量有关联的信息，并提供快速查询和比对。辅助系统中的"专家系统"可以提供强大的数据库支持功能。允许用户定义各种着色剂在各使用浓度所对应性能。如定义颜料在不超过 0.5% 浓度下符合 FDA 要求，耐热性没有明显的随浓度降低的现象，满足 GB 9685 使用要求，颜料不符合"不含卤素"的要求，见图 8-11。

在完成着色剂性能数据库的创建后，管理系统提供了导出到 Excel 的功能，帮助用户确认并保存。这样，无论该着色剂使用频率如何，也无论法律法规如何变化，用户都能够及时更新着色剂性能并追溯历次维护的记录，同时可以检索不同厂家类似产品的性能参数对比。相比目前国内大部分中小企业都还在广泛使用着色剂数据库表格，甚至依赖员工的记忆的方式，着色剂性能数据库提供更全面、灵活并且更可靠的解决方案。在下节"计算机辅助配色技术的应用"中，配色人员可以更直观地认识数据库的强大功能，包括着色剂预筛选、同色异谱比对等。

8.3.2　着色剂成本和用量限定管理

色母粒的配方成本通常为树脂、助剂和着色剂三部分。其中树脂和助剂这部分成本相对固定。但是着色剂的情况不同，很多颜色可以用不同种类着色剂选择使用来实现，如本书第 3 章叙述的不同化学结构的着色剂在色区上重叠非常多。对于色母粒配方而言，着色剂成本可能占到产品配方总成本的 80% 甚至更高。即使是同样颜色索引号，在色空间中位置相近的颜料，成本差异也可能很大。近十年来，随着国内有机颜料企业在高性能颜料上不断加大研发力度，提供高品质、有竞争力的产品，越来越多的着色剂价格从高高在上走向了平民化。所以把各种着色剂的参考价格和用量范围输入计算机辅助配色系统的数据库，可以很好地将着色剂的各种关键性能、价格及用量一起交由电脑综合计算排序，帮助配色人员清楚地

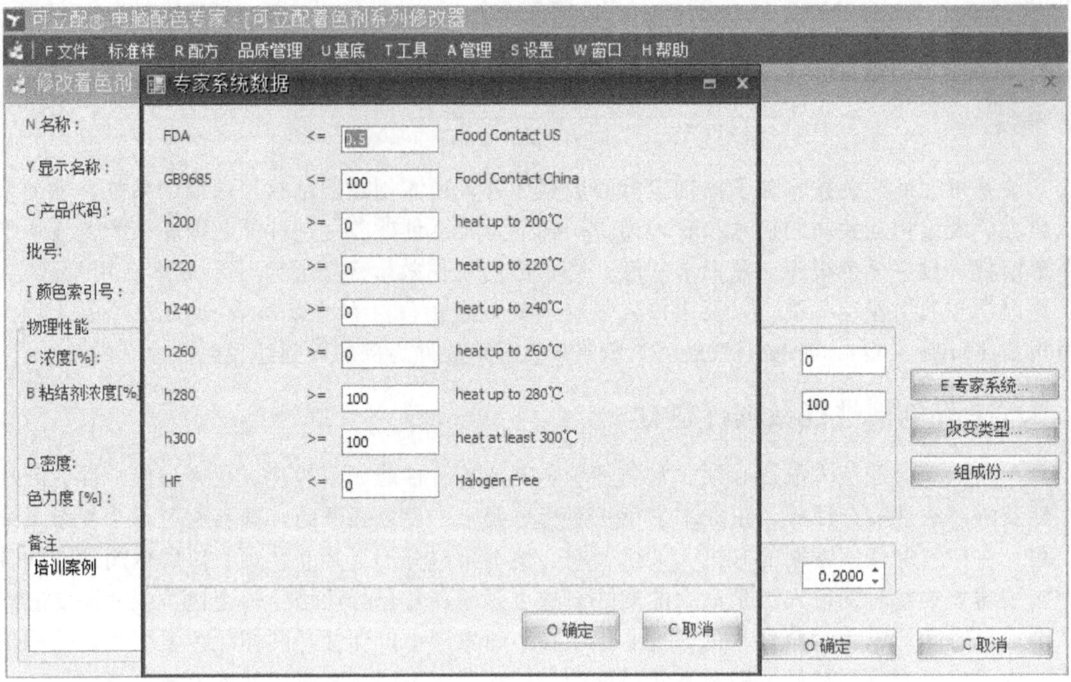

图 8-11　可立配® "专家系统" 数据管理功能

看到每个配方中多种着色剂所起的作用和它们对成本的量化影响，见图 8-12。

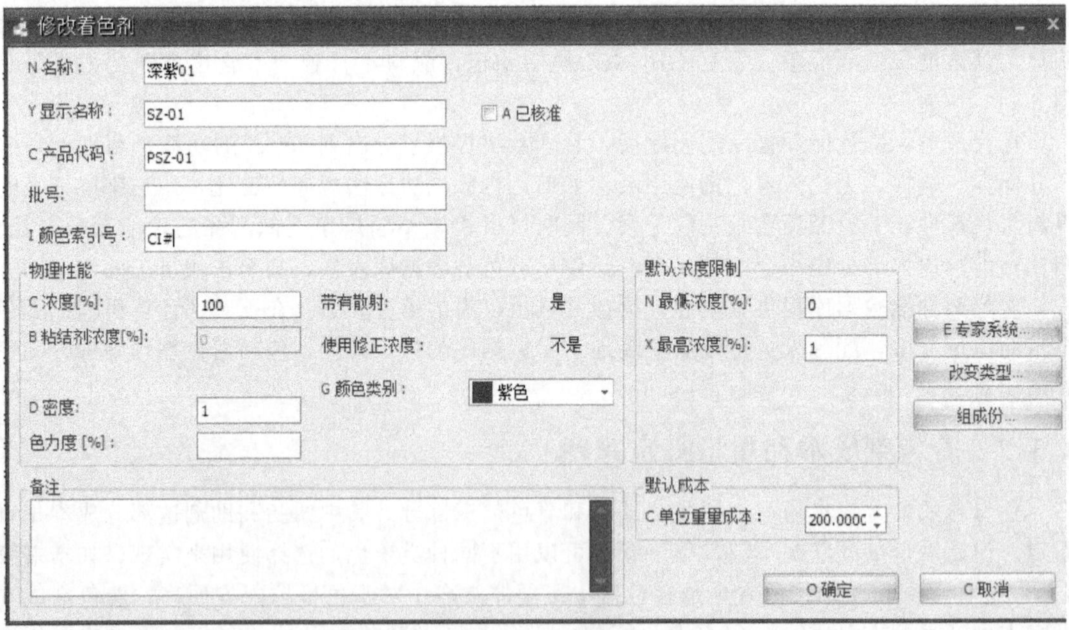

图 8-12　可立配®着色剂成本和用量管理

在该用户界面下，可以对着色剂定义实际名称和内部显示名称，甚至是内部产品代码，方便关键原料的保密工作。同时在物料性能处可以输入该着色剂的有效浓度和着色力等信息，方便管理着色剂、色母或稀释料。在默认浓度限制处可以输入该着色剂最低和最高浓度限制，这样对于某些低浓度下性能不稳定的着色剂，可以防止经验不够丰富的配色员出错，同时限定着色剂达到临界着色力的上限浓度也能很好地提醒配色员不要盲目加大色粉用量从而增加成本。在默认成本处，既可以输入该着色剂的实际采购成本，也可以是处理过的成本指数。这里需注意，单位质量成本提供小数点后四位有效数字可方便用户精确计算每千克色母粒或是共混改性料的成本。

着色剂成本和用量限定管理系统在绝大部分应用时允许用户绕过系统的限制，允许配色员在配色工作中对色粉用量限定做出临时调整（如一些特殊配方使用超过某着色剂一般用量上限，目的是实现薄壁产品的高遮盖力）。同时软件给予相应的提示。这种设定极大地方便了多用户同时调用数据库工作的场景，而不影响通用的配色模板和基础数据库。同时数据库的管理也是分层级的。在后续的章节中，会有一些具体配色案例可供读者进一步深入了解着色剂成本和用量管理。

如果能够将计算机辅助配色系统和公司的 ERP 系统（比如 SAP）整合在一起，将 SAP 的采购、物流仓储模块和计算机辅助配色技术系统的原料价格和用量设定数据库动态对接在一起，这样来自采购部门的最新原料价格变化可以实时地更新进入系统，不需要实验室经理频繁地手动更新，遇有重大价格变化还可以及时通知到相应部门和人员。在特殊情况下，如遇某重要原料出现供应问题，系统甚至可以将该原料的使用状态在后台由"正常使用"改为"特批使用"，甚至"禁用"。对于包含该重要原料的所有处于实验室开发阶段或是量化生产阶段的配方，可以根据用量情况排序，提醒用户处理的优先级别。另一方面，对于在一定时期内频繁使用或是大量使用的某种色粉或其它原料，计算机辅助配色系统也可以用报表的方式反馈回 SAP 系统，自动检测库存情况或者提醒采购和物流部门及时跟进处理。总之，使用现代化的数据交互和信息管理系统，能够将传统的配色工作提升到更加高效的水平上来，对配色人员和公司管理人员都是强有力的工具。

8.3.3　《配色任务指令单》模板创建

《配色任务指令单》模板规定光源、树脂用量、配方记录方式以及其它一些重要提醒事项。通常，配色模板的创建、编辑和修改都是由实验室经理下放给配色主管或资深配色员来完成，因为模板的设计需要非常实用，而且只有深入了解一线员工工作习惯和实际需求的人，才能做出受人欢迎、好用易用的《配色任务指令单》模板。

《配色任务指令单》模板通常有以下几个设置步骤。

8.3.3.1　着色剂应用条件数据界定

（1）着色剂核心数据库数据调用界定　如本章 8.2 所述，计算机辅助配色系统核心数据库数据是通过设定浓度下着色剂、炭黑、钛白及树脂的组合，计算出色粉在该树脂中的 K/S 值，拟合成 K/S 曲线。对于折射率和着色性能差异很大的树脂，通常需要单独衡量，比如 PP 和 ABS 就不能共用一套数据。因此，《配色任务指令单》在模板中首先界定使用哪个数据库来计算配方，见图 8-13。

（2）光源选择　不同的应用对色的光源要求通常不同，某些要求严格的产品如汽车制件，甚至要求控制多光源下的同色异谱。常规的测色仪使用氙灯作为光源，每次测量时不会因为用户对光源选择的不同而变化，但是通过软件内置的 CIE 各种标准和规范，用户能够在一次测量下得到被测物品在多个光源下的颜色数据。用户可以任意自定义参考光源和同色异谱光源的种类，并勾选是否在结果中体现同色异谱数据。

（3）主界面配方栏显示和数据精度界定　配色员使用配色模板进行实际配色的过程中，

大部分时间都停留在"配方"这一主界面上。主界面上体现的信息需要符合用户的使用习惯和公司流程的要求。不同的公司和不同行业,对配方格式的要求不尽相同。可以是固体份,即每百份树脂中添加若干份色粉;或是百分比,即色粉占最后产品的质量分数。对于成本而言,既可以体现每单位产品的总成本,也可以显示每种原料在总成本中所占权重等。对于计算及显示的数据精度,也可以在"小数位"中设置,方便着色剂称量和报告打印等。

(4)最多配方数量和计算边界 计算机辅助配色技术的一个重要功能特点就是在给定的色粉和前置条件下,对所有可能拟合出目标曲线的着色剂组合和用量进行穷举,并根据拟合相似度排序。因此需要大致设定一个让计算机推荐的最多配方数量和精度范围,包括色差和同色异谱范围。如图8-13所示,可让计算机在可能的情况下最多推荐50组配方,色差不超过5,但对同色异谱程度不作要求(设为100)。显然,不同的应用在计算边界上的要求大相径庭,因此有必要在配色模板中提前加以界定。如果忽略这个步骤,可能出现的情况是计算机在大量的着色剂数据库中耗费了数分钟甚至更长的时间(取决于用户电脑和网络性能),得出的结果完全不符合用户期望,甚至无法得出有意义的结果。修改边界条件后再次计算又需要花费一定时间。所以,用户需要摸索一段时间才能找到较好的平衡点。

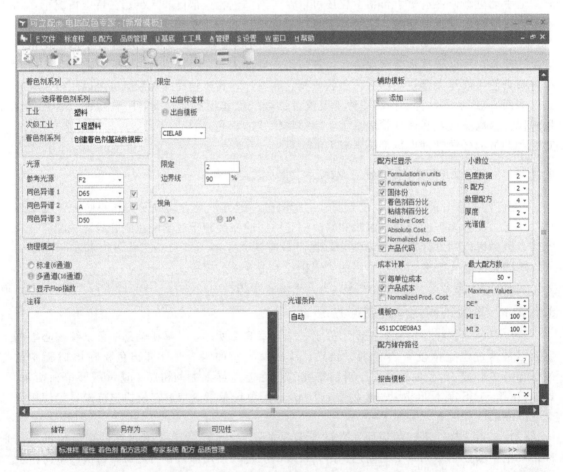

图8-13 可立配®着色剂应用条件数据界定

8.3.3.2 着色剂选用界定

在"着色剂选用界定"页面中,用户可以在调用着色剂数据库的基础上根据实际应用情况进行一定的修改，这些修改只针对这一新增配色任务指令模板有效，而不会影响核心数据库。通常，需要自定义的内容包括以下几项。

（1）着色剂选用界定　对于核心数据库，创建时更多的是考虑一个"大而全"的概念，即针对目标树脂，无论着色剂的厂家、供应区域、价格情况，但凡技术上适用于该目标树脂的，都放在一起，并且持续地添加新的品种，数量可达数百种。而对于特定区域的特定应用，可能只需要这个总核心数据库中的一部分。如图 8-14 所示，LC-02 橙色颜料是某供应商在欧洲推出的产品，国内市场很少使用，LC-01 是它的替代品，则配色任务指令模板中可以不勾选 LC-02，后续使用该配色模板的配方计算，都不会使用该色粉。

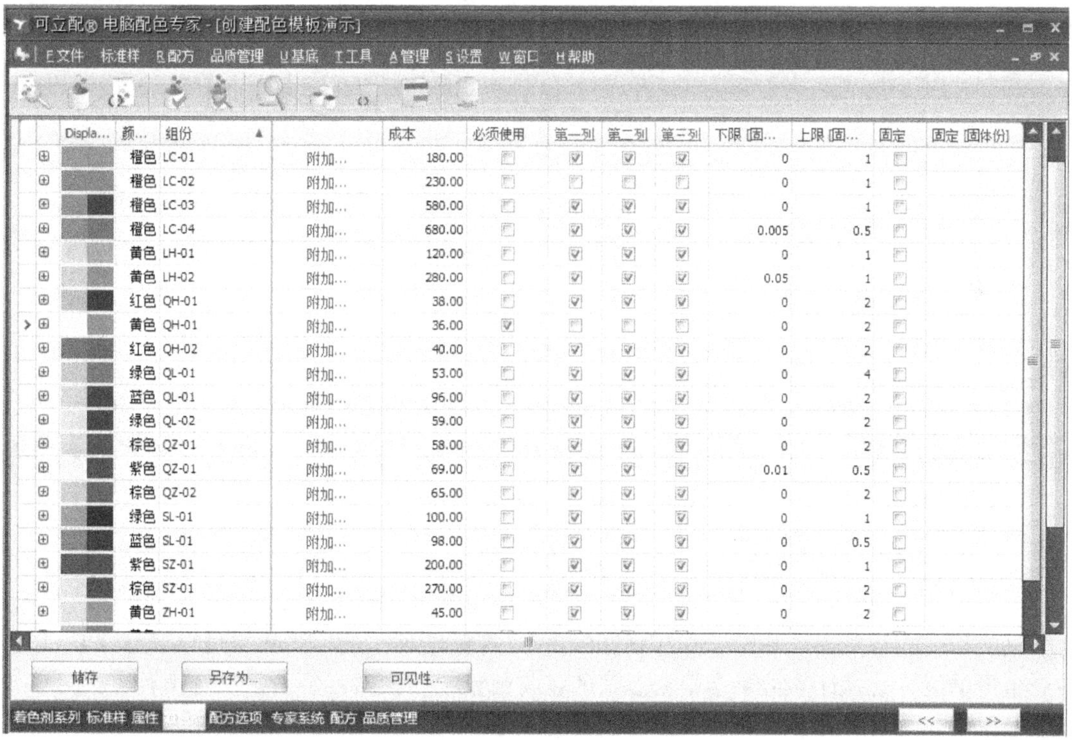

图 8-14　可立配®着色剂选用界定页面

（2）着色剂用量的限制　在前述 8.3.2 谈过建立着色剂用量上下限的重要性，强调的是建立着色剂核心数据库时需要考虑的浓度边界和浓度梯度。在创建《配色任务指令模板》中，可以在调用核心数据库后根据实际情况自定义着色剂用量的限制，可以在"必须使用"列勾选某些着色剂，常见的如钛白和炭黑，必要时甚至可以在"固定"选项上打勾，并输入固定的数量，这样系统在计算配方时会按照输入条件选出合适的配方，当然前提是输入的条件合理可行。

8.3.3.3　配方设计选项

根据所在行业不同选择配方计算的一些基准参数，并对总体颜料添加量做进一步设定，还可以对最终推荐配方的排序方式做出选择。这一步设定对最终的计算结果有重大影响，并影响到对最终配方合理性的判断，需要特别注意，见图 8-15。

（1）剂型　产品剂型应包括混合颜料粉末、改性料、色油、色母等不同类型的产品设计流程，涉及称量和色油加注过程中的基本操作。

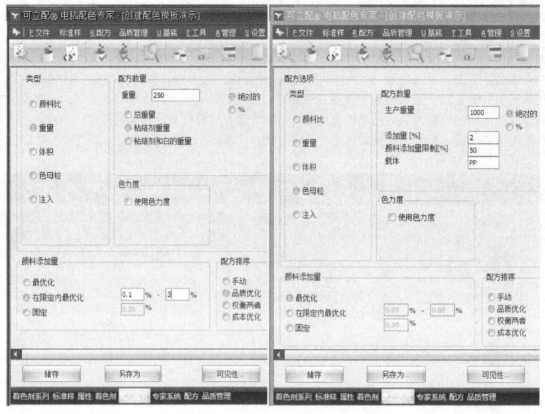

图 8-15　可立配®配方选项页面

（2）小试配方数量　对于共混改性料而言，固定树脂助剂包重量的情况比较常见，根据机台的大小，可以输入 250g 作为一次注塑试验的树脂助剂包数量，再添加一定量的色粉，这样电脑计算的结果都是基于 250g 树脂助剂包（即黏结剂）的。当然也可以选择 250g 作为一个生产单位，这样计算结果会根据添加的色粉数量自动扣减底料数量。这两种方法对于色母粒配方设计初期的打板试验也很适用。而对于浓缩色母粒而言，需要考虑客户添加量（稀释比）和量产时的颜料添加量限制（分散能力）。如图 8-15 右侧所示，设定母粒生产重量为1000g 时，计算出的配方包含载体树脂、助剂包、填料和色粉包。

（3）颜料添加总量　针对共混改性料，在一些特定情况下，比如 UL 阻燃性，薄壁制品的高遮盖力以及户外制品的长期耐候性，需要限定颜料总添加量。这些特殊应用对颜料总添加量会有最低或最高的要求，即需要考虑的不仅是能不能精确配出一个颜色，还有颜料总量对产品最终性能的影响。这时，模板设置中可以选择"在限定（添加总量范围）内最优化"或是"固定"颜料添加量。如果选择"最优化"，则系统计算配方时仅从实现颜色的角度出发，通常给出的是最低用量。

（4）配方排序　计算机辅助配色的基本工作原理是"穷举"，所以会产生一定数量的可能的配方组合。如何评价和筛选计算机推荐的配方是配色员需要重点处理的工作。常用的是"品质优先"，即系统对计算出的各种可能，按照和目标颜色曲线的匹配程度高低给出编号，曲线匹配度越高的编号越小，通常排在较靠前的位置供配色员分析评价。当然，也可以选择"成本优化"，这时电脑给出的排序是成本低的配方组合序号小，也许颜色匹配精度不高，但用户能够清楚地看到哪些着色剂对配方成本的影响较大，对于一些非常在意成本但颜色目标并不十分明确的客户，这种排序方法提供了和客户沟通的另外一种方法。如果对颜色精度、对比度（遮盖力）、同色异谱和成本四个方面的平衡有特殊要求，可以选择"手动"设定，对上述四个维度输入一定的权重数值，则最终配方的排序会根据用户的偏好来展现。

最后需要特别指出的是，上述对于配色任务指令模板所做的各种设置，为配色员提供的是在多数情况下适用的标准化工作格式，配色员在实际的配色工作中，可调用预先设定的模板进行关键参数的修改。这些修改只对单个工作有效，并不影响该配色任务指令模板，更不会影响核心数据库。也就是说，配色员只是对配色工作做了修改，在保存并关闭这个配色任务指令模板后，这些修改都会被保存在该单个配色工作。以图 8-13 例，同色异谱指数 MI1 和 MI2 在模板中被设为 100，即不限定配方的同色异谱范围，这种设定对于配制 Pantone 色卡这样的颜色特别有效。但对于汽车制件，通常需要在三个光谱下比对，这时可以把 MI1 和 MI2 设为 1 甚至 0.5，则系统在计算可能的配方组合时，只会过滤出符合这两个同色异谱指数设定的配方。这种核心数据库-模板-单个工作的三层管理模式，既保证非授权用户不能更改核心数据库，又保证了配色员有自由发挥自己独特的经验和才能的机会。

8.3.4　数字化色板库

作为颜色领域的从业者，需要认识到相近颜色的配方具有高度的相似性，或者说一个相近颜色的配方在配色时具有一定的参考价值。比如常用的 Pantone 纸质色卡，颜色不超过 2000 种，却是行业内广泛使用的颜色沟通工具，如果能把以往配过的 Pantone 颜色都很好地收集整理起来，就可以避免一些重复配色。而且，将配色结果和对应色板都保留下来，日积月累产生的参考色板库，能够大大加快新颜色开发的速度，对于刚上手的配色员也是一个很好的培训素材库。这也就是本书第 4 章所说的色板库里色板数字化而已。

随着分光光度仪器，即测色仪技术的不断成熟，加之计算机辅助配色技术系统的出现，让颜色的数字化成为广泛使用的一项技术。本书第 4 章所说的色板库，在很多企业实现的方法就像是传统的图书馆，各种塑胶色板或片材按树脂种类、颜色类型或者应用领域分门别类后整理到盒子中，配色员在使用时根据盒子上的标签内容，目视比对来找寻参考色板。这种方法的优点是非常直观，但存在的局限也很明显。首先是分类方法很难做到多维度交叉，因为色板通常就是一两块，归入某种类别后就不能放进其它类别的盒子；再有就是随着色板数量日益增多，摆放的空间也要随之加大，一定时间后甚至需要重新安排盒子。

数字化色板库就像日趋成熟并广泛使用的数字化图书馆一样，参考色板库的设立也是一个典型的数据库应用案例。每个配色中产生的色板，甚至包括试错过程中产生的和目标色差异较大的色板，只要配方称量和色板成型加工工艺没有问题，都可以保留。计算机辅助配色系统可以自动保留该颜色的关键光学数据，在每个颜色背后都可以利用系统自带的多个常用默认字段来追加"描述"这个颜色。并支持用户自定义某些属性来标识颜色。这样，每个颜色的背后都有多达数十个数据和"关键词"跟随，利用数据库的多字段搜索比对功能能够很轻易地实现快速找寻和过滤。

图 8-16 是色样搜索的基本界面。假设需要找寻一个 L、a、b 值分别是 55、30、30 附近的橙色，限定范围是色差为 5。系统首先会提供该颜色预览图，然后按照用户要求在指定文件夹处高速搜寻，通常只会花费零点几秒的时间，所有满足条件的搜索结果会按匹配度高低排序。从图上可以看出，系统提供多种目标颜色的输入方式，包括测色仪直接读取、手动输入颜色值或者导入光谱反射率曲线等。同时系统自带 ID 管理和用户自定义属性功能。如果需要在上述 L、a、b 颜色值的基础上再加上"满足 FDA 要求，开发在 HDPE 树脂上，

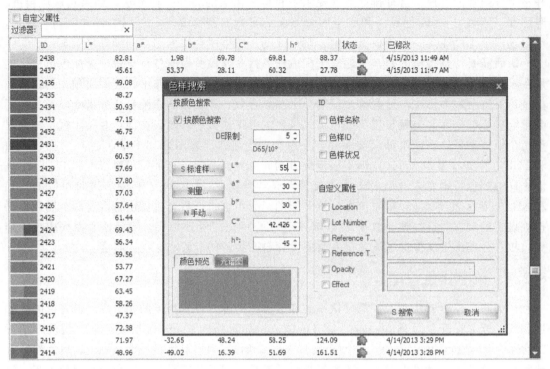

图 8-16　可立配®数字化色板库页面

　　用户已认可"等多个条件，依然能够很方便地在已有数字化色板库中快速比对筛选。

　　数据化的颜色和人眼感知的颜色，在很多场合依然存在一定的差异。特别是塑胶制品的皮纹和光泽、颜色本身的透明度、观察颜色的光源甚至制品的形状都影响到颜色测量的精度，而数据化色板库呈现颜色的方式还是显示器，无法很好模拟透视效果。因而仅仅依靠计算机辅助配色系统的数据库功能还不能完全满足管理参考色板的需求。显而易见，实体色板库和数字化色板库两者并存的方式是目前最可行、最高效的解决方案。充分利用数据库多字段检索功能能够快速定位符合要求的参考色板，再从色谱库中找出这种色板进行必要的目视比对，即可最大程度上减少重复颜色的开发并提升配色员的工作效率。因此，完善数据化色板库的准备工作是创建一个高效的计算机辅助配色系统不可或缺的重要步骤。

8.3.5　黑白卡基底

　　黑白卡，是一种印刷在纸卡上，半幅为黑色、半幅为白色的比色工具，可以模拟人眼观察颜色时的高亮、高反射背景（白色）和深暗、弱反射背景（黑色）。在涂料和油墨行业，技术人员经常使用黑白卡，将涂料和油墨涂覆一层在黑白两侧，通过观察和测量白底和黑底上展现的颜色，获得对涂层遮盖力（又称对比度）的判断。例如，把一层水膜覆盖在黑白卡上，这时观察到的黑白卡两侧，黑是黑，白是白。说明这层水膜几乎不具备任何的遮盖力，无色透明，对比度数值为最大。反之，如果把一张较厚的 A4 打印纸盖在黑白卡上，透过这张纸，看到的黑白卡两侧已不再是黑白分明，进入眼中的更多的是 A4 打印纸的强烈白光反射，而不太看得清背后的黑白卡。这时候，可认为这张打印纸具有很高的遮盖力，对比度很低。所以这种黑白卡起到一种基底的作用，用以衡量覆盖在其上的物体的透光性。

　　在计算机辅助配色技术系统中引入黑白卡基底，还有一个重要的原因就是分光光度仪的局限。目前市面上主流的测色仪，无论是台式还是便携式，也无论是积分球还是 0/45 度，都无法完全模拟人眼在观察颜色时既看反射也看透射的立体效果。以价格昂贵的台式积分球分光光度仪为例，通过将被测物体一侧平面压在测量窗口的方式，可以测得物件对光线的反射情况。但是很多塑胶制件并不是完全实色不透明，从积分球窗口透出的氙灯光线会穿透被测物体，碰到另一侧的压板后再反射一部分回积分球。这种方式就会导致越透明的物体，测量误差越大。如果采用将被测物体置于积分球和透镜镜头之间的所谓"透射"模式测量，又不能很好地反映物体的反射效果。最终导致物体颜色的"失真"，即测试数据和人眼感受之间的偏离。为了解决这一难题，使现有的测色仪能够支持计算机辅助配色系统的工作，引入了黑白卡这一简便易行的转换方案。在测试塑胶件颜色时，将黑白卡的黑白半幅分别垫在物体背后，当氙灯光源穿透色板时，黑白基底也被采集进去。在计算的过程中，将黑白卡基底数据扣除，即可得到较为准确的被测物体颜色信息。换言之，黑白卡的使用是将隔空观察物体的透射和反射效果转化为在黑白底上观察，这种方法和配色时将色板平放在相同背景上来观察颜色有相似之处，同时压在白底和黑底上能够最大程度上反映物体的透光性和颜色差异。

　　计算机辅助配色技术的系统新增基底的界面如图 8-17 所示。把黑白卡的白幅和黑幅分别在反射模式下测量，多次重复后取平均值即可得一致性较好的黑白卡数据，保留成基底供后续测量和计算使用。需要特别指出的是，在着色剂核心数据库创建工作的开始，也必须测量"校准基底"，可以是同样的黑白卡基底，用于软件算法扣除后得到各个颜料在不同浓度下的光谱反射率曲线。测色用的基底也可以是不同于制作数据库时的校准基底。限于本书篇幅，一些特殊应用在此不再详述。

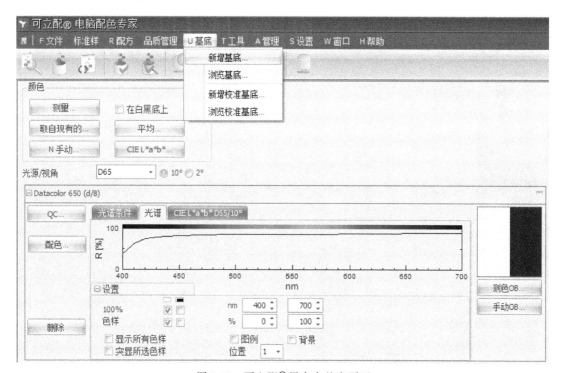

图 8-17　可立配®黑白卡基底页面

关于黑白卡的选择需注意以下几点。

（1）黑白卡的白底不可以含有任何荧光增白剂成分。荧光增白剂会导致高透明物体测量时出现较大差异，同时也会因为长时间保存或者环境因素导致色卡发黄。

（2）黑白卡本身需要有高度的颜色一致性。不同的黑白卡之间，白度和黑度色差最好控制在 0.1 之内，避免黑白卡带来额外的色差。

（3）一张黑白卡不要长期反复使用，出现了指纹、油污或者磨损就应该及时更换。

8.3.6　用户权限管理

用户权限设置和访问管理是计算机配色技术的辅助系统不可或缺的环节。

对于计算机辅助配色技术软件，大量核心敏感的信息运行其上，系统安全不仅关系软件稳定可靠的运行，同时也涉及公司的知识产权保护。而且，计算机辅助配色技术软件是多用户多窗口的应用模式，允许 24×7 远程接入和多用户同时访问。对不同应用层级的用户给予不同的权限并做到关键操作可追溯，需要在系统创立初期就做好全面细致的计划。

计算机辅助配色技术软件访问许可管理分为用户-组群-角色三级。每个需要访问系统的用户都需要由管理员分配用户名作为访问账号，设置初始密码并由用户登录后修改。具有相同工作职责的可以并入组群。角色则是一系列操作的许可列表，通过勾选方式管理。角色分配是建立在组群上的，即在一个组群内的所有用户都拥有相同的角色清单（许可操作清单）；而一个用户则可以通过加入多个不同组群而拥有不同身份，级别越高、责任越大的用户，加入的组群和拥有的角色越多。以下举一例来帮助读者更好理解用户的管理方式。

在图 8-18 所示的用户维护界面中，新增一个用户名"吴建忠"，输入初始简单密码后点击添加，完成创建用户的工作。如果"用户组群"模块已在前期定义好，则可为该新用户选择合适的组群，可以是一个，也可以是多个。如果组群尚未创建，则进入图 8-19 的组群管理界面。

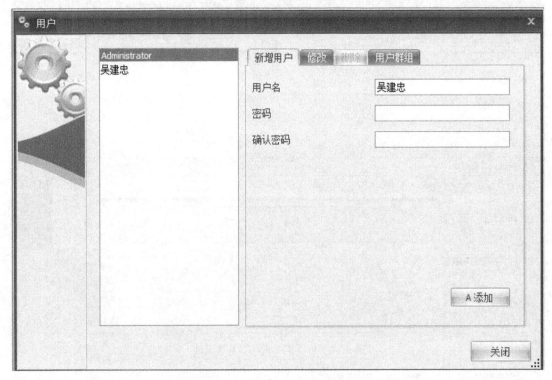

图 8-18　可立配®用户权限管理页面

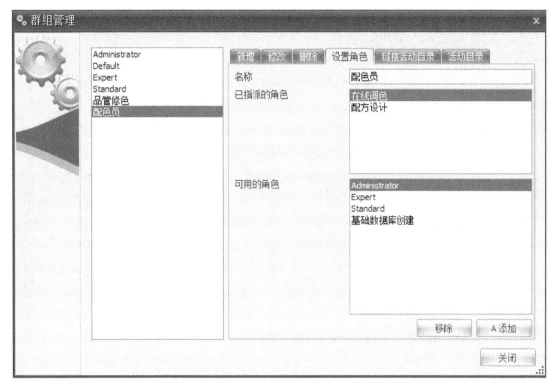

图 8-19　可立配®组群管理界面

　　在组群管理界面下，系统提供了默认的管理员、默认用户、专家和标准用户这四个常用组群。用户可以选择使用这些组群或是新建。这里举例创建"配色员"和"品管修色"两个组群，如果公司有多位配色员，则所有配色员都可以加入"配色员"组群，如果有单独的QC品管，则可以加入"品管修色"组群。对于一些公司，可能会让某位配色员同时兼任品管修色的部分工作，则该配色员可以同时加入两个组群。完成组群创建后，可以进入组群角色分派。如果尚未完成角色定义，则进入图 8-20 的角色管理界面。

　　在角色管理页面中，系统自带了管理员、专家、标准用户这三个角色。这四个角色名称正好和前述三个系统自带组群名称完全相同，给不少用户带来了困惑。笔者的建议是给角色命名时使用不同的描述，避免混淆。如果自定义了组群，建议进一步自定义角色。本例中创建了在线调色、基础数据库创建、配方设计三个不同的角色，每个角色在列表中都有一系列操作许可对应。显然，配方设计角色是为"配色员"组群创建的，在线调色角色是为"品管修色"组群创建的，而基础数据库创建角色则不属于这两个组群。

　　在实际操作的过程中，通常是按角色-组群-用户这样的反向顺序来操作，即先把不同角色取名并制定操作许可，再创建组群并为每一组群分配角色（可以多于一个），最后是创建用户并分派组群（同样可以多于一个）。对于用户数量不超过 5 人的小规模公司，在一台连接测色仪的电脑上安装一套可立配软件和许可，即可支持本地用户同时使用。对于规模更大的公司，在不同地点有多个配色实验室和生产基地的情况，可立配支持中央服务器加客户端的运行模式，由系统管理员管理系统运行，并根据实际需求授权各实验室经理或工厂 QC 经理进行模板创建和日常数据库维护。计算机辅助配色系统支持多种方式的文件传输，在权限设定下，配色和 QC 工作都可以用工作包的方式来发送，方便不同工厂间配方和生产的转移。

图 8-20　可立配®角色管理界面

8.4　计算机辅助配色技术的应用

在完成了计算机辅助配色技术核心数据库和计算机辅助配色技术的系统创建完成后，即可使用软件进行塑料配色配方设计、品质管理、着色剂评估、品管、配方成本管理等工作。

8.4.1　配方设计的步骤

与完全依靠人眼观察、经验选色、打样试错这样不断循环的人工配色过程不同，计算机辅助配色系统在各个环节都引入了测量和计算的操作，是一种完全数据化、定量化的过程。系统允许在任一步骤都引入配色员的经验，对参数输入和结果输出做出半自动或全手动的修正，但依然需要充分理解其工作原理。

配方设计的步骤一般包括颜色目标采集、着色剂主要性能筛选、颜料组合试算、光谱反射率曲线匹配、色样颜色采集和配方修订、结果保存等几个步骤。

8.4.1.1　颜色目标采集

在下达配色任务指令单后，首先要在"标准样"页面下采集配色目标的颜色相关信息，见图 8-21，包括样品厚度和对比度（遮盖力）以及配方计算所在的目标厚度。对于颜色目标，即标准样的采集，系统提供了四种途径满足客户不同情况的需求。

（1）点击"标准样"按钮，见图 8-21，从数据库中调用已经测量并存储的颜色。这里的标准样可以是新到的客户目标色板或制件，也可以是以往配色已读取的标样（该功能特别适合多次反复的颜色重配，不需要重复测量客户标样），甚至可以是以往完成配色后最后保留的内部留样等。

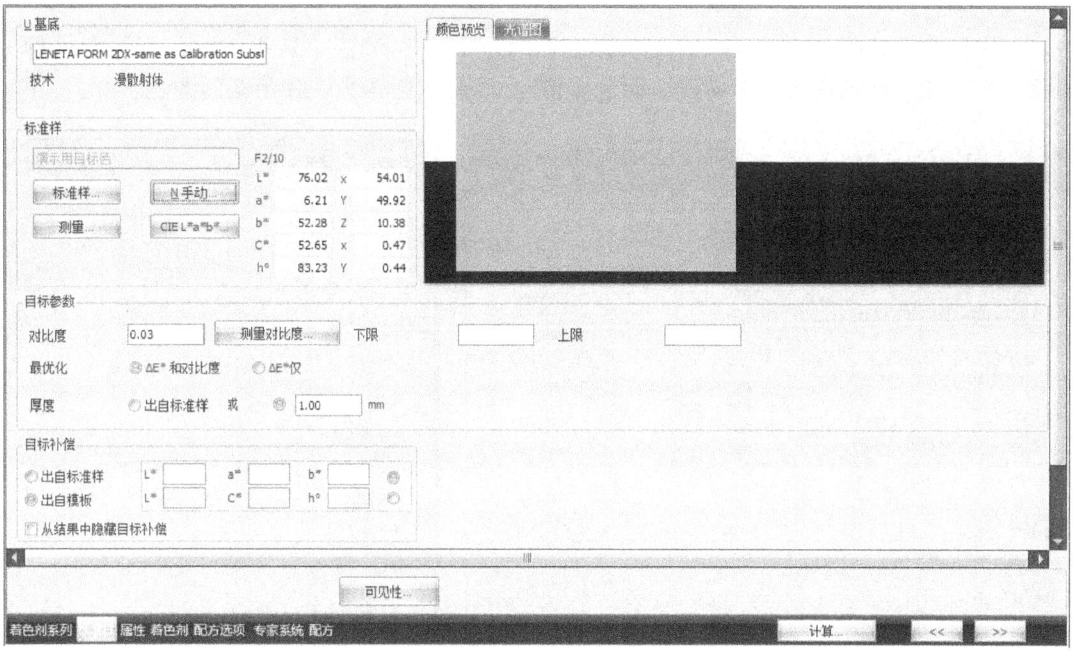

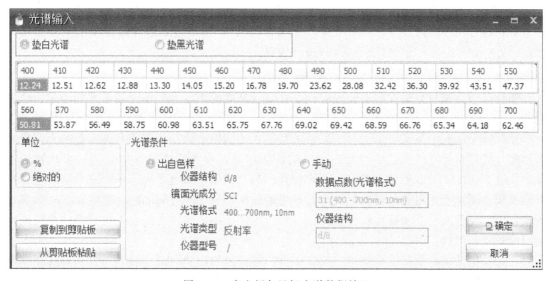

图 8-21　可立配® "标准样" 页面

（2）点击"手动"按钮，可以导入客户色样的光谱反射率曲线，即一组在可见光波长范围内的反射率数据。如果客户的颜色标样也用相似的分光光度仪在同样的黑白卡上测量，数据具有很高的精度和重现性，则可以通过邮件方式来传送颜色目标，见图 8-22。

图 8-22　客户颜色目标光谱数据输入

（3）测量

电脑连接分光光度仪后，可以实时测量客户的样品，见图 8-23。通常台式测色仪可以提供 29mm、9mm、6mm 三种测量孔径。可立配软件支持市面上多种测色仪，包括便携式和 0/45、甚至多角度仪器。在测量界面下，用户可以清晰地看到单次测量和多次测量平均值之间的差异，并且可以移除最差数据，确保多次测量后的平均值能够代表该颜色样品。

　　(4) CIE L^*、a^*、b^* 输入

　　允许用户手动输入 L^*、a^*、b^* 或是 X、Y、Z 三刺激值，见图 8-24。要注意这种方式无法产生唯一的光谱反射率曲线（同色异谱），因此只能作为一种粗略的颜色目标。

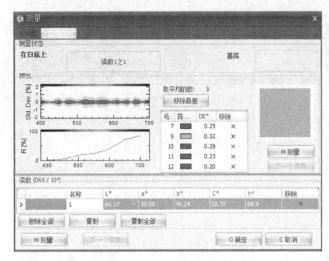

图 8-23　客户颜色目标测量　　　　　　　　图 8-24　CIE L^*、a^*、b^*

8.4.1.2　着色剂主要性能选用（专家系统）

　　选用适用于该配色工作的着色剂，需满足如耐温 260℃、耐候性 3 级等要求，耐迁移性没有要求，见图 8-25。该选择对于系统计算具有最高的约束力，除非用户手动勾选某色粉"必须使用"，否则系统会将不满足上述条件的色粉自动排除在计算比对范围之外。如果勾选了"所有组分用于配方计算，如有必要，标注为红色"，则不符合条件的色粉依然会出现在推荐配方中，但会被标记为红色以提醒用户注意。

8.4.1.3　颜料组合试算与光谱反射率曲线匹配

　　颜料组合试算与光谱反射率曲线匹配是计算机辅助配色技术工作中最重要的步骤，也最复杂。

　　颜料组合试算的最终结果来自于配色人员输入的初始参数；而能否找到匹配的光谱反射率曲线，或是在相近的曲线中找到最合适的配方组合，很大程度上取决于前一步试算的过程。从这个角度，可以更好地理解为什么计算机是"辅助"配色系统。一个完全不了解塑料着色原理、不熟悉常用着色剂的配色员是不可能仅仅依靠计算机辅助配色系统很好地完成日常工作的。配色人员必须要对软件工作原理有一定的了解，并结合配色人员自己的经验进行恰当的输入和选择。

　　在计算机辅助配色技术系统中，配方涉及的物料分为四个类别来管理，分别是树脂（即黏结剂）和添加剂、黑白和效果颜料、着色剂、其它物料。

　　(1) 树脂　树脂通常会在模板设计时就固定下来，比如 HDPE、PP 等，在这些树脂中常用的添加剂，只要是对着色影响很小的，都可以打包归入其中。

　　(2) 黑白和效果颜料　如主钛白、主炭黑、附加钛白炭黑、其它黑白、某些主要影响黑

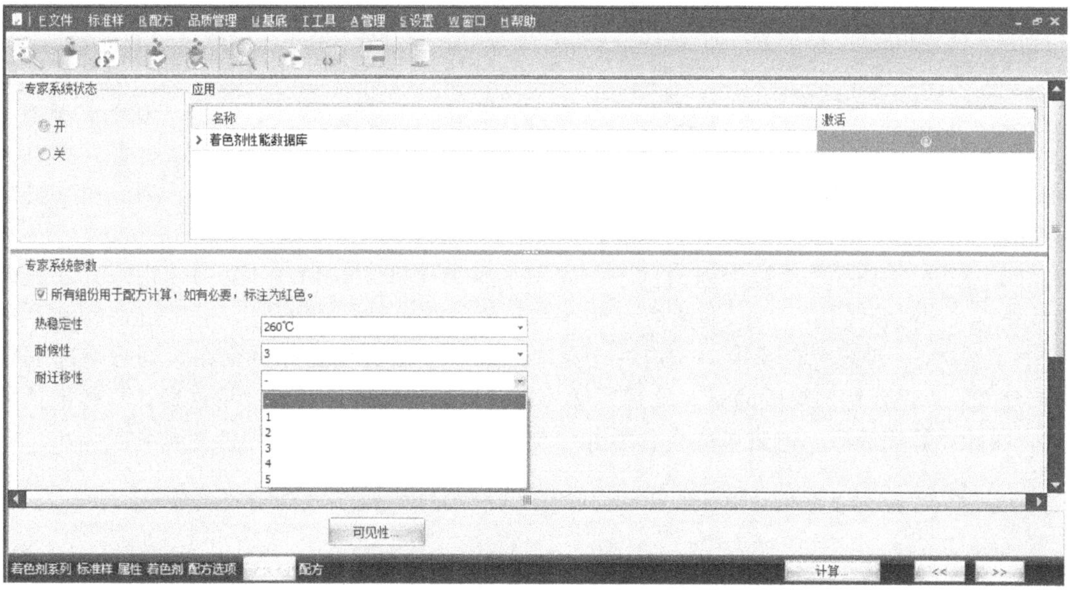

图 8-25　着色剂主要性能选用

白度的效果颜料如白珠光和铝银浆等，都归入第二类。

（3）着色剂　放入所有彩色颜料。

（4）其它物料　放入一些填料、回料以及其它助剂类。

在颜料组合试算配色操作中，主要的筛选工作在第二和第三类物料上。如图 8-26 所示，这两类物料都有必须使用、第一列、第二列、第三列等几个选项。一旦勾选必须使用，则软件一定会把该着色剂用于配方计算，不过计算的结果可能用量是零。如果某颜料在第一列中被勾选上，表示该颜料在计算过程中会被考虑用作主色调，当然还有其它在第一列中被勾选上的颜料会参与"竞争上岗"；同理，第二和第三列中被勾选的颜料，表示在计算中会被考虑用作辅助色调和调色色调。如果某色粉三列都被勾选上，意味着该色粉会参与"三轮筛选"——当不上主色调，还可以当辅助色调，还能做调色色调。这种选择意味着让计算机系统在最大范围内筛选所有的可能。对于颜料分列选择的设置，既可以由配色主管在配色指令单中完成，也可以由配色员根据具体配色案例的要求来完成。软件系统也允许"傻瓜式"方式把所有颜料都勾选上，在最大范围内计算比对。当然所有的颜料都留空不勾选，计算机是无法工作的。每种方法各有自己的优劣，限于篇幅，笔者仅对允许配色员灵活设置的做法做进一步介绍。

让配色员完全自主选择需要计算的颜料，在实践中是一种能够较好结合计算机辅助配色优点和人工经验的较为常见的做法，但是需要配色员深入了解软件系统的工作原理。笔者通过大量实践，总结出一种简单易懂的方法来帮助配色员正确理解软件设计勾选列的目的，以及对最终所出推荐配方的影响。根据最终配方包括的黑白和彩色色粉的类别数量，命名为 A＋B 配方结构，A 指包含几只黑粉和白粉，B 指用几只彩色色粉。常见的情形包括如下几项。

（1）如果在黑白和效果颜料页面中勾选了某只钛白粉（或炭黑）为"必须使用"，在着色剂页面中把所有彩色色粉的三列都勾选，则最终软件计算出的配方就是 1＋3 配方结构，即 1 种白（或黑）加上 3 种彩色色粉组成最后配方。

（2）如果同时勾选炭黑、钛白为必须，在着色剂页面所有色粉都只勾选两列，则最终配方为2+2结构。

（3）不把炭黑、钛白勾为必须使用，而是和其它彩色着色剂一样在第一列、第二列、第三列处打勾，则该配方为0+3结构，最终计算出的配方可能完全不用炭黑、钛白，只有3只彩色色粉。

也有可能用到黑和白，转化成1+2（一只黑或白加上两只彩色颜料）或者2+1（黑和白同时使用再加上一只彩色颜料）结构。

（4）图8-26是一个比较特殊的例子，除了主炭黑-1和主钛白-1"必须使用"外，配色员另外要求"必须使用"ZH-01黄粉，另外一些颜料在三列中都勾选，最终出来的配方将是2+4结构，4种彩色色粉中一定有一个是ZH-01。显然这种配方结构在大部分情况下是没有意义的。需要特别提醒的是，上述所做的介绍目的是告诉计算机"请这样计算和推荐配方"，实际计算完成后，电脑可能会告诉你"真没这个必要"，某些色粉的用量会是零。

	Displa...	颜...	组份		成本	必须使用	第一列	第二列	第三列	下限[固体份]	上限[固体份]	固定	固定[固体份]
⊞		黑色	主炭黑-1		附加...	18.00	☑	☐	☐	☐	0	0.5	☐	
⊞		白色	主钛白-1		附加...	16.00	☑	☐	☐	☐	0	4	☑	0.5
⊞		白色	附加钛白-2		附加...	20.00	☐	☐	☐	☐	0	4	☐	

	Displa...	颜... ▼	组份		成本	必须使用	第一列	第二列	第三列	下限[固体份]	上限[固体份]	固定	固定[固体份]
⊞		绿色	ZL-02		附加...	180.00	☐	☐	☐	☐	0	2	☐	
⊞		绿色	ZL-01		附加...	76.00	☐	☐	☐	☐	0	2	☐	
⊞		绿色	SL-01		附加...	100.00	☐	☐	☐	☐	0	1	☐	
⊞		绿色	QL-02		附加...	59.00	☐	☐	☐	☐	0	2	☐	
⊞		绿色	QL-01		附加...	53.00	☐	☐	☐	☐	0	4	☐	
⊞		蓝色	ZL-02		附加...	150.00	☐	☐	☐	☐	0	2	☐	
⊞		蓝色	ZL-01		附加...	360.00	☐	☐	☐	☐	0	2	☐	
⊞		蓝色	SL-01		附加...	98.00	☐	☐	☐	☐	0	0.5	☐	
⊞		蓝色	QL-01		附加...	96.00	☐	☐	☐	☐	0	1	☐	
⊞		紫色	SZ-01		附加...	200.00	☐	☐	☐	☐	0	2	☐	
⊞		红色	QH-02		附加...	40.00	☐	☑	☑	☑	0	2	☐	
⊞		红色	QH-01		附加...	38.00	☐	☑	☑	☑	0	2	☐	
⊞		棕色	SZ-01		附加...	270.00	☐	☑	☑	☑	0	2	☐	
⊞		棕色	QZ-02		附加...	65.00	☐	☑	☑	☑	0	2	☐	
⊞		棕色	QZ-01		附加...	58.00	☐	☑	☑	☑	0	2	☐	
⊞		橙色	LC-04		附加...	680.00	☐	☑	☑	☑	0.005	0.5	☐	
⊞		橙色	LC-03		附加...	580.00	☐	☑	☑	☑	0	1	☐	
⊞		橙色	LC-02		附加...	230.00	☐	☑	☑	☑	0	1	☐	
⊞		橙色	LC-01		附加...	180.00	☐	☑	☑	☑	0	1	☐	
⊞		黄色	ZH-02		附加...	200.00	☐	☑	☑	☑	0	2	☐	
⊞		黄色	ZH-01		附加...	45.00	☑	☐	☐	☐	0	2	☐	
⊞		黄色	QH-01		附加...	36.00	☐	☑	☑	☑	0	2	☐	
⊞		黄色	LH-02		附加...	280.00	☐	☑	☑	☑	0.05	1	☐	
⊞		黄色	LH-01		附加...	120.00	☐	☑	☑	☑	0	1	☐	

图 8-26　颜料组合试算

图8-27是用2+3的配方结构让电脑计算的结果。有5个配方（编号78、97、109、196、198）是这种组合。大部分配方是1+3，而199和210号配方甚至不需要炭黑、钛白，是0+3的结构。

每个计算出的配方，都可以选中后在图8-27左上角处比对光谱反射率曲线和目标色样的一致性。需要特别提醒，可立配软件提供黑白基底上的两条曲线，越透明的色样，两条曲线分得越开，反之则可能挤在一起。配色员需要仔细观察，分别比对。

8.4.1.4　色样颜色采集和配方修订

在配色员选定配方组合后，即可以开始打样比对的流程。在图8-27点击"另存为"，可将选中的配方另存为一个新的配色工作，打样色板的读数和配方修订都在新的配色工作界面下完成。原配方计算界面可以保留备用。色样颜色采集和配方修订的要点将通过8.4.6的案

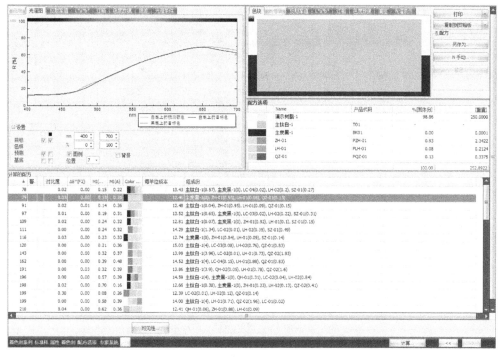

图 8-27　颜料组合试算与光谱反射率曲线匹配

例分析来和读者分享。

8.4.2　着色剂组合与用量计算实例

在本节中以聚烯烃淡蓝色配色为例，进一步帮助大家理解使用计算机辅助配色技术中着色剂组合和用量计算上的操作要点和技巧。打开配色任务指令单后，在标准样页面下将客户色板通过测色仪读入，测得样品色颜色数据如下。在 1mm 厚度上具有 3.98 对比度（即黑底上和白底上该色板读数的色差是 3.96）的聚烯烃样板，是一个具有一定透光率的半透明色。

淡蓝色目标色中应该包含一定量的钛白粉，这点与配色经验吻合。首先采用 1＋3 配方结构试算。确认钛白粉"必须使用"，其它所有色粉都选择三列，选择"品质优先"点击"计算"后，出现图 8-28 所示系统推荐配方。左边第一列为配方排序。序号越小，则配方预测颜色越接近目标。第二列为对比度数据，紧接着为 D65 光源下的 dE 和 F2 及 A 光源下的同色异谱指数；右侧的色块体现配方结构，右侧还有产品成本参数。点击任意一行推荐配方，都会出现详细的着色剂名称和计算用量。同时，在屏幕右上方有多功能模块为用户提供色块（效果）、光谱图、反射率值、$L^*a^*b^*$、灯箱（效果）、色度数据、偏差、光谱条件等各种有用的信息供客户选择比对。

从系统推荐的 1＋3 配方结构看，色样包含钛白粉的判断没有问题，配方的主体是蓝色和绿色有机色粉，不同的配方选择了不同的调色色调，可以是暗红、暗黄甚至是暗橙色色粉，用量都很低。其中有一个 38 号和一个 39 号配方推荐使用炭黑调色。之所以会有多个 38、39 号配方，是因为该着色剂核心数据库中包含多种相同颜色索引号、来自国内外不同厂家的高度相似的色粉，有很高的相互替代性。系统计算时考虑了每种色粉使用的可能性，可以看出配方成本参数有一定差异。

计算的配方

▲ 警.	对比度	ΔE*(D65)	MI(F2)	MI(A)	Color …	产品成本	组成份
37	3.98	0.00	0.04	0.06		20.8802 (PW6)	D65/10°
37	3.98	0.00	0.05	0.05		20.9587 (PW6)	
38	3.98	0.00	0.05	0.10		20.9123 (PW6)	ΔE*(D65/10°)
38	3.98	0.00	0.05	0.06		20.9885 (PW6)	L* / ΔL*
38	3.98	0.00	0.04	0.09		20.9030 (PW6)	a* / Δa*
38	3.98	0.00	0.04	0.12		20.9298 (PW6)	b* / Δb*
38	3.98	0.00	0.04	0.12		20.9953 (PW6)	C* / ΔC*
38	3.98	0.00	0.04	0.10		20.8942 (PW6)	h° / ΔH°
38	3.98	0.00	0.04	0.01		20.8553 (PW6)	F2/10°
38	3.98	0.00	0.07	0.03		20.8663 (PW6)	
38	3.98	0.00	0.06	0.04		21.2443 (PW6)	ΔE*(F2/10°)
38	3.98	0.00	0.07	0.04		20.8860 (PW6)	L* / ΔL*
38	3.98	0.00	0.04	0.13		20.9238 (PW6)	a* / Δa*
39	3.98	0.00	0.07	0.02		20.8498 (PW6)	b* / Δb*
39	3.98	0.00	0.09	0.01		20.9950 (PW6)	C* / ΔC*
39	3.98	0.00	0.09	0.01		20.9802 (PW6)	h° / ΔH°
39	3.98	0.00	0.09	0.01		20.9789 (PW6)	A/10°
40	3.98	0.00	0.05	0.13		21.0221 (PW6)	
40	3.98	0.00	0.09	0.05		21.1177 (PW6)	ΔE*(A/10°)
41	3.98	0.00	0.10	0.06		20.9431 (PW6)	L* / ΔL*
41	3.98	0.00	0.10	0.06		21.2118 (PW6)	a* / Δa*
41	3.98	0.00	0.10	0.08		20.9296 (PW6)	b* / Δb*
41	3.98	0.00	0.10	0.07		20.9779 (PW6)	C* / ΔC*
41	3.98	0.00	0.12	0.02		20.8819 (PW6)	h° / ΔH°

可见性

着色剂系列 标准样 属性 着色剂 配方选项 专家系统

图 8-28 着色剂组合与用量计算案例分析-试算

从计算机给出的推荐配方看，该色样中包含钛白、蓝色、绿色色粉具有极大可能性，也和配色经验吻合。但是是否需要加上色调差异很大红色、橙色、黄色系列色粉做微调，显然绝大部分时候不需要这样做，色调相反的色粉混合在一起有很强的消色作用。考虑到在配色和生产中主色粉可能出现的质量波动，可以使用炭黑来调控，勾选炭黑为必须使用，再次精算，这样电脑会计算出如图 8-29 所示的黑色、白色、蓝色、绿色色粉 2+2 组合，同样具有很高的曲线吻合度。

8.4.3 同色异谱计算

同色异谱是塑料配色领域常见的现象。不同树脂同样的颜色经常会出现某种光源下相似、但其它光源下不匹配的情况。另外一种常见的现象是一种物体在不同的光源下表现出不同的颜色。这些是同色异谱带给塑料配色的难点。但另一方面，同色异谱现象也给配色员提供了用不同着色剂组合（异谱）实现同一颜色目标的机会。在这一过程中，最难的就是要求配色员实现多种光源下不同塑料色样和同一颜色目标的匹配，尤其是在汽车行业相关的塑料制品配色领域更为常见。比如主机厂提供了一块在改性 PP 材料上认可的标准色板，要求供应商在 ABS、尼龙等不同材料上实现足够接近的颜色，而且是在 D65、F11、A 三种光源下。经验丰富的配色员，往往很容易实现某个光源下的颜色匹配，但是要做到三种光源下都足够相似，要求配色员对所有能实现这种颜色的颜料组合都有充分的考虑，对单个颜料在不同光源下、不同树脂中的表现都很清楚。在实际操作中很难做到，更多时候靠的是运气或是大量的试错，一点点比对摸索。而计算机辅助配色系统在同色异谱的计算和预测方面，提供了无可比拟的优势。在着色剂核心数据库建立的过程中，系统保存了单个颜料不同浓度在某

计算的配方						
▲ 誉.	对比度	ΔE*(D65)	MI(F2)	MI(A)	Color ...	产品成本
45	3.98	0.00	0.11	0.23		20.7889
46	3.98	0.00	0.12	0.23		20.7970
46	4.15	0.00	0.11	0.22		20.7711
46	4.05	0.00	0.11	0.22		20.7877
46	3.98	0.00	0.11	0.23		20.7889
47	4.16	0.00	0.11	0.22		20.7703
47	3.99	0.01	0.11	0.23		20.7889
48	3.99	0.01	0.11	0.23		20.7888
49	4.15	0.01	0.11	0.22		20.7703
49	3.99	0.01	0.11	0.23		20.7888
50	4.02	0.02	0.11	0.23		20.7823
50	4.24	0.02	0.11	0.22		20.7683
51	4.44	0.02	0.10	0.22		20.7579
51	4.51	0.02	0.10	0.22		20.7488
52	4.57	0.02	0.10	0.22		20.7966
54	4.16	0.03	0.11	0.22		20.7693
55	4.16	0.04	0.11	0.21		20.7690
55	4.01	0.03	0.12	0.23		20.7881
56	4.16	0.04	0.11	0.21		20.7689
66	4.16	0.08	0.10	0.22		20.7675
120	4.46	0.26	0.19	0.21		20.7530
137	4.12	0.32	0.19	0.28		20.7945

图 8-29　着色剂组合与用量计算案例分析-精算

种树脂中的表现，而且是多光源下的。依靠快速的穷举比对，电脑会在一次次计算中同时考虑选定光源下多种颜料组合的表现，计算的速度、范围和精度都是人脑不能比拟的。运算的结果为配色员提供了筛选最佳配方的大量参考信息。

如图 8-30 所示的配色案例，配色目标是一块橙红色 ABS 色板，要求在一种 TPE 软胶上实现 D65、F2、A 三种光源下尽可能匹配。图 8-30 是色样经测色仪读数后在软件模拟的灯箱环境下表现出的颜色，可以清晰地看到色样本身在三光源下表现差异巨大，D65 下最红而 A 光源下最黄。按照 8.4.2 的介绍，尝试 2＋2、1＋3 等不同的配方结构，并逐步缩小可能使用的颜料范围。在图 8-31 所示的计算结果中，可以分别点击 ΔE^*（D65）、MI（F2）、MI（A）按钮，对计算出的配方组合排序。结果选中的配方具有 F2 光源下最小的色差，同时 D65 和 A 光源下的差异也令人满意。如果仔细来分析这个配方，会发现计算机推荐的是用一种蓝相的红色和黄相的红色作为主辅色调，这种组合超出很多配色员的经验范围。因为大部分人都会使用传统的红色加黄色、红色加橙色或是黄色加橙色的方式来配这个颜色。在 D65 光源下实现起来并不难，但三种光源都要考虑，最终的尝试证明该配方组合是最理想的一种平衡。

8.4.4　遮盖力计算

与涂料配色不同，塑料制品因为聚合物本身透光性的不同，以及大量应用对透射效果的需求，塑料制品的配色经常要实现一些透明、半透明的效果。特别是聚烯烃的配色，即使是完全不透明，也要考虑与之匹配的制品厚度。用配色员熟悉的语言来说，就是要考虑面色（反射色）、底色（透射色）和遮盖力（透光程度）。举例来说，很多日用洗护用品的吹塑 HDPE 包装瓶，都要求包装瓶不能看清内容物的颜色，但可以看到液位线，这就要求配色时控制好着色剂含量，保证遮盖力在合适的范围内。众所周知，需要着色的聚合物及最终制

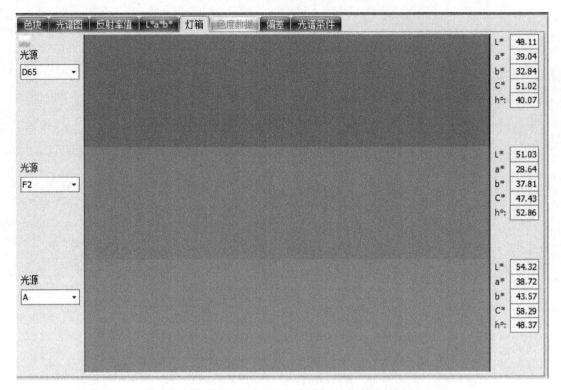

图 8-30   色样在灯箱环境下不同光源下表现出的颜色

图 8-31   同色异谱计算结果

品厚度确定后，遮盖效果取决于着色剂的种类和添加量。通常，对于含有一定量钛白粉的配方，钛白粉对遮盖力起主要作用，因为钛白粉具有常用着色剂中最高的折射率。对于不含钛白粉或钛白粉含量极低的配方，无机颜料因为颗粒通常较大而对遮盖力有重要影响。而对于主要用有机颜料和染料实现的具有较高透明度（较低遮盖力）的色样，有机颜料的粒径和用量决定最终的效果。由此可见，控制塑料配色的遮盖力不是一件十分简单的工作。塑料配色经验是先确定钛白粉用量，而一旦确定了适当的遮盖颜料的用量，通常不会再轻易改变，而是通过调节其它颜料的用量和组合来实现最终的颜色效果。

在 8.3.5 中介绍了黑白卡基底的使用。借助这一简便易用的小工具，遮盖力被转化成可以测量并计算的"对比度"。如图 8-32 所示，软件在色度数据中包含了对比度和厚度信息。在 0.7mm 厚度上，目标的对比度是 4.85，而配方预测对比度是 4.06，差值是 -0.79，表明该配方可能会略显实色，即遮盖力略过一些。在配方修改器中，可以手动改变每种颜料的用量，让电脑计算遮盖力的变化。也可以固定住钛白粉的用量，采用全自动、半自动、手动的方式来修色，避免加入过量色粉导致配方成本的升高。

图 8-32　对比度信息

对于 Pantone 类纸质色卡来说，因为其喷涂在纸卡上的缘故，无法测量其对比度。而客户往往要求对最终制品的透光性做出精确的定量描述。对于这类配色，可立配软件提供了一种非常有帮助的计算模式，即"仅 DE"计算模式。如图 8-33 所示案例，在 PP 材质上开发一种品红 Pantone 颜色，选择"仅 DE"计算模式，电脑会对所有满足 DE 条件的配方给出可能的对比度数据供配色员参考，并且可以排序。如 541 号配方对比度为 6.87，而 411 号配方则高达 24.45，显然 411 号配方颜色要透明得多。两种色板在黑白卡上的预测效果如图 8-34 所示。白底上的颜色都非常接近目标 Pantone 色。

8.4.5　配方成本优化

配方成本即配方设计中使用的各种原材料价格乘以用量后的总成本，是配色过程中需要着重考虑的一个因素，尤其是色母粒的配方设计，高含量的配方着色剂的价格可以占到最终售价的一半以上。在前述章节提到，配方成本受所选着色剂种类、添加量、遮盖力控制、同色异谱控制等多种因素影响，需要有一个综合判断和平衡的过程。单单依靠配色员的片段式的记忆很难保证配方成本的最优化设计。这时候计算机辅助配色技术的优点就展现得淋漓尽

计算的配方

誉.	对比度 ▲	ΔE*(D65)	MI(F2)	MI(A)	Color ...
541	6.87	0.00	1.83	1.02	
618	7.22	0.00	1.92	1.50	
657	7.28	0.00	2.07	1.54	
590	8.31	0.00	1.97	1.15	
487	9.39	0.00	1.68	0.84	
554	9.92	0.00	1.72	1.34	
554	9.92	0.00	1.72	1.34	
450	10.60	0.00	1.38	1.11	
291	22.17	0.00	0.95	0.56	
294	22.26	0.00	0.96	0.56	
298	22.43	0.00	0.98	0.57	
321	22.53	0.01	0.97	0.55	
301	22.55	0.00	0.99	0.58	
302	22.63	0.00	0.99	0.58	
308	22.77	0.00	1.01	0.59	
307	22.80	0.00	1.01	0.59	
305	23.17	0.00	1.00	0.57	
300	23.29	0.00	0.99	0.56	
411	24.45	0.00	1.34	0.84	

图 8-33　"仅 ΔE^*" 计算模式

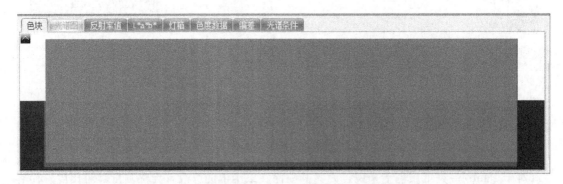

图 8-34　半透明 Pantone 色卡配色效果（见文后彩页）

致。如 8.4.2、8.4.3 章节中图 8-28、图 8-29，在配方筛选页面的最右侧有一项"产品成本"参数，点击可以排序，方便配色员比对。针对每一个配方的修改，无论是全自动、半自动，还是手动模式都能实时显示每种颜料用量的调整对整个配方成本的影响，还可以看到每种成分在总成本中所占权重，简单易用。

　　图 8-35 是笔者在工作中培训配色员时发生的一个案例。一个聚烯烃上的绿色色样，配色员使用 128 黄搭配 7 号绿来实现。通过使用计算机辅助配色技术系统精确比对曲线并筛选可能的配方组合，发现使用 138 和 180 两种黄再搭配 7 号绿完全能实现同样的效果，而最终的配方成本参数可以从 46.2 降低到 36.8。

8.4.6　配方验证及修订

　　在前述 8.4.1 章节中介绍了初始配方的计算过程，8.4.2～8.4.5 节介绍了功能和技巧，主要步骤还停留在配色的前半段工作，以预测评估为主。本节会结合一个配色的实际案例，

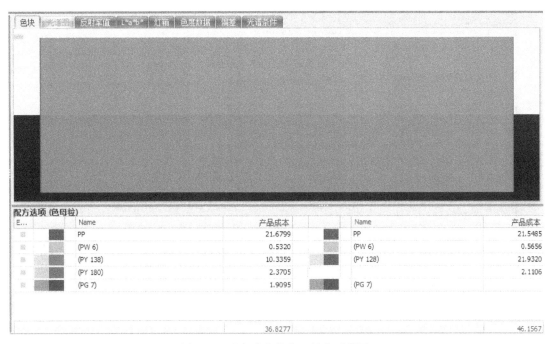

图 8-35　配方成本优化（见文后彩页）

介绍配方验证和修订过程，了解使用计算机辅助配色系统工作的完整流程。

在 8.4.5 章节中选定了合适的配方后，可以将配方连同目标曲线另存为一个新的配色任务。在该任务界面下，主要是对后续配方验证和修订工作提供各种信息，如图 8-36 所示。屏幕左上方和右上方分别提供了色块、光谱图、反射率值、$L^*a^*b^*$、灯箱（效果图）、色度数据、偏差、光谱条件等视窗供配色员选择。本例中左图选择的是光谱图视窗，用以比对光谱反射率曲线；右图是色度数据视图，提供目标、配方和实际色样的主要色度数据和偏差。该图下侧为具体配方。屏幕最下方是各配方实际色样读数比对。

在完成初始配方打样后，点击图 8-36 最右侧的"色样"按钮，进入图 8-37 的色样测试页面，在该页面中，可立配软件为配色员提供了一次"纠错"的机会。如果配色员抄错了配方或出现称量错误，可以在这个步骤中修改。确认无误后，点击图 8-37 右侧的测量键，将初始配方色样读入系统。得到图 8-38 所示结果。

该页面最下方有两行色差数据。编号 1 的这行色差为空，表明本行仅记录初始的预测配方，并无色样数据，所以在色样这列是一条实心横线，并无色块显示。实线右侧的色块代表预测的颜色。编号 2 的这行才是根据初始配方打出的色样的实测颜色差异，在下文中以 T1 表示。可以看出 T1 和目标色样相比色差是 0.79，偏黑 -0.54，偏蓝 -0.52。提醒大家注意该数据同时显示在页面右上角"色度数据"区域，在第一个小三角符号的下方，纵向排列。该纵列数据同时显示该色样的对比度和目标非常接近，仅相差 -0.02，遮盖力略强。为修订这一偏差，点击图 8-38 右侧的"手动"按钮（也可点击"修色"按钮自动修订），进入到配方修改器，如图 8-39。

配方修改器中依然保留了初始配方的数据。可以对每种色粉用量进行修改。每步改动完成后点击"预测"按钮，系统会将可能发生的变化显示于图 8-38 中色度数据区域最右侧的小三角形下，纵向排列。本例中，考虑到 T1 色样的遮盖力已经超过目标色板，选择用作减法的方式修色。将钛白粉用量从 200 减至 175，相应减少炭黑、铁红、钛黄的数量。从这个案例也

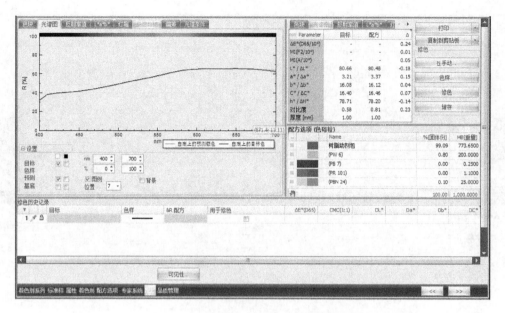

图 8-36   配方修订主页面（见文后彩页）

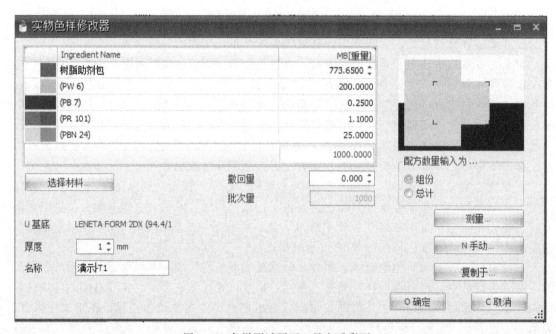

图 8-37   色样测试页面（见文后彩页）

可以看到，T1 色样偏蓝，并不意味着一定要增加黄粉来调节，大幅减少偏蓝相的铁红用量也能起到同样效果。所有色粉都减少用量后，系统预测新配方比色样会白 0.71、红 0.34、黄 0.19，同时对比度升至 1.37，会比目标板略透。所有的修订方向都朝向 T1 的相反方向，目标是尽快找到另外一侧边界。点击"确定"，然后"储存"，生成 T2 配方，见图 8-38。

完成 T2 配色色样打板后，点击"色样"按钮，进入"实物色样修改器"。和处理 T1 色样的步骤一致，确认配方无误，完成 T2 色样测量后，出现图 8-40 所示界面。这时页面下方新增了第 3 行记录，位于第 2 行之上。这是 T2 色样和目标色板的色差数据。显示色差

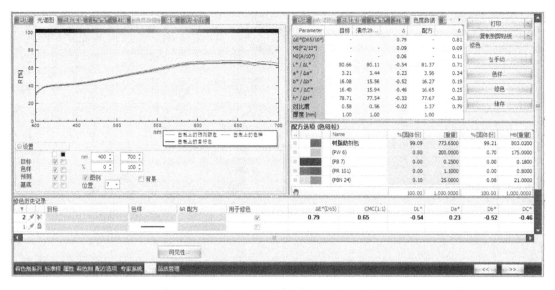

图 8-38　T1 修色结果及 T2 配方（见文后彩页）

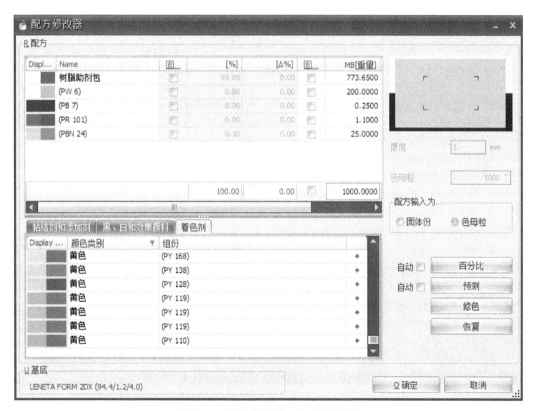

图 8-39　配方修改器（见文后彩页）

0.95，偏白 0.76，偏红 0.29，偏黄 0.49。实际遮盖力 0.63，比目标略透 0.05（看色度数据第一个小三角符号下的纵列）。T2 实际遮盖力 0.63，小于预测的 1.37。这一变化很可能来自色粉总量的减少带来的分散效果的提高。

　　重复上述 T1、T2 步骤，将修订后的 T3 配方打样并读数。如图 8-41 所示，出现第 4 行

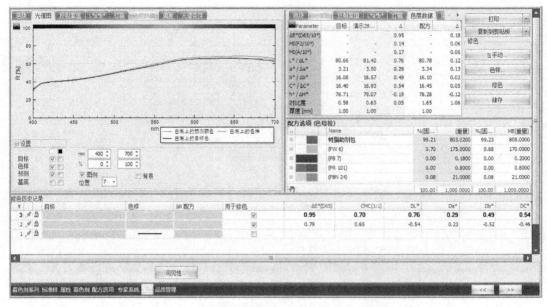

图 8-40　T2 修色结果及 T3 配方（见文后彩页）

色差记录，显示 ΔE^* 在 0.21，对比度差别在 -0.14，已实现配色目标。点击"储存"按钮即可保存整个配色工作。这时可看到两个小三角符号下面的数据完全一致，配方区域两个"重量"下的数据也完全一致，表明没有进行进一步修色，该配色工作在 T3 后成功结束。

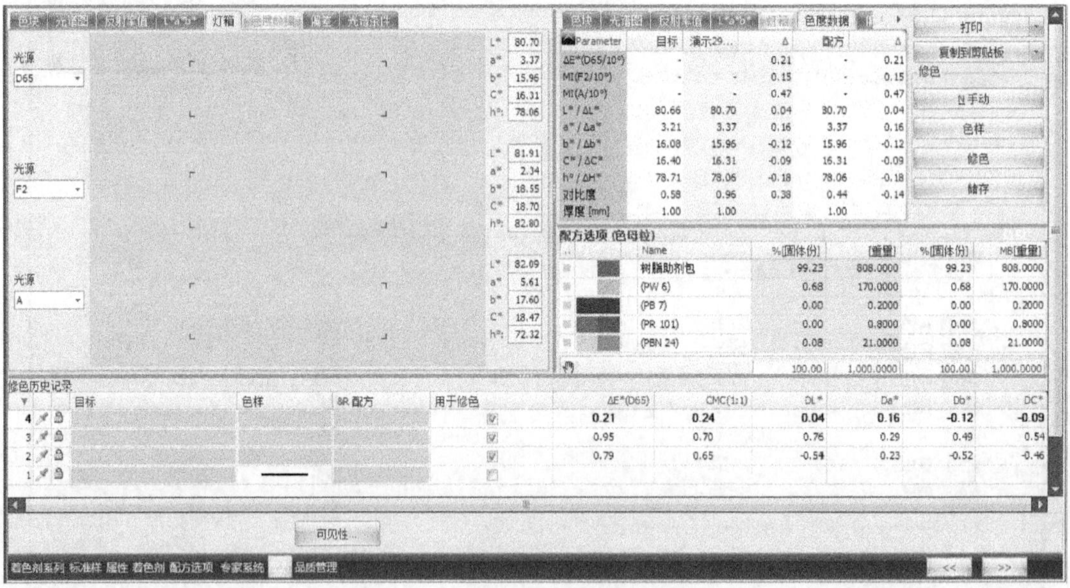

图 8-41　T3 修色结果（见文后彩页）

8.4.7　着色剂色空间定位

　　计算机辅助配色系统的着色剂核心数据库，是根据各支色粉多浓度梯度数据叠加而来。着色剂的浓度梯度中包含了和炭黑、钛白的组合，而且种类相近的颜料浓度梯度的设计可以非常相似。这样着色剂之间的相互比对就可以在多种浓度下进行。比如同样是用 1％钛白粉稀释，不同的着色剂的明度、色调和饱和度的分布就可以在三维空间中体现出来，如图 8-42 所示。通过计算机辅助配色系软件提供的旋转视图功能，可以很清晰地看出色粉之间的微小差异，而且可以方便地转化为直角坐标系。不同的着色剂浓度梯度都可以建立这样的 3D 视图，这就比传统的 1/25 和 1/3 稀释法提供了更丰富准确的信息。对于在同样颜色索引号下比对不同厂家、不同晶型结构的产品大有帮助。这种着色剂空间定位的工具对于配色员的培训也大有裨益。

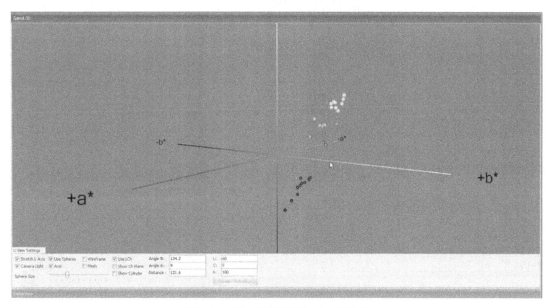

图 8-42　可立配®着色剂色空间定位

8.5　计算机辅助配色技术的优势、局限和发展趋势

8.5.1　计算机辅助配色技术的优势

通过本章 8.3 节和 8.4 节的介绍，想必读者已对计算机辅助配色技术的工作方式有了一定的认识。从中不难看出相对于完全依靠经验的人工试错配色法，计算机辅助配色技术系统有如下明显优势。

（1）让配色工作不再从零开始。数据库让配色人员能够轻松检索过去完成的工作并找到更接近目标的参考配方。

（2）减轻配色员对着色剂性能和应用的记忆负担，减少无谓的出错。通过过滤和筛选功能来帮助配色员迅速选择合适的颜料组合。

（3）帮助配色员在配色过程中学习配色。通过比对计算机系统预测和实际颜色的偏差，配色员可以不断修正对各种颜料在各种浓度下相互作用的表现评估。

（4）让计算机来快速评估一些配方的可行性。外围的初步工作可以让计算机试算，把打样的时间花在最有价值的一些配方的确认上，不再盲目试错。

（5）遮盖力、同色异谱、配方成本优化等一些难题有了新的解决办法。

（6）提升配色的工作效率。

笔者曾经有机会将传统人工配色和计算机辅助配色做多次比对。方法是将具有不同配色经验的配色员设计的配方和计算机推荐配方逐一打样评估。计算机推荐配方既有来自配色员自己的独立操作，也有让只有三个月经验的实习生完全根据计算机辅助配色技术计算来配色。图 8-43 就是一位具有 2 年经验的配色员分别采用纯经验配方设计法和计算机辅助配色法对三种简单颜色的初始配方设计。图的右侧色块分别是真实目标色和根据经验设计的初始配方色样。结果清晰地表明计算机在初始配方的定位方面具有明显的优势。

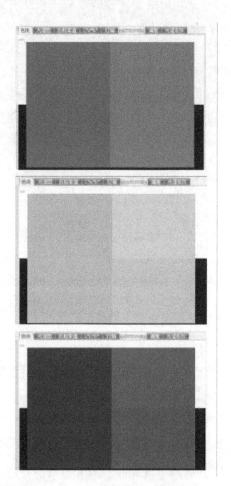

PP蓝色样	配色员经验配方	计算机推荐配方	真实配方
PW6	0.75	0.48	0.58
PY180	0.24		
PG7	0.15	0.11	0.10
PY62:1		0.68	0.67
PBU15:3		0.027	0.034
ΔE	10.29	2.18	
ΔContrast	0.17	0.34	

HDPE黄色样	配色员经验配方	计算机推荐配方	真实配方
PW6	0.4	0.8	0.86
PY181	0.025		
PY180	0.14	0.02	0.06
PY191		1.01	1.10
ΔE	13.48	1.09	
ΔContrast	10.61	1.69	

HDPE蓝色样	配色员经验配方	计算机推荐配方	真实配方
PW6	0.15	0.24	0.3
PBU29	0.25		
PBU15:3	0.15	0.495	0.6
PR122	0.025	0.13	
PV19			0.078
PBK7		0.0008	
ΔE	15.53	1.6	
ΔContrast	4.5	-0.02	

图 8-43　初始配方设计比对

8.5.2　计算机辅助配色系统的局限和发展趋势

除了众所周知的计算机辅助配色技术系统需要的初期投入大（包括软件、硬件等）、数据库建立周期长、精度要求高等因素外，笔者在多年的实践中还总结出了以下一些局限。鉴于笔者不是光学和色彩物理学方面的专家，对该技术的发展趋势的判断更多地来自于软件供应商的介绍和用户在实际使用中提出的需求。在此略作小结，与读者共同探讨。

（1）对于荧光颜料和珠光、铝浆类效果颜料，各软件开发商的核心算法目前都无法很好地预测颜料的种类和含量。荧光颜料能将 UV 吸收并部分转化为可见光，这就使得这类颜料本身的吸收、散射性能完全不同于常规颜料。而珠光、铝粉等片状颗粒提供了额外的可见光反射，会被误判为钛白粉或其它发出类似色泽的颜料。并且测色仪无法判断粒径，对添加量的计算就有可能出现较大误差。目前，采用多角度分光光度仪采集特殊效果颜料的反射率曲线是研究方向之一。

（2）透射模式计算和预测不如反射模式精确。在实际中反映出越是透明的颜色预测的误差越大。对于薄膜和片材类厚度敏感的应用，需要专门制作的高精度的数据库并控制好厚度。但依然无法完全解决面色（反射模式）和底色（透射模式）在目视条件下一致性的问题。该现象的本质来自于测色仪本身。目前的测色方式将反射和透射模式严格区分开，而肉眼感受色样通常是同时评估透射和反射效果。笔者和主流测色仪厂商提出过研究置于积分球内部的颜色测量方法和设备，还需要得到颜色物理学方面专家的支持和深入研究。目前采用的黑白卡基底将透射"反射"回去的方法还无法做到完全令人满意。一旦颜色测量和表征技术有新的进展，配色软件的算法也需要做相应的更新。

（3）基于光谱反射率曲线匹配的计算方式还无法反映人眼对光泽、皮纹以及视角的敏感性。关于行业中的"人工配色"和"电脑配色"孰优孰劣的争论是一个伪命题，刻意将电脑和人工对立起来的观点无益于自身的进步和行业的发展。任何工具都是为人服务的，优秀的经验丰富的配色师能够使用计算机辅助配色技术迅速解决一些疑难问题，而入行不久的新手也能短时间上手，在计算机辅助配色技术帮助下独立完成一些简单配色。塑料配色人员在主观上接受这一新技术要注意客观上不要期望值太高，希望把一切都交给计算机辅助配色技术完成是不现实的。随着社会进步，人们对美的追求、对塑料配色要求越来越高，塑料配色人员的工作越来越复杂，希望计算机辅助配色技术能成为塑料行业的"如虎添翼"般的工具，并使配色人员在实际应用中真切地感受到这个工具的强大之处。最后，借用阿里巴巴在媒体上发布的一句广告语"在未来，一切色彩都可以定制"。你，准备好了吗？

参 考 文 献

[1] 周春隆. 有机颜料技术. 北京：中国染料工业协会有机颜料专业委员会，2010.

[2] 周春隆. 有机颜料化学及进展. 北京：全国有机颜料协作组，1991.

[3] 周春隆. 有机颜料——结构、特性及应用. 北京：化学工业出版社，2001.

[4] 周春隆，穆振义，邱茂林. 有机颜料百题百答. 台湾福基管理顾问有限公司，2008.

[5] 沈永嘉. 有机颜料——品种与应用. 北京：化学工业出版社，2007.

[6] 莫述诚. 有机颜料. 北京：化学工业出版社，1991.

[7] ［德］冈特·布克斯鲍姆. 工业无机颜料. 朱传棨等译. 北京：化学工业出版社，2007.

[8] 朱骥良. 颜料工艺学. 北京：化学工业出版社，2001.

[9] 阿尔布雷希特. 塑料着色. 乔辉等译. 北京：化学工业出版社，2004.

[10] 吴立峰等. 塑料着色和色母粒实用手册. 北京：化学工业出版社，1998.

[11] 吴立峰等. 色母粒应用技术问答. 北京：化学工业出版社，2000.

[12] 吴立峰等. 塑料着色配方设计. 北京：化学工业出版社，2002.

[13] 宋波. 荧光增白剂及其应用. 广州：华东理工大学出版社，1995.

[14] 刘瑞霞. 塑料挤出成型. 北京：化学工业出版社，2005.

[15] 张京珍. 泡沫塑料成型加工. 北京：化学工业出版社，2005.

[16] 胡浚. 塑料压制成型. 北京：化学工业出版社，2005.

[17] 赵俊会. 塑料压延成型. 北京：化学工业出版社，2005.

[18] 汉斯·茨魏费尔. 塑料添加剂手册. 欧育湘等译. 北京：化学工业出版社，2005.

[19] Roys Berns. 颜色技术原理. 李小梅等译. 北京：化学工业出版社，2002.

[20] 周春隆，穆振义. 有机颜料索引卡. 北京：中国石化出版社，2004.

[21] 周春隆. 塑料着色剂（有机颜料与溶剂染料）的特性与进展. 上海染料，2002（6）：27-31.

[22] 周春隆. 有机颜料工业技术进展. 精细与专用化学品，2007（7）：4-6.

[23] 周春隆. 有机颜料制备物技术及其应用. 上海染料，2013（3）：22-44.

[24] 张合杰. 有机颜料的晶型特性——塑胶应用. 上海染料，2012（4）：31-37.

[25] 宋秀山. 苯并咪唑酮颜料回顾. 上海染料，2012（4）：24-26.

[26] 宋秀山. 高档有机颜料的简介. 上海染料，2011（4，5）：18-22，28-34.

[27] 章杰. 塑料着色用新型有机颜料. 上海化工，1994（5）：13-19.

[28] 章杰. 高性能颜料的技术现状和创新动向. 上海染料，2012（5）：2-20.

[29] 杨薇，杨新纬等. 国内外溶剂染料的进展. 上海染料，2001（1）：11-18.

[30] 高本春等. 蒽醌型溶剂染料. 染料工业，2012（4）：13-15.

[31] 张慧等. 铜酞菁型溶剂染料的合成及性能测试. 青岛大学学报，1998（4）：20-25.

[32] 陈荣圻. 有机颜料的助剂应用评述. 上海染料，2011（4）：35-46.

[33] 乔辉等. 中国色母粒行业调查与分析. 塑料，2012（2）：1-4.

[34] 孙贵生等. 粘胶纤维原液着色超细紫色色浆分散性及纤维性能. 人造纤维，2010（5）：2-4.

[35] 黄海. 尼龙用着色剂. 染料与染色，2009（5）：32-36.

[36] 刘晓梅等. 汽车内饰涤纶织物着色剂. 染料与染色，2010（5）：22-24.

[37] 章杰. 化学纤维原液着色用新型着色剂. 湘潭化工，1995（1）：76-78.

[38] 杨蕴敏. 聚酯纤维纺前着色技术的进展. 合成纤维工业，2008（6）：53-56.

[39] Vaman G Kullkarni. 化纤用色母粒和功能母粒最新进展. 合成纤维工业，2006（5）：48-50.

[40] 张恒等. 户外测试检验加速测试. 装备环境工程，2010（4）：105-109.

[41] 张正潮. 浅谈耐日晒色牢度的测试标准. 印染，2005（3）：41-42.

[42] 章杰. 有机颜料安全性探讨. 上海染料，2011（5）：18-27.

[43] 陈信华. 塑料色着剂—品种·性能·应用. 北京：化学工业出版社，2014.